Dietrich Böhlmann
Hybriden bei Bäumen und Sträuchern

Beachten Sie bitte auch weitere interessante Titel zu diesem Thema

Roloff, A.
Bäume
Lexikon der Baumbiologie

Hardcover
ISBN: 978-3-527-32358-6

Roloff, A., Weisgerber, H., Lang, J. U. M., Stimm, B., Schütt, P. (Hrsg.)
Enzyklopädie der Holzgewächse
Handbuch und Atlas der Dendrologie. Aktuelles Grundwerk

1994
Loseblattwerk in Ordner
ISBN: 978-3-527-32141-4

Reeg, T., Bemmann, A., Konold, W., Murach, D., Spiecker, H. (Hrsg.)
Anbau und Nutzung von Bäumen auf landwirtschaftlichen Flächen
Prozessorientierte Labortechnik für Studium und Berufsausbildung

2009
Hardcover
ISBN: 978-3-527-32358-6

Dietrich Böhlmann

Hybriden bei Bäumen und Sträuchern

WILEY-VCH

WILEY-VCH Verlag GmbH & Co. KGaA

Autor

Prof. Dr. Dierich Böhlmann
Emeritierter Ordinarius
der Technischen Universität Berlin

Beymestr 8 A
12167 Berlin

■ Alle Bücher von Wiley-VCH werden sorgfältig erarbeitet. Dennoch übernehmen Autoren, Herausgeber und Verlag in keinem Fall, einschließlich des vorliegenden Werkes, für die Richtigkeit von Angaben, Hinweisen und Ratschlägen sowie für eventuelle Druckfehler irgendeine Haftung

**Bibliografische Information
der Deutschen Nationalbibliothek**
Die Deutsche Nationalbibliothek verzeichnet diese Publikation in der Deutschen Nationalbibliografie; detaillierte bibliografische Daten sind im Internet über http://dnb.d-nb.de abrufbar.

© 2009 WILEY-VCH Verlag GmbH & Co. KGaA, Weinheim

Alle Rechte, insbesondere die der Übersetzung in andere Sprachen, vorbehalten. Kein Teil dieses Buches darf ohne schriftliche Genehmigung des Verlages in irgendeiner Form – durch Photokopie, Mikroverfilmung oder irgendein anderes Verfahren – reproduziert oder in eine von Maschinen, insbesondere von Datenverarbeitungsmaschinen, verwendbare Sprache übertragen oder übersetzt werden. Die Wiedergabe von Warenbezeichnungen, Handelsnamen oder sonstigen Kennzeichen in diesem Buch berechtigt nicht zu der Annahme, dass diese von jedermann frei benutzt werden dürfen. Vielmehr kann es sich auch dann um eingetragene Warenzeichen oder sonstige gesetzlich geschützte Kennzeichen handeln, wenn sie nicht eigens als solche markiert sind.

Printed in the Federal Republic of Germany
Gedruckt auf säurefreiem Papier

Satz primustype Robert Hurler GmbH, Notzingen
Druck betz-druck GmbH, Darmstadt
Bindung Litges & Dopf GmbH, Heppenheim
Cover Adam-Design, Weinheim

ISBN 978-3-527-32383-8

Inhaltsverzeichnis

Wie kommen Hybriden zustande und ihre Benennung *XI*
Hybridisierung und ihre Grenzen bei Gehölzen *XIII*

Teil 1 Arthybriden bei Nadelbäumen *1*

Abies x dahlemensis	Tannenhybride zwischen Abies concolor und Abies grandis wüchsiger
Abies x insignis	Die Nadeln der Tannenhybride Abies x insignis gleichen nicht den Eltern
Abies x vilmorinii	Die Vilmorin-Tannen-Hybride zeigt eine intermediäre Nadelstellung
Juniperus x pfitzeriana	Juniperus x pfitzeriana-Hybride als auch Eltern mit vielen Formen
Larix x eurolepis	Die Bastardlärche ist wüchsiger
Picea x mariorika	Mariorika-Fichte deutlich intermediär
Pinus x rhaetica	Unauffällige Hybride zwischen Berg- und Gewöhnlicher Kiefer
Pinus x rigitaeda	Bei Pinus x rigitaeda sind viele Merkmale des Weihrauch-Elter ausgeprägt
Pinus x schwerinii	Die Strobe und Tränenkiefer haben beachtliche Hybridkiefer hervorgebracht
Taxus x media	Von der Eiben-Hybride Taxus x media gibt es viele Gartenformen

Teil 2 Gattungshybriden bei Nadelbäumen *23*

X Cupressocyparis leylandii	Spontane Naturhybriden zwischen Zypressen und Scheinzypressen
X Cupressocyparis notabilis	Gattungshybride X Cupressocyparis notabilis zeigt intermediäre Ausprägungen
X Tsugapeuce x jeffreyi	Hemlocktannen-Hybride zeigt in Nadelausprägung Mischmerkmale beider Eltern

Teil 3 Gattungshybriden bei Laubgehölzen *31*

X Amelosorbus raciborskiana	Gattungsbastard X Amelosorbus bildet intermediäres Blatt
X Crataemespilus grandiflora	Gattungsbastard X Crataemespilus hat mispelähnliche, nur kleinere Früchte

Hybriden bei Bäumen und Sträuchern. Dietrich Böhlmann
Copyright © 2009 WILEY-VCH Verlag GmbH & Co. KGaA, Weinheim
ISBN: 978-3-527-32383-8

X Fatshedera lizei	Gattungshybride mit ungleichen Eltern bei X Fatshedera lizei
X Mahoberberis aquisargentii	Gattungsbastard X Mahoberberis aquisargentii mit roten Trieben
X Mahoberberis miethkeana	Blätter und Blüten sind bei X Mahoberberis miethkeana intermediär ausgeprägt
X Mahoberberis neubertii	Gattungsbastard X Mahoberberis neubertii besitzt variierende Blattformen
X Sorbopyrus auricularis	Gattungsbastard der Hagebuttenbirne ist eine Rarität
X Sycoparrotia semidecandra	Gattungsbastard X Sycoparrotia mit glänzenden Blättern
+ Crataegomespilus dadarii	Pfropfbastarde bei + Crataegomespilus entstehen aus Gewebemischungen
+ Laburnocytisus adamii	Der Pfropfgoldregen ist eine Periklinalchimäre und dendrologische Rarität

Teil 4 Arthybriden unter den Laubgehölzen   55

Acer x campictum	Die Acer x campictum-Hybride zeigt Merkmale beider Eltern
Acer x conspicuum	Mittelausprägung der Blätter bei Acer x conspicuum-Hybride
Acer x rotundilobum	Acer-Hybride mit abgerundeter, gestutzter Blattbasis
Aesculus x carnea	Hybrid-Rosskastanie Aesculus x carnea mit scharlachroten Blütenständen
Aesculus x hybrida	Hybrid-Rosskastanie Aesculus x hybrida mit oft mehr Fieder
Aesculus x marylandica	Aesculus x marylandica am ehesten über Früchte unterscheidbar
Akebia x pentaphylla	Die Akebien haben unterschiedlich große, getrenntgeschlechtige Blüten
Alnus x pubescens	Naturhybride Alnus x pubescens oft unerkannt
Alnus x spaethii	Blätter der Erlenhybride Alnus x spaethii zeigen Anlagen beider Eltern
Aronia x prunifolia	Apfelbeeren-Hybride Aronia x prunifolia mit größeren Früchten
Berberis x frikartii	Berberis x frikartii ist mit längeren Blattdornen wehrhaft
Berberis x hybrido-gagnepainii	Berberis x hybrido-gagnepainii mit deutlichem Hetrosiseffekt
Berberis x media	Berberis x media ist frosthart, rauchfest und zeigt leuchtend rotes Herbstlaub
Berberis x mentorensis	Winterharte Berberis x mentorensis mit schönem Herbstlaub
Berberis 'Red Tears'	Berberis 'Red Tears'-Hybride mit prächtigen roten Früchten
Berberis x ottawensis	Berberitzen-Hybride Berberis x ottawensis mit Mischblattgrößen
Berberis x rubrostilla	Berberis x rubrostilla und die Eltern haben unterschiedliche Fruchtfarben
Berberis x stenophylla	Blattausprägung bei Berberis x stenophylla ähnlich wie bei Berberis darwinii
Betula x intermedia	Birkenhybride Betula x intermedia entsteht stets spontan neu
Buddleja x weyeriana	Buddleja x weyeriana-Hybride besitzt sehr attraktive Blüten
Callicarpa x shirasawana	Von der Schönfrucht gibt es schon lange eine in Japan gezogene Hybride

Caragana x sophoraefolia	Caragana x sophoraefolia-Hybride ist kleinwüchsiger
Catalpa x erubescens	Catalpa x erubescens steht in Größenverhältnissen zwischen beiden Eltern
Chaenomelis x superba	Scheinquittenhybride Chaenomelis x superba mit vielen Blütenfarben
Citrus x paradisi	Die Grapefruit enthält einen wirtschaftlich interessanten Bitterstoff
Colutea x media	Colutea x media hat beide Elternfarben in Blütenfahne
Corylus x colurnoides	Blätter der Haselhybride Corylus x colurnoides größer, Früchte intermediär
Corylus x vilmorinii	Die Haselhybride Corylus x vilmorinii besitzt geschnäbelte Früchte
Crataegus x hiemalis	Weißdorn-Hybride Crataegus x hiemalis ist dornenlos
Crataegus x prunifolia	Die Weißdorn-Hybride Crataegus x prunifolia ist schon seit 1783 bekannt
Daphne x mantensiana	Karminrosa Blüten bei der Daphne x mantensiana-Hybride
Deutzien	Die Herauszüchtung von Hybriden bei Deutzien
Deutzia x carnea	Deutzia x carnea-Hybride besitzt zierliche Blüten auf roten Stielen
Deutzia x elegantissima	Die Hybride Deutzia x elegantissima besitzt trugdoldige Blütenstände
Deutzia x lemoinei	Erste von Lemoine ausgelesene Hybride mit größerer Blüte
Deutzia x magnifica	Die Deutzia x magnifica-Hybride besitzt einen dichtbuschigen Wuchs
Deutzia x rosea	Die Deutzia x rosea hat von beiden Eltern etwas übernommen
Deutzia x wilsonii	Deutzia x wilsonii ist eine in China entstandene Naturhybride
Forsythia x intermedia	Hybriden-Forsythie ist ein reichblühender Strauch
Gaultheria x wisleyensis	Intermediär ausgeprägte Blüten bei Gaultheria x wisleyensis-Hybride
Gleditsia x texana	Gleditsia x texana übernimmt in der Blattausprägung Merkmale von beiden Eltern
Hamamelis x intermedia	Die Zaubernuss-Hybride Hamamelis x intermedia ist ein attraktiver Strauch
Juglans x bixby	Blattausprägung bei Juglans x bixbyi-Hybride von Eltern abweichend
Juglans x intermedia	Die Nusshybride Juglans x intermedia dient der Wertholzerzeugung
Juglans x sinensis	Die Chinesische Hybrid-Nuss Juglans x sinensis zeigt Heterosis-Effekte
Laburnum x watereri	Goldregen-Hybride leuchtet goldgelb mit seinen großen Blütentrauben
Ligustrum x ibolium	Liguster-Hybride zeigt wechselnde Merkmale beider Eltern
Liriodendron-Hybride	Liriodendron-Hybride hat kräftig größere Blätter
Lonicera x purpusii	Heckenkirschen-Hybride blüht im ausgehenden Winter
Magnolia x loebneri	Überaus reichblühende Magnolien-Kreuzung aus Dresden-Pillnitz
Magnolia x soulangiana	Die Tulpenmagnolie Magnolia x soulangiana blüht vor Laubausbruch

Mahonia x media	Bis in den Winter hinein blühende Mahonia x media	
Mahonia x wagneri	Mahonia x wagneri ohne glänzende Blättchen-Oberfläche	
Malus x micromalus	Malus x micromalus-Hybride übernimmt Blütenfüllung	
Malus x moerlandsii	Malus x moerlandsii-Hybride, ein überreich blühendes Ziergehölz	
Malus x robusta	Malus x robusta-Hybride zeigt leichte Heterosis-Effekte	
Malus x soulardii	Bei der Malus x soulardii-Hybride hat sich der Filz-Apfel mehr durchgesetzt	
Malus x zumii	Malus x zumii-Hybride intermediär geprägt	
Nothofagus x leonii	Südbuchen-Hybride bildet größere Blätter	
Osmanthus x fortunei	Die Osmanthus-Hybride ist ein schöner Zierstrauch für milde Klimate	
Platanus x hispanica	Hybrid-Platane ist ein geschätzter Aleebaum	
Populus x berolinensis	Populus x berolinensis als Park- und Alleebaum geeignet	
Populus x canadensis	Schwarzpappel-Hybriden werden in Pappelkulturen gepflanzt	
Populus x canescens	Graupappel ist das intermediäre Abbild der Merkmale beider Eltern	
Populus x generosa	Populus x generosa ist eine robuste Pappel-Hybride	
Populus x rasumowskiana	Pappelhybride Populus x rasumowskiana hat größeres Blatt	
Populus x rouleauiana	Intermediäre Pappel-Hybride von Silberpappel und der Großzähnigen Pappel	
Populus x wilsocarpa	Pappelhybride Populus x wilsocarpa mit intermediären Blättern	
Hybridaspe	Heterosis-Effekte bei Hybridaspe	
Prunus x amygdalo-persica	Mandel-Pfirsich-Hybride mit größeren Blüten	
Prunus x cistena	Eine geschätzte Hybride ist Prunus x cistena	
Prunus x fontanesiana	Prunus x fontanesiana-Hybride ohne Nutzeffekt	
Pterocarya x rhederiana	Heterosis-Effekte bei Flügelnuss-Hybride Pterocarya x rhederiana	
Quercus x deamii	Quercus x deamii-Hybride im Blattrand intermediär	
Quercus x heterophylla	Verschiedenblättrige Eiche zeigt bei Blättern Anlagen beider Eltern	
Quercus x hickelii	Quercus x hickelii-Hybride hat neues Blattmuster gebildet	
Quercus x hispanica	Hybrideiche Quercus x hispanica ist wintergrün	
Quercus x libanerris	Blattlappung verschwindet bei Quercus x libanerris-Hybride	
Quercus x ludoviciana	Quercus x ludoviciana-Hybride mit buntgemischten Blattformen	
Quercus x richteri	Der Rot-Eiche ähnliche Hybride Quercus x richteri ist wüchsiger	
Quercus 'Pondaim'	Quercus 'Pondaim'-Hybride zeigt intermediären Blattrand	
Quercus x rosacea	Die Gewöhnliche Bastard-Eiche zeigt intermediäre Blattmerkmale	
Quercus x tabathiana	Quercus x tabathiana-Hybride übernimmt Flaumbehaarung	
Quercus x turneri	Die Stein-Eiche hat Quercus x turneri wintergrünes Laub beschert	
Ribes x gordonianum	Die Gordons-Johannisbeer-Hybride zeigt eine Blütenmischfarbe	

Ribes x succirubrum	In Ribes x succirubrum haben beide Eltern Merkmale eingebracht
Robinia x ambigua	Robinien-Hybride mit vielen intermediären Merkmalen
Salix x calliantha	Salix x calliantha besitzt gegenüber Eltern deutliche Nebenblättchen
Salix x dichroa	Hybrid-Weide Salix x dichroa mit verschmälerten Blättern
Salix x finmarchia	Kleinblättrige Weiden haben heidelbeerähnliche Kreuzung ergeben
Salix x friesiana	Deutlich vergrößerte Blätter bei Salix x friesiana-Hybride
Salix x holoseriacea	Blätter von Salix x holoseriacea sind mittelbreit
Salix x laurina	Salweide dominiert bei Salix x laurina-Hybride
Salix x reichhardtii	Salix x reichhardtii-Hybride mit welligen Blatträndern
Salix x rubens	Seidige Behaarung bei Salix x rubens, ein Erbe von der Silber-Weide
Salix x smithiana	Kübler-Weide mit intermediären Blättern
Salix x subaurita	Salix x subaurita-Hybride mit leichtem Einfluss der Schlesischen Weide
Salix x wimmeriana	Die in Europa verbreitete Salweide ist in Salix x wimmeriana eingeflossen
Sorbus x hybrida	Sorbus x hybrida ist ein tetraploider Apomikt
Sorbus intermedia	Die Schwedische Mehlbeere ist ein Tripel-Bastard
Sorbus latifolia	Ist die Breitblättrige Mehlbeere eine Hybride?
Sorbus x thuringiaca	Bei Sorbus x thuringiaca reduziert sich die Blattfiederung des Ebereschen-Elter
Syringa x chinensis	Schöne kegelförmige, lockere Rispen bei Syringa x chinensis
Syringa x henryi	Syringa x henryi-Hybride mit größeren und dichteren Blüten
Syringa x josiflexa	Trichterförmige Kronröhren bei Eltern als auch bei Syringa x josiflexa
Syringa x persica	Der Persische Flieder besitzt unterschiedlich geformte Blätter
Syringa x prestonia	Gelungene Kreuzung bei der Syringa x prestonia-Hybride
Syringa x swegiflexa	Die Fliederhybride Syringa x swegiflexa hat Nebenrispen übernommen
Tilia x euchlora	Die Krimlinde ist ein wertvoller Straßenbaum
Tilia x moltkei	Tilia x moltkei hat relativ große Blätter geerbt
Tilia x vulgaris	Eine schöne Lindenhybride ist aus den heimischen Linden hervorgegangen
Ulmus x hollandica	Die Goldulme hat leuchtend gelbe Blätter
Vaccinium x intermedium	Vaccinium-Hybride muss nicht immer intermediär sein
Viburnum x rhytidophylloides	Schneeball-Hybride bildet bei Blättern eine Mittelausprägung

Verzeichnis von aufgefundenen und erzeugten Hybriden bei Gehölzen   *303*

Vorwegbemerkung: Die Benenner der Arten und Hybriden sind im fortlaufenden Text ausgespart. Sie werden im alphabetischen Verzeichnis genannt.

Wie kommen Hybriden zustande und ihre Benennung

Geläufig ist die Bastardkreuzung zwischen Pferd und Esel, aus dem das Maultier hervorgeht, welches als Lastenträger in Gebirgen sehr geschätzt ist. Hybriden im Nutztierbereich gehen aus der Kreuzung ingezüchteter Linien der Art hervor, wie bei Hochleistungshühnern und –Schweinen. Gleiches ist auch üblich bei Mais, Stiefmütterchen und Orchideen. Die Kreuzungen zweier Arten sind demnach Bastarde, entweder interspezifische bei einer Kreuzung von Arten der gleichen Gattung oder intergenerische beim Zustandekommen der Kreuzung von Arten aus verschiedenen Gattungen, was wesentlich seltener gelungen ist, als die Kreuzung nahe verwandter Arten.

Die Kennzeichnung der Bastarde (geläufiger und gebräuchlicher ist das Synonym Hybride und Hybridisation) erfolgt durch das Multiplikationszeichen x.

Handelt es sich um **interspezifische Bastarde**, so besteht der botanische Name der Nachkommen aus dem Gattungsnamen, einem folgenden x und einem Epitheton (ein Fachterminus für den zweiten Teil des binären wissenschaftlichen Namens).

Beispiel: Tilia x vulgaris
hervorgegangen aus Tilia cordata x Tilia platyphyllos

Die Aufführung der Eltern, der Kreuzungspartner, werden, sofern bekannt, in Klammern hinter die Hybride gestellt, wobei alphabetisch verfahren wird (wie oben ausgeführt) oder bei zweihäusigen Arten oder Arten, die vormännlich oder vorweiblich erblühen, die empfangende Mutterart vor den männlichen Pollenspender gestellt bzw. das weibliche Zeichen hinzugefügt. Dazwischen wird noch das Namenskürzel des Züchters oder Benenners eingefügt (vgl. Hybrid-Tabellen)

Sehr oft, vor allem im englischsprachigen Bereich, werden die Hybriden wie Sorten mit einfachen Anführungsstrichen und ohne Nennung der Eltern geschrieben, wie z. B. Berberis 'Red Tears'. In den Niederlanden wird das kennzeichnende x für Hybriden in Klammern hinter das Epitheton gestellt, wie z. B. Acer conspicuum (x).

Die durch die Hybridisation nicht immer vorhandenen Allelen im Chromosomensatz bedingen sehr oft nur die Erzeugung steriler Samen, es sei denn, es tritt eine Polyploidisierung ein bzw. es werden apomiktisch Samen gezeugt. Die gemischten, u. U. vorteilhaften Anlagen können dann nur durch vegetative Vermehrung weitergegeben werden.

Neueste molekulargenetische Untersuchungen bei polyploiden Rosen der *Caninae*-Gruppe (Hundsrosen) haben ergeben, dass der ursprüngliche Genomanteil eines Primärbastards allein die Samenerzeugung steuert und dadurch die Hybridsterilität

Hybriden bei Bäumen und Sträuchern. Dietrich Böhlmann
Copyright © 2009 WILEY-VCH Verlag GmbH & Co. KGaA, Weinheim
ISBN: 978-3-527-32383-8

überspielt. Andere, eingekreuzte Genomanteile werden weitergegeben und bleiben dadurch nur an der Merkmalsabänderung beteiligt [1]. Dieser bisher festgestellte einzigartige Vererbungs- und Samenerzeugungsablauf muss nicht einmalig bleiben, was künftige Forschungen an weiteren Hybriden beweisen müssten.

Die gleichen Forscher [2] heben hervor, dass Hybridisierungen im Pflanzenreich mit nachfolgenden Polyploidisierungen im Evolutionsprozess eine gewichtige Rolle spielen (vgl. heutige Getreide und viele weitere Nutzpflanzen) und nicht nur ein Nebeneffekt im Evolutionsfortschritt bilden.

Da aus der Hybridisierung sofort oder später verschiedene Sorten hervorgehen können, wird dem Sammelepitheton eine Sortenbezeichnung angefügt, die in halben Anführungszeichen gesetzt, groß und nicht kursiv geschrieben wird.

Beispiel: Virburnum x bodnantense 'Dawn'
hervorgegangen aus Virburnum farreri x Virburnum grandiflorum

Bei **intergenerischen Bastarden** wird der botanische Name der Nachkommen im Allgemeinen aus Teilen des Namens beider Elter-Gattungen gebildet, aber das Multiplikationszeichen vorangestellt. Es folgt ein Epitheton.

Beispiel: X Cupressocyparis leylandii
hervorgegangen aus Cupressus macrocarpa X Xanthocyparis nootkatensis

Multigenerische Bastarde, d. h. das Kreuzungsprodukt mehrerer Gattungen wie bei Orchideen, sind bei Gehölzen noch nicht erzeugt worden.

Pfropfchimären sind keine geschlechtlich erzeugten Bastarde, sondern kommen aus der Verwachsung zweier erblich verschiedener Pfropfpartner zustande. Gehören die Pfropfpartner derselben Gattung an, so folgt bei botanischer Namensgebung auf den Gattungsnamen ein Pluszeichen.

Beispiel: Syringa + correlata
hervorgegangen aus Syringa x chinensis + Syringa vulgaris

Entstammen die beiden Pfropfpartner verschiedenen Gattungen, so wird der Name aus Teilen der Gattungsnamen beider Pfropfpartner gebildet, welchem das Pluszeichen vorangestellt wird und dem ein Epitheton folgt. Er muss sich jedoch von demjenigen abheben, welcher für intergenerische Bastarde gilt, wie beim folgenden ersten Beispiel.

Beispiel: X Crataemespilus gillotii
hervorgegangen aus Crataegus monogyna x Mespilus germanica

aber + Crotae**go**mespilus dardarii
hervorgegangen aus Crataegus monogyna + Mespilus germanica

und + Labur**no**cytisus adamii
hervorgegangen aus Chamaecytisus purpueus + Laburnum anagyroides
als Pfropfbastarde.

Enthalten die Nachkommen unterschiedliche Gewebeanteile beider Pfropfpartner, so zeigt sich dies in unterschiedlicher Blatt- bzw. Blütenausprägung. Sie werden dann als unterschiedliche Sorten bezeichnet.

Beispiel: + Crataegomespilus potsdamiensis 'Monecto'
hervorgegangen aus   Crataegus laevigata 'Pauli' + Mespilus germanica,
mit nur geringen Außengewebeanteilen von der Mispel

+ Crataegomespilus potsdamiensis 'Diecto'
hervorgegangen aus   Crataegus laevigata 'Pauli' + Mespilus germanica,
aber mit mehr Außengewebeanteilen von der Mispel

Alle hier angeführten Bastarde/Hybriden werden ausführlich beschrieben

Literatur

1   Ritz, C.M., Schmuths, H., Wissemann, V. (2005): Evolution by reticulation: European dog roses by multiple hybridization across the genus Rosa. Journal of Heredity. 96 (1): 4–14.
2   Wissemann, V. u. Ritz, C.M. (2005): The genus Rosa (Rosoideae, Rosaceae) revisited: molecular analysis of nrITS-1 ans atpB-rbcL intergenic spacer (IGS) versus conventional taxonomy. Botanical Journal of the Linnean Society. 147: 275–290.

Hybridisierung und ihre Grenzen bei Gehölzen

Artbastarde können auch ohne Zutun des Menschen in der Natur entstehen, zumal heute, wo viele Pflanzen und unter ihnen Gehölze weltweit verbracht und z. B. in Botanischen Gärten und Arboreten, aber auch als Zierpflanzen in Parks und Gärten angepflanzt werden. Hier können nahe verwandte Arten gelegentlich bastardisieren, ohne dass die Nachkommen besonders auffallen. Am natürlichen Standort wird die Artkreuzung allerdings durch unterschiedliche Blühzeiten, durch physiologische und genetische Inkompatibilitäten, d. h. Unverträglichkeiten und unterschiedlichen Chromosomensätzen eingeschränkt oder verhindert. Auch Anfälligkeiten gegen Krankheitserreger wie parasitische Bakterien oder Pilze können u. U. eine erfolgreiche Bastardisierung sofort wieder unterbrechen.

Hier hat und kann der Mensch befördernd eingreifen, wobei unterschiedliche Zielsetzungen verfolgt werden:

Aus einer zwischenartlichen Kreuzung, einer Hybridisierung, können in der F_1-Generation durch den sogenannten Heterosiseffekt Nachkommen erzielt werden, die ihre Eltern in Wüchsigkeit, Produktivität und Anschaulichkeit übertreffen (= luxurierende Bastarde). Diese Hybridisierungseffekte verlieren sich bei weiterer natürlicher generativer Vermehrung in der Regel durch eine Ausmischung positiver genetischer Anlagen wieder, d. h. die positiven Ergebnisse lassen sich nur durch vegetative Vermehrung über Pfropfung oder Stecklingsvermehrung bzw. Mikrovegetativ-Verfahren mittels Phytohormone erhalten.

Andere angestrebte Ziele der Artkreuzungen sind das Erzeugen hübscherer bzw. größerer Blüten wie beispielsweise bei Rosen, Rhododendron, Deutzien und Philadelphus. Die Merkmalsausprägung der Nachkommenschaft einer aktiv betriebenen Hybridisierung, wie vielfach auch bei Forstgehölzen versucht, wird mitbestimmt von den Anlagen des Pollenempfängers und des Pollenspenders und kann durchaus unterschiedlich ausfallen.

Eine Hybridisierung muss nicht intermediäre Nachkommen erzeugen. Sie kann auch eine asymmetrische Merkmalsausprägung aufgrund der sehr wahrscheinlichen Heterogamie hervorbringen, geprägt meistens von maternaler Dominanz, d. h. der Gendominanz mütterlicherseits.

Mit solchen Hybriden versuchen Züchter sogar weitere Kreuzungen durchzuführen, d. h. mehrfach zu hybridisieren. Daraus gehen sogenannte künstliche Hybriden hervor, deren Ausgangseltern oft nicht mehr erkennbar sind und deren Entstehung oft nicht mehr nachvollziehbar ist, wie z. B. bei Rhododendren und Rosen.

Hybriden bei Bäumen und Sträuchern. Dietrich Böhlmann
Copyright © 2009 WILEY-VCH Verlag GmbH & Co. KGaA, Weinheim
ISBN: 978-3-527-32383-8

Aus dem Nachkommenskollektiv der genetischen Vermischung mit zufälliger Verteilung der Anlagen muss ausgelesen werden, wobei geeignete Nachkommen für eine Weitervermehrung selten sind bzw. Differenzen nur dem versierten Züchter auffallen. Diese müssen jetzt vegetativ vermehrt oder bei generativer Vermehrung oft erst einer Polyploidisierung unterworfen werden.

Hybriden, deren Genom aus zwei verschiedenen Arten hervorgegangen ist, haben meistens Störungen in der Meiose, weil passende Allele fehlen. Dadurch kann die Fortpflanzungsfähigkeit unterbunden sein. Genetische Inkompatibilität unterschiedlicher Chromosomensätze lassen sich bei landwirtschaftlichen Nutzpflanzen heute durch Polyploidisierung, d. h. einer Vervielfachung der Chromosomensätze überwinden, wobei wieder Austauschbarkeit der Allele bei der Allelenpaarung in der Meiose möglich wird. Eine generative Fortpflanzung ist dann wieder möglich.

Oder es erfolgt eine Fortpflanzung durch **Apomixie**, bei der es mehrere Möglichkeiten der Samenbildung ohne Befruchtung gibt, nämlich

- eine diploide Embryosackmutterzelle, aus der sich im Rahmen der Meiose normalerweise die haploide Eizelle bildet, entwickelt sich direkt weiter zum pflanzlichen Embryo (= Parthenogenese)
- ein Embryo bildet sich aus somatischen Pflanzenkörperzellen aus der Umgebung der Embryosackmutterzelle
- Die Ausbildung generativer Anlagen unterbleibt und der Embryo entsteht aus den Hüllen (Zellen des Integuments) der nicht gebildeten Samenanlage.

Auffallend häufig ist diese Apomixis unter Rosaceen bei den Gattungen Rubus und Sorbus (vgl. Ausführung weiter unten) und bei den Rutaceen bei Citrus, die sich bei spontaner Hybridisierung oft fortpflanzen können. Die Apomixis bietet einen Ausweg aus dem möglichen Sterilitätsproblem bei Hybridisierung. Gleichzeitig bleibt der Genotyp einer einmalig erzielten Hybride in der Nachkommenschaft unverändert erhalten, was ein Züchter natürlich gern sieht. Zur Vervielfachung der Hybriden wird er sich allerdings, schon aus Zeitgewinn am Markt, der Klonierung über die vegetative Vermehrung bedienen.

Eine weitere Zielstellung einer Hybridisierung kann die Einkreuzung von Krankheitsresistenz, Dürre- oder Frosthärte sein. Genau wie in der Landwirtschaft versucht man auch bei Gehölzen beobachtete Resistenzen gegen Schütte oder Rostpilze auf andere Gehölze durch Bastardisierung zu übertragen.

Innerhalb der Gattung *Sorbus* bestehen, trotz starker morphologischer Differenzierung kaum Intersterilitätsbarrieren, welche sich evolutiv nicht mitentwickelt haben. Deshalb sind Hybridisationen nicht nur zwischen Arten mit ähnlicher, sondern auch mit stark abweichender Blattmorphologie möglich [2]. Unter den Sorbusarten ist *Sorbus aria* die bastardierfreudigste einheimische Sorbusart. Die Bastardierung zwischen Sorbusarten ist oft erst nach der Glazialzeit erfolgt und hat tri- oder tetraploide hybridogene Kleinarten entstehen lassen, die sich vorherrschend apomiktisch fortpflanzen. Deren normal keimfähige Samen gehen nicht aus der Befruchtung von Eizellen hervor, sondern aus benachbarten somatischen Zellen (= Apospoire) oder sie resultieren aus Defekten in der Meiose, d. h. dem Ausbleiben der Reduktionsteilung. Bei Konstanz dieser Form der Samenbildung gehen hieraus Nachkommen mit identischem Genom (= Klone) hervor.

Hiervon abweichend können bei apomiktischen Vertretern durch gelegentliche Befruchtung von Synergiden eines Embryosackes Samen mit anderen Chromosomenzahlen und dadurch neue Genotypen entstehen [1, 3, 4].

Bei triploiden Apomikten verkümmert oder degeneriert in der Regel der Pollen, während er bei tetraploiden Apomikten sich sowohl intra- als interindividuell unterschiedlich entwickelt, aber maximal nur zu einem Viertel normal ausgebildet ist [4]. Der befruchtungsunfähige Pollen kann aber durch seine wachstumsfördernden Hormone Fruchtbildung auslösen (= Pseudogamie) [1, 2, 3].

Eine Rückkreuzung zwischen solchen Apomikten und normal reproduzierenden Sippen ist nicht selten. Ob dabei dann wiederum ein Apomikt (= konstanter, erbfester Hybrid), eine Zwischenform oder ein sexueller, primärer Hybrid entsteht, bestimmt das Genom der Ausgangsarten. Primäre, sexuelle Hybriden sind meistens diploid und entstehen spontan zwischen nahe beieinander stehenden Exemplaren verschiedener Arten, bilden sich aber nur vereinzelt und zeigen aufspaltende, variierende Erbanlagen. Ihre Polymorphie lässt sich durch Aussaat nachweisen. Die erbfesten, konstanten, gehäuft auftretenden Nachkommenschaften sind dagegen recht einheitlich und sollten vegetativ vermehrt werden.

Die Bildung von **Gattungsbastarden** ist allgemein seltener, aber beispielsweise von Sorbus zu anderen Gattungen der Unterfamilie der *Maloideae* (Apfelartige) durch die nahe Verwandtschaft und der Chromosomengrundzahl von $x = 17$ möglich, wie von Sorbus zu Pyrus (vgl. *Sorbopyrus auricularis*).

Kreuzungen innerhalb der Art, wo es bei großen Vorkommensgebieten aufgrund ökologischer Unterschiede Standortrassen gibt, wie z. B. bei Fichte und Kiefer, sind mit der Zielstellung einer Steigerung des Holzmassenertrages, Verbesserung der Holzqualität, Erhöhung der Resistenz gegen Umweltbelastungen und Schädlingen sowie gegen Beeinträchtigungen von Schnee, Eis und Frost durchgeführt worden. Diese **Provenienz-Hybriden** entsprechen Inzuchtkreuzungen. Ihre Ergebnisauswertung bedarf bei Bäumen langer Laufzeiten und fällt, wie erste Beobachtungen ergeben, meistens intermediär aus, sind also in der Regel nicht unbedingt lohnend, zumal teure Vegetativvermehrungen erforderlich sind. Meistens sind die erzielbaren Ergebnisse der Standortrassen selbst sicherer, weil gegen Umweltschwankungen abgepuffert, sofern sie standortgemäß angebaut sind.

Literatur

1. Jankun, A. u. M. Kovanda, 1987: Embryological studies in Sorbus 2. Apomixis and origin in *Sorbus bohemica*. Preslia 59, 97–116
2. Kovanda, M. 1965: On the generic concepts in the Maloideae. Preslia 37, 27–34
3. Liljefors, A., 1953: Studies in propagation, embryology and pollination in Sorbus. Acta Horti Bergiani 16, 277–329
4. Liljefors, A., 1955: Cytological studies in Sorbus. Acta Horti Bergiana 17, 47–113

Im Folgenden werden primäre Hybriden beschrieben. Ternäre und quartäre Hybriden, d. h. mehrfach weitergekreuzte Hybriden mit anschließender Formenauslese wie bei Rosen und Rhododendron sind anderen Spezialpublikationen vorbehalten.

**Teil 1:
Arthybriden bei
Nadelbäumen**

Abies x dahlemensis

Tannen-Hybride zwischen Abies concolor und Abies grandis wüchsiger

Wo die beiden Tannen, die **Colorado-Tanne** (*Abies concolor*) und die **Große Küsten-Tanne** (*Abies grandis*) dicht beieinander stehen, kann es zu Kreuzungen mit keimfähigen Nachkommen kommen, die sich durch Wüchsigkeit und kräftige Triebe auszeichnen. Die Nadeln von *Abies x dahlemensis* sind dunkelgrün, dunkler als die der Eltern und alle aufgebogen, nicht so streng scheitelig wie beim A. grandis-Elter und stärker aufgebogen gegenüber dem *A. concolor*-Elter. Die Nadeln haben nicht ganz die Länge von *A. concolor*, sind aber alle wie bei dieser an der Spitze abgerundet sowie unterseits zwischen den beiden Stomabändern gefurcht und nicht oberseitig wie beim *A. grandis*-Elter

	Abies x dahlemensis	Abies concolor Kolorado-Tanne	Abies grandis Große Küsten-Tanne
Herkunft		SW-USA, N-Mexiko	pazifisches N-Amerika
Nadeln			
Form	alle sichelförmig aufgebogen, ganzen Trieb umstellend	meist sichelförmig aufwärts gekrümmt, um Trieb verteilt	oft abwärts gewölbt und zur Triebspitze gekrümmt, kammförmig gescheitelt
Oberseite	dunkelgrün, ohne Stomata	beidseits silbrig-bläulich grün	stets gefurcht, ohne Stomata
Unterseite	gefurcht mit 2 silbrigen Stomabändern	mit 2 blassen Stomabändern	2 weiße Stomabänder
Länge	30–40 mm	40–60 mm	20–35 mm
Breite	2–2,5 mm	2–2,5 mm	2 mm
Spitze	abgerundet	spitz bis abgerundet	gekerbt
Knospen	kugelig, leicht harzig	kugelig, harzig	klein, kugelig, glasig verharzt
Sprossachse			
Habitus	wüchsiger Baum	schnellwüchsiger Baum 30–70 (–100) m	Baum 25–40 m
Junge Triebe	kräftig, bräunlich, leicht behaart	bogenförmig nach oben ansteigend, olivgrün bis bräunlich, fein behaart	waagerecht abgehend, graugrün bis olivgrün nahezu kahl
Rinde		glatt, mit Harzbeulen später tiefbraun, rissig	hellgrau, rau

Abies x dahlemensis

Abies x dahlemensis
Abies concolor   Abies grandis

Abies x insignis

Die Nadeln der Tannen-Hybride *Abies* x *insignis* gleichen nicht den Eltern

Schon die Eltern der Hybride *Abies x insignis* zeigen eine große Variabilität in der Ausprägung von Spross- und Nadelform. Diese genetische Breite zeigt sich auch bei den Hybriden, welche in einem Hybridschwarm aus zwischen nebeneinander stehender *Abies nordmanniana* und *Abies pinsapo* hervorgehen können bzw. nach gezielter gegenseitiger Bestäubung ausgelesen wurden.

	Abies x insignis	Abies pinsapo Spanische Tanne	Abies nordmanniana Nordmanns-Tanne
Herkunft	erstmals 1850 in Bulguéville Frankreich gewonnen	SO-Spanien	Kaukasus, Kleinasien
Nadeln			
Form	linear gerade bis leicht sichelförmig, stark gekielt	nahezu viereckig, starr	linear flach, starr
Stellung am Spross	astoberseitig dicht stehend, astunterseitig seitlich ausgebreitet	dichtstehend, nahezu nach allen Seiten abstehend	dicht bürstenartig, nach vorne gerichtet, gescheitelt
Spitze	stumpf abgerundet, selten eingeschnitten	stumpf	spitz bis rund, ausgerandet
Basis	kurzer gedrehter Stiel	saugnapfförmig verbreitert	schildförmig verbreitert, gedreht
Stomabänder	unterseits 2 weißliche Stomabänder, oberseits an Spitze einige Stomalinien	auf beiden Seiten 2 blauweiße Stomabänder	unterseits 2 silberweiße Stomabänder
Länge	20–30 mm, 2–3 mm dick	15–25 mm	20–45 mm
Knospen	eikegelförmig, harzig	eiförmig, sehr harzig, rotbraun	Eiförmig, harzfrei, hellbraun
Sprossachse			
Höhe	30 m	20–30 m	50–60 m
Junge Triebe	glänzend rostbraun, anfangs behaart, später kahl	orangebraun, später rostbraun	grüngelb glänzend, behaart oder kahl
Rinde	aschgrau oder weißlich	schwarzgrau	dunkelgrau
Zapfen			
Form	zylindrisch	zylindrisch	zylindrisch
Größe	10–15 cm lang	10–15 cm lang	15–20 cm lang 5 cm dick
Fruchtschuppe	unregelmäßig geschwollen	dreieckig-keilförmig	bis 3,5, cm breit, ganzrandig
Deckschuppe	verborgen	verborgen	vorragend und zurückgeschlagen

Eine erste Hybride wurde um 1850 in der Baumschule Renault in Bulgueville in Frankreich erzogen. Die Hybriden erreichten Höhen von 30 m, besaßen regelmäßig kegelförmige Kronen mit quirlständigen Ästen und eine dichte Benadelung.

In der Benadelung unterscheiden sich beide Eltern sehr deutlich. Während die Nadeln bei *A. pinsapo* gerade vom Trieb abgehen und diesen flaschenbürstenartig allseitig umstellen, gehen die Nadeln von *A. nordmanniana* nach vorne gerichtet und oberseits leicht gescheitelt von kurzen, seitlichen Trieben ab. Dieses Merkmal wiederholt sich bei der Hybride in der zweiten Hälfte der Jahrestriebe, während die Basis die Benadelungsstellung von *A. pinsapo* zeigt. Deren Nadeln laufen ziemlich spitz zu, die von *A. nordmanniana* sind an der Spitze rund und sogar ausgerandet. Die Spitzigkeit des Pinsapo-Elters ist bei der Hybride verloren gegangen, aber auch die Ausrandung des Nordmanniana-Elters. Die Nadellänge der Hybride gleicht mit 15 bis 20 mm dem Pinsapo-Elter. *A. nordmanniana* hat mit 20 bis 30 mm längere Nadeln.

Die Hybride wächst aufgrund des Heterosiseffekt recht üppig.

Abies x insignis
Abies normanniana   Abies pinsapo

Abies x vilmorinii

Die Vilmorin-Tannen-Hybride zeigt eine intermediäre Nadelstellung

In der Ausprägung der Nadelanordnung ähnelt die **Vilmorin-Tanne** (*Abies x vilmorinii*) mehr der **Spanischen Tanne** (*Abies pinsapo*), nur dass die Nadeln etwas länger und nicht so starr sind. Sie sind nicht immer radial um den Zweig gestellt wie bei der **Griechischen Tanne** (*Abies cephalonica*), sondern zum Teil mehr zweizeilig. Ihre blaugrüne Nadelunterseite verleiht ihr einen besonderen Zierwert, insbesondere für Parks und Gärten. Alle drei zeigen auf der Nadelunterseite zwei weißlich-silbrige Stomabänder, nur die Griechische Tanne besitzt an der Nadelspitze als charakteristisches Artmerkmal noch oberseitig Stomalinien.

	Abies x vilmorinii	Abies cephalonica Griechische Tanne	Abies pinsapo Spanische Tanne
Herkunft	1867 von Vilmorin in Verrierres bei Paris gezogen	Griechenland	Spanien
Nadeln			
Stellung am Spross	an Trieben I. Ordnung rund um Zweig; an Trieben II. Ordnung etwas gescheitelt	teils mehr oder minder gescheitelt, teils radial stehend, nach vorn gerichtet	rund um Zweig
Form	oberseits stark gekielt, steif, aber nicht starr, blaugrün	oberseits dunkelgrün, steif	oberseits gewölbt, starr, Basis schildförmig verbreitert, nicht gedreht
Länge	10–16 mm	20–30 mm 2 mm breit	8–15 mm
Spitze	an Trieben I. Ordnung stumpf; an Trieben II. Ordnung spitz, nicht stechend	allmählich zur Spitze verschmälert, daher stechend	stumpf, kaum stechend
Spaltöffnungen	unterseits 2 silbrige Stomabänder	unterseits 2 weißliche Stomabänder mit 5–6 Spaltöffnungslinien, an Spitze oberseitig Stomalinien	unterseits 2 weißliche Stomabänder mit 5–6 Spaltöffnungslinien
Knospen		eiförmig, rötlich, stark verharzt	eirund, stumpf, sehr harzig
Sprossachse			
Wuchs	breite, kegelförmige Krone	Baum hat unregelmäßige Krone, 15–30 m	breit kegelförmiger Baum, über 20 m
Junge Triebe	rostbraun, glatt	glänzend hellbraun, kahl	rotbraun, kahl

In der Deckschuppenausprägung der Zapfen, welche bei der Hybride ein wenig zwischen den Fruchtschuppen hervorragen und zurückgeschlagen sind, nimmt sie eine Mittelstellung ein, denn bei der Griechischen Tanne ragen diese deutlich heraus und sind zurückgeschlagen, während sie bei der Spanischen Tanne unter den Fruchtschuppen im Zapfen verborgen sind.

Die Hybride wurde 1868 von M.D. Vilmorin in Verrièrres bei Paris durch Pollenübertragung erzielt. Sie kann aber auch, wenn beide Eltern dicht beieinander stehen, jederzeit neu entstehen.

Abies x vilmorinii
Abies cephalonica   Abies pinsapo

Juniperus x pfizeriana

Juniperus x pfizeriana-Hybride als auch Eltern mit vielen Formen

Der Formenreichtum resultiert vor allem aus Aufwuchs- und Nadelvariationen, denn bei manchen Formen bleibt die Nadelform des Jugendblattes manifest, d. h. schuppenförmige Altersnadeln treten bei diesen überhaupt nicht mehr auf und die Nadel- und Zapfenfarbe kann variieren.

Die Wacholder-Hybride *Juniperus x pfitzeriana*, hervorgegangen aus dem **Chinesischen Wacholder** (*Juniperus chinensis*) und dem **Stink-Wacholder** (*Juniperus sabina*), ähnelt in der Ausprägung den schuppigen Altersblättern mehr dem *J. sabina*-Elter mit länglich lanzettlichen Nadeln, während sie beim *J. chinensis*-Elter mehr schmal rhombisch sind.

	Juniperus x pfitzeriana Pfizers Wacholder	**Juniperus chinensis** Chinesischer Wacholder	**Juniperus sabina** Stink-Wacholder, Sadebaum
Herkunft		Japan, China, Mongolei	europ. und asiatische Gebirge
Wuchs			
Form	hoher Strauch, 2–4 m, aufsteigende, lange Triebe mit waagerechten, abstehenden Zweigen	meist 20 m hoher Baum, Formen auch niederliegender Strauch, 2–3 m	dicht, buschig verzweigter, breiter Strauch, über 2 m, Borke unangenehm riechend
Nadeln			
Jugendblätter Form	nadelförmig, bis 6 mm	wirtelig zu 3, nadelförmig (selten 2, dann gegenständig) 6–12 mm, stechend zugespitzt	meist zu 2, gegenständig, auch an älteren Zweigen, 4–5 mm, scharf zugespitzt
Altersblätter Form	schuppenförmig, zu 2, an wüchsigen Trieben auch 3, graugrün	schuppenförmig, schwach rhombisch, stumpf, dachziegelig dicht anliegend, 1,2–2 mm, vertiefte Drüse auf Rücken	schuppenförmig, länglich-lanzettlich, 1–3 mm, stumpf oder zugespitzt, mit 2 grauweißen Spaltöffnungsbändern, längliche Drüsen auf Rücken
Blüten			
Blüten	2-häusig verteilt	2-häusig verteilt	1- oder 2-häusig verteilt
Zapfen			
Zapfen	unregelmäßig kugelig, dunkelpurpurn, hellblau bereift, im 1. Jahr reifend	fast kugelig, anfangs blauweiß, im 2. Jahr reifend, dann braun, mehlig überhaucht	unregelmäßig kugelig, schwarzblau bereift, im 1. oder 2. Jahr reifend
Samen			
Samen	2–4 je Zapfenschuppe	2–5 je Zapfenschuppe	2–3 je Zapfenschuppe

In der Zapfenausprägung bringt die Hybride dunkelpurpurne, hellblau bereifte Zapfen hervor, die in der unregelmäßigen kugeligen Form mehr denen des J. sabina-Elter ähneln. Sie reifen schon im ersten Jahr, während sie beim Chinesischen Wacholder erst im zweiten Jahr reifen. Beim Stink-Wacholder können diese manchmal auch schon im ersten Jahr reifen und weitere im zweiten Jahr nachreifen.

Juniperus x pfitzerianai
Juniperus chinensis   Juniperus sabina

Larix x eurolepis

Die Bastardlärche ist wüchsiger

Die Hybridlärche (*Larix x eurolepis*) ist ein Artbastard zwischen **Europäischer Lärche** (*Larix decidua*) und **Japanischer Lärche** (*Larix kaempferi*), welcher erstmals um 1900 in Schottland auffiel und überall dort wieder entstehen kann, wo beide Arten nahe nebeneinander wachsen.

Aufgrund ihres gegenüber den Elternarten als Heterosiseffekt allgemein üppigeren Wachstums hat sie bald forstliches Interesse gefunden und wurde zum Anlass systematischer Kreuzungsexperimente zur Auslese der wüchsigsten Hybriden. Eine Nachzüchtung dieser ausgelesenen Hybriden gelingt nur durch mikrovegetative Vermehrung des F_1–Bastards, denn Samen der F_2–Generation zeigen aufgrund der Genommischung schon wieder Wuchsdepressionen.

In ihren morphologischen Merkmalen ist sie aufgrund der Schwankungsbreite der intermediären Merkmale schwer von beiden Kreuzungseltern zu unterscheiden. Sie weisen bei zweijährigen Zweigen eine mehr gelbliche Färbung auf, ähnlich dem Elter der Europäischen Lärche, während die der Japanischen Lärche unverwechselbar olivviolett bereift und behaart sind. Diese Behaarung übernimmt die Hybride, aber in geringer Ausprägung. Die Nadeln sind wie das Gesamterscheinungsbild größer, was auch für die Zapfen gilt, deren Fruchtschuppenspitzen nach Ausreifung leicht auswärts gebogen sind, während sie bei der Europäischen Lärche dicht anliegen und bei der Japanischen Lärche nach auswärts sperrig abstehen. Die heranwachsenden Zapfen der beiden Eltern unterscheiden sich ganz prägnant. Sie sind bei der Europäischen Lärche schmal eilänglich und an den Rändern der Fruchtschuppen rötlich, während die der Japan-Lärche wulstig grün sind.

Die deutlich wüchsigere Lärchenhybride ist aus der Europäischen Lärche (unten links) und der Japanischen Lärche (unten

	Larix x eurolepis Hybrid-Lärche	Larix decidua Europäische Lärche	Larix kaempferi Japanische Lärche
Herkunft	um 1900 in Schottland erstmals beobachtet	Gebirge Mitteleuropas	Mittel-Japan
Nadeln			
Länge	größer	bis 3 cm	bis 3 cm
Sprossachse			
Farbe im Austrieb	bläulichgrün	hellgrün	bläulichgrün
Farbe	mehr gelblich	olivviolett bereift	gelb
Behaarung	gering behaart	behaart	kahl
Fruchtschuppen der Zapfen			
jung	schmal eilänglich	wulstig grün	Ränder rötlich
ausgereift	leicht auswärts gebogen, Zapfen größer	Rand auswärts sperrig abstehend	Rand nicht nach auswärts gebogen

rechts) hervorgegangen. Auch die Zapfen der Hybridlärche (oben) sind größer; ihre Fruchtschuppen sind nur leicht nach auswärts gebogen, während die der Japanischen Lärche sperrig abstehen (unten rechts) und die der Europäischen Lärche nicht nach aufwärts gebogen sind.

Larix x eurolepis
Larix decidua   Larix kaempferi

Larix x eurolepis
Larix decidua   Larix kaempferi

Picea x mariorika

Mariorika-Fichte deutlich intermediär

Erst das dichte Nebeneinanderstehen von blühender *Picea mariana* aus dem nördlichen N-Amerika und der aus dem Drina-Bogen in Serbien-Bosnien stammenden *Picea omorika* ließ Hybriden entstehen, welche nicht den oft typischen, fast säulenförmigen, schmalen Wuchs der serbischen Omorika-Fichte zeigen, sondern mehr einen breit kegelförmigen Kronenhabitus. Von der Omorika-Fichte gibt es hin und wieder breit- und zwergwüchsige selektierte Formen, bei denen möglicherweise weitere Fichtenarten hybridisierend beigetragen haben.

	Picea x mariorika	Picea mariana Schwarz-Fichte	Picea omorika Serbische Fichte
Herkunft	um 1925 in Deutschland in Westerstede	nördliches N-Amerika	Bosnien und Serbien
Nadeln			
Form		dicht stehend, viereckig	zusammengedrückt beidseits gekielt
Farbe	blaugrün	stumpfgrün	
Unterseite	4–6 Stomalinien	3–4 Stomalinien	2 Stomabänder
Oberseite	1 Stomalinie	1–2 Stomalinien	ohne Stomaband, Nadeln gedreht
Länge	0,7–1,6 cm	0,7–1,2 cm	0,8–1,8 cm
Spitze	scharf stechend	stechend	kleine Spitze
Sprossachse			
Habitus	breit kegelförmig	6–20 m, schmal kegelförmig	um 25 m, gelegentlich säulenförmig
Junge Triebe	kurz behaart, einzelne Drüsen	rotbraun, dicht drüsig, behaart	hellbraun, dicht drüsig, behaart
Zapfen			
Form		eiförmig bis spindelförmig	eiförmig-länglich
Länge	3,5–5 cm	2–3 cm	3–6 cm
Farbe	in Jugend purpurn	rot-blau, später graubraun	zuerst violett-purpurn, ausgereift zimtbraun
Samen		schokoladenbraun, Flügellänge 10 mm	schwarzbraun, Flügellänge 8 mm

Die 1925 in der Baumschule G.D. Böhlje aus Westerstede aufgetretene und verkaufte ***Picea x mariorika*** zeigt deutlich intermediäre Merkmale, was sich insbesondere in den Merkmalen der Nadeln mit Nadellänge, Nadelfarbe, Nadelspitze, Stomabänder der Nadelunterseite und Dichtstand sowie in der Zapfenlänge zeigt.

Dieses späte Entstehen dieser Hybriden in Europa dürfte auf das hier seltene Anpflanzen der Schwarz-Fichte (*Picea mariana*) gelegen haben, denn sie besitzt nicht den Zierwert wie die Serbische Fichte, welche allerdings auch erst im vergangenen Jahrhundert ihre Wiederverbreitung in Gartenanlagen in Europa gefunden hat, wobei man Wert auf die Säulenform gelegt hat. Die Schwarz-Fichte wurde daher nur in Arboreten und Baumschulen gepflanzt, wo man deren Baumzierwert erkunden wollte.

Picea x mariorika
Picea mariana   Picea omorika

Pinus x rhaetica

Unauffällige Hybride zwischen Berg- und Wald-Kiefer

Kleine, unauffällige Kiefern, Hybriden zwischen der oft strauchförmigen **Berg-Kiefer** (*Pinus mugo*) und der baumförmigen **Wald-Kiefer** (*Pinus sylvestris*) können dort entstehen, wo beide Kiefern relativ dicht nebeneinander stehen. Aufgefallen sind sie erstmals um 1864 in einem Wald bei Samaden im Schweizer Ober-Engadin. Deshalb sind sie von Bruegger als **Pinus x rhaetica** benannt worden.

	Pinus x rhaetica	Pinus sylvestris Wald-Kiefer	Pinus mugo Berg-Kiefer
Herkunft	vor 1864 im Ober-Engadin (Schweiz) gefunden, nicht in Kultur	Europa bis Amur-Gebiet	M-Europa, Balkan, Appenin
Nadeln			
Zahl	2 in Kurztriebscheide	2 in Kurztriebscheide	2 in Kurztriebscheide
Form	spitz	etwas gedreht	sichelförmig zum Trieb, leicht gedreht
Farbe	dunkelgrün	blau-graugrün	
Länge	4 cm	4–7 cm	3–4 cm
Breite		bis 2 mm	1,5–2 mm
Spitze	spitz	spitz	hornartig zugespitzt
Rand	fein gesägt	gesägt	ganz fein gesägt
Knospen	eilänglich, 10 mm lang, wenig harzig, Schuppen dicht angedrückt	12 mm lang, nicht harzig, Schuppen dicht anliegend	eilänglich, 6 mm lang, zugespitzt, stark harzig, Schuppen dicht angedrückt
Sprossachse			
Habitus	kleiner Baum, nicht kultiviert	Baum 10–30 (–40) m	strauchförmig niederliegend
Junge Triebe		grünlich, im 2. Jahr gräulich	zuerst hellgrün, kahl
Rinde	bräunlich grau	erst fuchsrot, dünn abblätternd, Borke graubraun	graubraun, regelmäßig schuppig, kaum ablösend
Zapfen			
Form	unsymmetrisch	eikegelförmig	ei- bis kegelförmig
Stellung	schräg abwärts gerichtet	meist einzeln oder 2–3	fast endständig, aufrecht bis hängend
Größe	3–3,5 cm lang	2,5–7 cm lang	2–6 cm lang
Schuppenschild	bauchig gewölbt mit größerem Oberfeld, Nabel groß, stachelspitzig	fast rhombisch, erhaben pyramidal, Nabel klein, ohne Stachelspitze	gelbbraun, Nabel heller und abgeflacht, mit dunklem Ring, nicht hakenförmig

Pinus x rhaetica | 15

Pinus x rhaetica
Pinus mugo   Pinus sylvestris

Sie können jederzeit neu entstehen. Sie sind nicht in Kultur, sondern finden sich als Rarität höchstens in Arboreten.

Bezüglich Exemplargröße und Größe der Nadeln bilden sie eine Zwischengröße zwischen beiden Eltern. Dies gilt auch für die Zapfen, wobei die Stachelspitze auf dem Nabel mehr vom *P. mugo*-Elter stammt.

Pinus x rhaetica
Pinus mugo   Pinus sylvestris

Pinus x rigitaeda

Bei *Pinus x rigitaeda* sind viele Merkmale des Weihrauch-Elter ausgeprägt

Die **Pech-Kiefer** (*Pinus rigida*) hat im Vergleich zur **Weihrauch-Kiefer** (*Pinus taeda*) etwas kürzere und kräftigere Nadeln. Sie sind wie bei allen Kiefern gedreht, aber nicht so oft wie bei *P. taeda*. Die Grazilität und die häufigeren Drehungen der letzteren haben sich auf die Hybride ***Pinus x rigitaeda*** übertragen.

	Pinus x rigitaeda	Pinus rigida Pech-Kiefer	Pinus taeda Weihrauch-Kiefer
Herkunft		NO-Nordamerika, auf armen Böden, auch Sümpfe	O-USA: New Jersey bis Florida, O-Texas bis Oklahoma
Nadeln			
Zahl	3 in einer Scheide	3 in einer Scheide	3 in einer Scheide
Form		steif, abstehend, etwas gebogen und gedreht	dünn, jedoch steif, etwas gedreht, lang zugespitzt
Harzgänze	im Palisadenparenchym eingebettet	im Palisadenparenchym eingebettet	im Palisadenparenchym eingebettet
Länge	17–30 cm	7–14 cm	15–25 cm
Breite	0,17 cm	0,2 cm	0,15 cm
Farbe	hellgrün	dunkelgrün	hellgrün
Rand	fein gezäht	fein gezäht	fein gezäht
Knospen	spitz-kegelförmig, 6–15 mm, silbrig braun, freie Spitze, Schuppen randfransig und zurückgeschlagen	zylindrisch bis eilänglich, zugespitzt, 10–20 mm, meist harzig, braune Schuppen angedrückt, freie Spitze	spitz-kegelförmig, 6–12 mm, hellbraun, harzfrei, Schuppen randfransig, Spitzen zurückgeschlagen
Spaltöffnungen	Stomalinien auf allen Seiten	viele Stomalinien auf allen Seiten	Stomalinien auf allen Seiten
Nadelscheide	15 mm lang, hellbraun, bleibend	9–12 mm lang, rotbraun, bleibend	20 mm lang, gelbbraun, bleibend
Sprossachse			
Höhe	um 20 m	10–15 (–25) m	20–30 (–55) m
Junge Triebe		anfangs hellgrün, dann orangebraun, kahl	gelbbraun, glatt, kahl, mitunter grau bereift
Borke		dunkelbraun tief rissig, plattenförmige Schuppen	grau, rissig

Pinus x rigitaeda 17

Zapfen			
Form	länglich eikegelig, etwas gekrümmt, unsymmetrisch	eikegelförmig, symmetrisch, oft zu mehreren an Ästen	eikegelig, symmetrisch
Stellung	seitenständig	seitenständig	seitenständig
Stiel	sitzend	sitzend oder bis 6 mm lang, lange verbleibend	sehr kurz bis sitzend
Länge	8–10 cm	7–8 cm	6–8 cm
Schuppenschild	rhombisch, flach gewölbt, quergekielt, kräftiger Dorn, zurückgekrümmt	rhombisch, flach gewölbt, quergekielt, Nabel flach oder vertieft, Dorn kurz bis fehlend	hellbraun, pyramidal, scharfe Querleiste, Nabel kräftiger, Dorn zurückgekrümmt, dreieckig
Samen		dreikantig, 4 mm lang, grau, Flügel 15 mm, bräunlich	rhombisch, braunrot, Flügel 25 mm

Pinus x rigitaeda
Pinus rigida   Pinus taeda

In der Knospenausprägung ist eine Mittelstellung festzustellen. Die Knospen der Hybride sind nicht so schlank, sondern etwas kräftiger. Im oberen Knospenbereich liegen die Knospenschuppen dicht an und ihre Harzigkeit zeigt sich in einem gräulichen Schimmer. Die Knospenschuppen im unteren Bereich sind sowohl randfransig und ausgeprägt zurückgeschlagen. Auch hierin hat *P. x rigitaeda* mehr vom *P. taeda*–Elter übernommen.

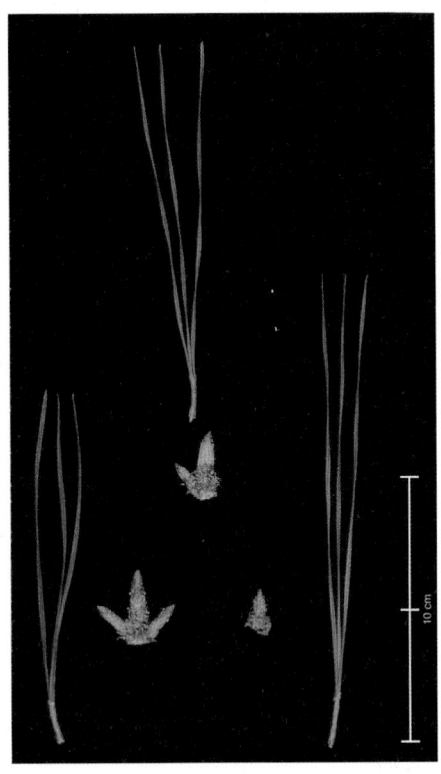

Pinus x rigitaeda
Pinus rigida   Pinus taeda

Pinus x rigitaeda
Pinus rigida   Pinus taeda

Pinus x schwerinii

Die Strobe- und Tränen-Kiefer haben beachtliche Hybridkiefer hervorgebracht

Aus der Kreuzung dicht beieinander gepflanzter **Weymouths-Kiefern** (*Pinus strobus*) und der **Tränen-Kiefer** (*P. wallichiana*) sind 1905 im Park des Grafen Schwerin in Wendisch-Wilmersdorf bei Berlin Hybriden hervorgegangen, die jedoch erst 1931 als solche erkannt und benannt wurden.

Die Krone der Hybride *Pinus x schwerinii* ist mit ihren weit ausgebreiteten waagerecht abgehenden Ästen, deren Spitzen sich durch die Länge der Äste leicht abwärts neigen, doppelt so breit wie bei der Tränenkiefer und daher in der Park- und Gartengestaltung interessant. Die Zweige sind in der Horizontalen erkennbar hin und her gebogen.

	Pinus x schwerinii Schwerins Kiefer	Pinus strobus Weymouths-Kiefer	Pinus wallichiana Tränen-Kiefer
Herkunft	1905 bei Berlin, aber erst 1931 als Hybride erkannt	östl. Nord-Amerika	Himalaja (Afghanistan bis Nepal)
Nadeln			
Länge	8–14 cm schlaff hängend	7–12 cm	12–20 cm
Nadelrand	rau	leicht gesägt	fein gesägt
Nadelspitze	stumpf	stumpf	spitz
Nadelform	dünn, pinselartig schlaff hängend	sehr dünn, weich, biegsam, blaugrün	dünn bogig überhängend, vereinzelt geknickt
Spaltöffnungslinien	3–4 blauweiße Spaltöffnungslinien	2–3 weiße Spaltöffnungslinien	4–5 weiße Spaltöffnungslinien
Sprossachse			
Baumhöhe	15–20 m	30–50 m	30–50 m
Rinde der Triebe u. Äste	lange glattbleibend, gräulich	lange glattbleibend, graugrün	lange glattbleibend, gräulichbraun
Zapfen			
Zapfenstellung	endständig, stehend, zu mehreren zusammen	endständig, stehend, zu mehreren zusammen	fast endständig, jung aufgerichtet, im 2. Jahr hängend, einzeln oder zu 2–3 zusammenstehend
Zapfenform	walzenförmig, harzig, braungrau	schmal zylindrisch, braun, oft gebogen	zylindrisch, sehr harzig, daher hellbraun
Zapfengröße	8–15 cm lang, bis 4,5 cm dick	8–20 cm lang, bis 4 cm dick	15–20 cm lang, 3–5 cm dick
Zapfenstiel	2–2,5 cm	1–2,4 cm	3–5 cm
Rand der Fruchtschuppe	leicht gewölbt	wenig gewölbt	stärker gewölbt
Schuppenschild	spitzer Nabel, längs gestreift	dünn, in Mitte gefurcht, stumpfer Nabel	spitzer Nabel, glatt, hellbraun

Die zu fünft an dem Kurztrieb stehenden Nadeln unterscheiden sich in der blaugrünen Farbe, mitgeprägt von den weißen Stomatalinien und im Durchmesser nur minimal. Die grazilen Nadeln hängen an den jüngeren Trieben in der Regel pinselartig herab.

In der Übersicht sollen die unterscheidbaren Merkmale vergleichend aufgelistet werden, wobei sich die Ausgangsarten vor allem auffällig in der Länge der Nadeln und Zapfen unterscheiden und die Hybride eine erkennbare Mittelstellung einnimmt, die bei erneuter Kreuzung luxurieren kann.

Pinus x schwerinii
Pinus strobus   Pinus wallichiana

Pinus x schwerinii
Pinus strobus   Pinus wallichiana

Taxus x media

Von der Eiben-Hybride *Taxus x media* gibt es viele Gartenformen

Sowohl von den Ausgangsarten als auch von der Hybride *Taxus x media* gibt es unendlich viele ausgelesene Gartenformen, sodass die Ausgangsarten und die reine Hybride sich wohl nur in Arboreten finden werden. Gehölzliebhaber werden eher interessante Gartenformen wie Säulen-, Kegel-, Pendula-, Zwerg- und Farbvariationsformen bevorzugen.

Die reine Hybride, um 1900 erstmals von Hatfield im Hunnewell-Arboretum von Wellesley (USA) erzielt, liegt in ihren Merkmalen zwischen den beiden Eltern (daher *Taxus x media*) von *Taxus baccata*, der Eibe Europas, N-Afrika, Kleinasien und dem Kaukasus und *Taxus cuspidata*, der fernöstlichen Eibe, wo sie in Japan wegen ihrer sehr großen Winterhärte bis auf Höhen zwischen 1000 bis 2400 m aufsteigen kann. Sie ist aufgrund dieser Winterhärte in den USA mehr verbreitet als *Taxus baccata*.

	Taxus x media	Taxus baccata Gewöhnliche Eibe	Taxus cuspidata Japanische Eibe
Herkunft	um 1900 in USA erzielt	Europa, N-Afrika Kleinasien Kaukasus	Japan
Nadeln			
Form	linear unregelmäßig zweizeilig	linear zweizeilig	linear unregelmäßig zweizeilig
Oberseite			tief-grün
Unterseite	ausgeprägte Mittelrippe		2 gelbliche Stomabänder
Länge		1–3 cm	1,5–2,5 cm
Breite			bis 0,3 cm
Spitze	kleine Spitze		plötzlich zugespitzt, kleine Stachelspitze
Basis	Blattkissen auf Spross	plötzlich verschmälert	plötzlich verschmälert
Stiel		kurzer Stiel	deutlich gelbes Stielchen
Sprossachse			
Höhe	kräftiger als bei T. baccata	12–25 m	bis 20 m oft strauchig
Zweige	olivgrün	grün abstehend oder aufsteigend	rötlich abstehend oder aufsteigend
Borke		rotbraun	rötlichbraun
Knospen			
Form		zweikantig olivbraun	eiförmig, leicht 3–4-kantig
Knospenschuppen	stumpf leicht gekielt	fest anliegend an Spitze abgerundet	eiförmig, untere mehr dreieckig gekielt
Samen			
Größe		6 mm	
Samenmantel		roter, fleischiger Arillus	roter, fleischiger Arillus

Die Nadeln der Hybride ähneln mehr *T. cuspidata* und sind nicht so eindeutig zweizeilig, sondern mehr radial um den Trieb angeordnet, ein Erbe von *T. cuspidata*. Bei den Knospenschuppen lassen sich Unterschiede ausmachen. So besitzt die Hybride stumpfe, aber leicht gekielte Knospenschuppen. Bei *T. baccata* sind sie mehr abgerundet und bei *T. cuspidata* sind die unteren an der Knospe mehr dreieckig, aber ebenfalls gekielt.

Die Hybride besitzt aufgrund des Heterosiseffektes einen kräftigeren Wuchs als *T. baccata*, obwohl bei Verwendung als Zierstrauch mehr der niedrig wachsende Typ gefragt ist. Diese Wüchsigkeit kann aber ein Vorteil bei Verwendung als Heckenstrauch sein, wo trotz Schnitt dann die Füllligkeit gewahrt bleibt, wie bei der Form *T. x media* 'Strait Hedge', einem weiblichen Vertreter, welcher zudem schon früh gut fruchtet, d. h. die Hybriden sind fertil. Nachgezogene Hybridpflanzen werden wegen Beibehaltung der Besonderheiten über Stecklinge nachgezogen.

Taxus x media
Taxus baccata   Taxus cuspidata

Teil 2:
Gattungshybriden bei Nadelbäumen

X Cupressocyparis leylandii

Spontane Naturhybriden zwischen Zypressen und Scheinzypressen

Dort, wo klimatisch bedingt, Zypressen (*Cupressus*) und Goldzypressen (*Xanthocyparis*) dicht nebeneinander stehen und gedeihen können, wie z. B. in England, können sie sich gegenseitig befruchten und natürliche Gattungshybriden entstehen lassen, welche gegenüber ihren Eltern – wie für Hybriden erster Generation üblich – wesentlich wüchsiger sein können und auch anderen Klimagegebenheiten gerecht werden können, also auch mitteleuropäischen. Das bekannteste Beispiel ist unter Laubbäumen die Platane (*Platanus x hybrida*).

	X Cupressocyparis leylandii	Cupressus macrocarpa Monterey-Zypresse	Xanthocyparis nootkatensis Nutka-Goldzypresse
Herkunft	1888 in England in Leighton Hall entstanden	Kalifornien in Monterey-Bucht	W-Nordamerika: Alaska bis Britisch-Kolumbien
Nadeln			
Form	schuppenförmig, Kantennadeln stark, Flächennadeln schwach gekielt	schuppenförmig, in 4 Reihen dem Zweig dicht angedrückt	schuppenförmig, Flächennadeln auf Rücken gekielt, Kantenblätter oben abstehend
Spitze		etwas zugespitzt	ausgeprägt zugespitzt
Drüsen		undeutlich, nicht immer mittig auf rautenförmiger Nadelfläche	ohne Drüsen
Sprossachse			
Höhe	höher als 30 m	12 bis 20 m	30–40 m
Kronenausprägung	dicht kegel- bis säulenförmig	schmal kegelförmig, im Alter breit ausladend	schlank kegelförmig, Äste überhängend
Nadeltragende Zweige	wenig abgeflacht, fast vierkantig, feiner, länger, schlanker	rundlich	fast vierkantig
Rinde	dunkel rotbraun	anfangs rotbraun, später grau, rissig-schuppig	bräunlich grau, sich plattig ablösend
Zapfen			
Form	kugelig	kugelig breit ellipsoid	kugelig, im 2. Jahr reifend
Größe	20 mm	25–35 mm	10 mm
Schuppen	meist 8	8–14, fast kreisrund, kurzer Dorn in Mitte	4–6, höckerartiger, aufrechter Dorn
Samenzahl	um 40, mit winzigen Warzen	um 140, schmal geflügelt, unregelmäßig geformt, braun, winzige Harzbeulen, beidseitig	

Ein solcher, sogar fertiler Gattungsbastard zwischen **Monterey-Zypresse** (*Cupressus macrocarpa*) und der **Nutka-Goldzypresse** (*Xanthocyparis nootkatensis*), welche beide aus Nordamerika stammen und in England in Parkanlagen dicht nebeneinander angepflanzt wurden, fiel 1888 C.L. Leyland in Leighton Hall auf, deren Samen von *Xanthocyparis nootkatensis* als Mutterbaum stammten, d. h. vom Pollen von *Cupressus macrocarpa* befruchtet waren. Diese Gattungshybriden erwiesen sich als raschwüchsige Gartenformen. 1926 wurden diese Hybriden nach Leyland als **X *Cupressocyparis leylandii*** benannt. Der Schwager von Leyland, nämlich J.M. Naylor zog 1911 Hybriden nach, deren Samen aber von *Cupressus macrocarpa* stammten, wobei die Gewichtung beider Eltern sich unterschiedlich in den Nachkommen manifestierten. Auch später, so z. B. um 1940, wurden in der Baumschule M. Barthelemy in Stapehill (Dorset) systematisch Kreuzungen zwischen beiden Arten durchgeführt und die Hybriden einer gartenbaulichen Auslese unterzogen.

X Cupressocyparis leylandii
Cupressus macrocarpa   Xanthocyparis nootkatensis

Eine ganze Reihe von Nachkommen haben sich inzwischen als charakteristische Klone bewährt und werden vegetativ nachgezogen, so z. B. 'Green Spire', der Klon Nr. 1 von Haggerston Castle, wo Leyland seine Nachkommen aufgepflanzt hatte, welcher schmal säulenförmig mit mehreren, dicht stehenden Trieben (ohne Leittrieb) wächst, deren Seitenzweige in unterschiedlichen Winkeln und unregelmäßigen Abständen zur jeweiligen frischgrünen Trägerachse aufwärts wachsen. Die Ausprägung der Nadelblätter und Zweige ist graziler als bei beiden Eltern. Der Sortenname ist erst 1964 von Ovens, Blight und Mitchell gewählt worden. Die Sorte ist winterhart.

Der Klon 2 'Haggerston Grey' steht *Cupressus macrocarpa* näher. Seine Zweige sind sogar lockerer angeordnet, teilweise gegenständig, vereinzelt kreuzweise gegenständig und rechtwinklig abgehend. Die kleinsten, graugrünen Triebe stehen oft büschelig.

Mehr dem anderen Elter *Xanthocyparis nootkatensis* näher steht der Klon 'Leighton Green'. Er wird allgemein als der gängige Artbastard angeboten. Er wächst anfänglich schmal säulenförmig, später lockerer und mit deutlichem Leittrieb. Die Benadelung ist frischgrün. Zapfen werden häufiger gebildet.

1963 zufällig aus Samen des Artbastard entstanden ist der Klon 'Castlewellan Gold', deren junge Triebe gelblich angelegt werden. Er ist relativ winterhart und gegen Wind, Seeluft und Industriegase widerstandsfähig.

X Cupressocyparis notabilis

Gattungshybride X *Cupressocyparis notabilis* zeigt intermediäre Ausprägungen

Aus der feintriebigen **Arizona-Zypresse** (Cupressus glabra), die im Trockenklima des Südwestens der USA beheimatet ist und der gröbernadeligen **Nutka-Goldzypresse** (Xanthocyparis nootkatensis), welche ein Küstenbaum des Nordwestens von Nordamerika in Alaska bis hinunter nach Britisch-Kolumbiens ist und beispielsweise in der Nutka-Bucht mit einem gemäßigten Regenklima Stammdurchmesser von 2 m erreichen kann, ist in der Nähe der Baumschule der Forest Research Station der Alice Holt Lodge im Bundesstaat Hampshire, wo beide Baumarten dicht nebeneinander standen, über Samenbildung von Cupressus glabra die Gattungshybride X *Cupressocyparis notabilis* entstanden.

Sie steht in ihren Merkmalen, insbesondere in der Größe der schuppenförmigen Nadeln zwischen beiden Eltern. Ihre flächig ausgebreiteten Triebe sind feingliedrig, fast fedrig, ein Erbe von *Xanthocyparis nootkatensis*, denn bei *Cupressus glabra* sind die

	X Cupressocyparis notabilis	Xanthocyparis Nootkatensis Nutka-Goldzypresse	Cupressus glabra Arizona-Zypresse
Herkunft		W-Nordamerika: Alaska bis Britisch-Kolumbien	USA mit Arizona
Nadeln			
Form	schuppenförmig	schuppenförmig, dicht anliegend	
Farbe	blaugrün	dunkel-grün	blaugrün
Rückseite		gekielt oder rund, ohne weiße Zeichnung	weißliche Harzdrüsen
Sprossachse			
Spaltöffnungen	25–30 m	30–40 m	20 m
Kronenform	schmal-kegelförmig	schlank kegelförmig	eirundlich
Triebe	fiederförmig, Spitze nickend, in einer Ebene	ausgebreitet, fast vierkantig	dünn, stielrund, orangebraun
Äste	bogig aufstrebend	dicht ausgebreitet	mäßig dicht aufsteigend
Zapfen			
Form	kugelig	kugelig	kugelig
Farbe	unreif blaugrün	reif bräunlich	reif dunkelbraun
Größe	12 mm	10 mm	15–25 mm
Schuppenzahl	6–7	4–6	5–7
Dorn auf Schuppe	gekrümmt	höckerartig, aufrechte Spitze	

X Cupressocyparis notabilis

Triebe nicht flächig angelegt. Während die Schuppennadeln von *Cupressus glabra* am älteren Trieb sich mit ihren Spitzen abheben können und dadurch leicht stechend sind, bleiben sie bei dem Gattungsbastard entsprechend dem Scheinzypressen-Elter anliegend.

Jüngere, aber noch nicht ganz abgesicherte Untersuchungen haben ergeben, dass die Nutka-Goldzypresse offensichtlich eine Zypresse ist, d. h. Gattungsgrenzen nicht überwunden werden müssen. Die Leichtigkeit der Hybridisierung spricht dafür.

Typische Borke von X Cupressocyparis notabilis

X Cupressocyparis notabilis
Xanthocyparis nootkatensis   Cupressus glabra

X Tsugapeuce jeffreyi

Hemlocktannen-Hybride zeigt in Nadelausprägung Mischmerkmale beider Eltern

Wenn relativ verwandte Arten nebeneinander stehen, was natürlicherweise nicht immer gegeben ist, kann es zu Kreuzungen kommen, die allerdings oft wieder verschwinden, weil sie meistens steril bleiben. Der Mensch hat aber – auch um Wuchsvergleiche zu erzielen – unterschiedliche Arten nebeneinander gepflanzt, so z. B. im kanadischen Britisch-Kolumbien die *Hesperopeuce mertensiana* (ehemals *Tsuga mertensiana*), eine hemlocktannenähnliche „Tanne" der Bergregionen, die aber auch stellenweise bis zur Küste vorstoßen kann, zu der **Tsuga heterophylla**, eine Hemlocktanne der Küstenregionen von Alaska bis Kalifornien.

An diesen neuen „Begegnungs"-Wuchsorten ist vermutlich auch das hybridisierte Saatgut in Britisch-Kolumbien aufgelesen worden, aus dem dann 1851 in Edinburgh in der Nachkommenschaft die Naturgat-

	X Tsugapeuce jeffreyi	Tsuga heterophylla Westamerkanische Hemlocktanne	Hesperopeuce mertensiana Berghemlocktanne
Herkunft	1851 in Edinburgh ausgelesen	Westl. N-Amerika: Alaska bis Kalifornien	Westl. N-Amerika: S-Alaska bis N-Montana
Nadeln			
Form	linealisch	linealisch	linealisch
Stellung am Spross	nach allen Seiten abstehend	locker gestellt, leicht gescheitelt	radial = rings um den Zweig gestellt
Länge	12–22 mm	5–18 mm, variable Längen, daher heterophylla	10–20 mm
Spitze	stumpf abgerundet	stumpf abgerundet	stumpf
Oberseite	flach, deutlich gefurcht, an Spitze kurze Stomalinien	glänzend dunkelgrün, gefurcht	gewölbt, oft gekielt, beidseits Stomalinien, daher graugrün bis silberweiß
Unterseite	2 Stomabänder	2 weiße Stomabänder mit je 7–8 Linien	
Rand	oberer Bereich fein gezähnelt	fein gesägt	ganzrandig
Knospen	spitz eiförmig	eiförmig bis kugelig, klein, behaart	spitz eiförmig
Sprossachse			
Habitus	kleiner Baum	30–60 m	10–30 m
Krone	sehr dicht bezweigt	schmal kegelförmig, Gipfeltrieb peitschenförmig, mit Spitze überhängend	schmal kegelförmig, Zweige dünn und überhängend
Junge Triebe	zuerst gelblich, später bräunlich	zuerst gelbbraun, später braun bleibend, behaart	rotbraun, zuerst behaart

tungshybride **X *Tsugapeuce jeffreyi*** aufgefallen ist, denn sie unterscheidet sich von ihren Eltern vor allem in der Benadelung, wo Mischmerkmale gegeben sind. Die stumpfe, abgerundete Spitze der Nadeln ist vom *T. heterophylla*-Elter übernommen worden, ebenso die Randzähnelung, welche sich allerdings nur auf das obere Drittel beschränkt. Vom *H. mertensiana*-Elter stammt die radiale Stellung rund um den Zweig, sowie die einheitliche Länge, die aufgrund des Heterosiseffektes etwas größer ausfällt und letztlich die Ausbildung von Stomalinien im oberseitigen Nadelspitzenbereich, denn *H. mertensiana* zeigt beidseitig Stomalinien. Im Gesamtwuchs scheint sie hinter beiden Eltern zurückzubleiben.

X Tsugapeuce jeffreyi
Tsuga heterophylla   Hesperopeuce mertensiana

X Tsugapeuce jeffreyi
Tsuga heterophylla   Hesperopeuce mertensiana

**Teil 3:
Gattungshybriden bei
Laubgehölzen**

X Amelosorbus raciborskiana

Gattungsbastard X *Amelosorbus* bildet ein intermediäres Blatt

Die Ausgangseltern des Gattungsbastard X *Amelosorbus raciborskiana* blühen beide im Mai. Was lag näher, zwischen beiden, nämlich der **Japanischen Felsenbirne** (*Amelanchier asiatica*) und der **Gemeinen Eberesche** (*Sorbus aucuparia*) eine die Gattung überspringende Kreuzung zu versuchen. Dies gelang 1934 im polnischen Arboretum Kornik.

	X Amelosorbus raciborskiana	Amelanchier asiatica Japan. Felsenbirne	Sorbus aucuparia Eberesche
Herkunft	1934 im Arboretum Kornik (Polen)	Japan, China, Korea	Europa bis Kleinasien und Sibirien
Blätter			
Form	lang, elliptisch	eirund, spitz, derb	gefiedert, Blättchen lanzettlich
Basis	unterer Teil tiefgelappt, bzw. 2–3 Fiederpaare	rund	Blättchen deutlich unsymmetrisch
Oberseite	glänzend dunkelgrün	dunkelgrün, kahl	sattgrün, kahl
Unterseite		kahl	graugrün da jung behaart
Länge	10–12 cm	4–7 cm	bis 20 cm, Blättchen 9–12 cm
Rand	gesägt	fein gesägt	scharf gesägt
Stiel	wie Mittelrippe rötlich, 4–5 cm lang	2–3 cm	4–5 cm, Blättchen sitzend
Knospen	länger ausgezogen, zuerst weiß behaart, dann kahl		filzig, nicht klebrig
Sprossachse			
Habitus	Baum	Strauch oder Baum, bis 15 m	Baum, 5–15 m, oft mehrstämmig
Junge Triebe	rötlich behaart	zuerst behaart, dann kahl, Zweige zuerst aufrecht, später abstehend und überhängend	weich behaart, später glatt, graubraun
Blüten			
Blütenstand	wenigblütig	dichtwollige Trauben, zuerst aufrecht, später hängend	bis 15 cm breit
Blühzeit	Mai	Mitte Mai	Mai
Früchte			
Farbe	blauschwarz, schwach bereift	blauschwarz bereift	rot
Größe	erbsengroß	heidelbeergroß	erbsengroß

Das Kreuzungsprodukt zeigt eine intermediäre Blattausprägung, nämlich im unteren Teil der Blätter eine tiefe Lappung und/oder noch die Anlage von zwei bis drei Fiederblattpaare des Ebereschen-Elter.

Der Bastard kann, wie die Eberesche, zu einem mittelhohen, nicht unbedingt mächtigen Baum heranwachsen, deren Triebe im Austrieb behaart und rötlich angelaufen sind, ebenso wie der Blattstiel und die Mittelrippe der Blätter. In der Fruchtfarbe folgen die vereinzelt angelegten blauschwarzen Früchte mehr dem Amelanchier-Elter, deren Früchte mit Heidelbeergröße ein wenig kleiner bleiben.

X Amelosorbus raciborskiana
Amelanchier asiatica   Sorbus aucuparia

X Crataemespilus grandiflora

Gattungsbastard X *Crataemespilus* hat mispelähnliche, nur kleinere Früchte

Der Gattungsbastard X *Crataemespilus grandiflora* ist um 1800 in Frankreich wild gefunden worden und fiel durch seine auch im Geschmack mispelähnlichen und daher ebenso essbaren Früchte auf, die aber kleiner als beim **Mispel**-Elter (*Mespilus germanica*) sind.

In der Blattausprägung steht dieser hohe Strauch bis kleine Baum zwischen beiden Eltern, d. h. es gibt Blätter, die durch ihre keilförmige Basis und ihren drei schwach ausgeprägten Lappen noch an den **Weißdorn**-Elter (*Crataegus laevigata*) mit allerdings häufig fünf ausgeprägten, tief eingekerbten Lappen erinnern.

Andere Blätter sind wie der zweite Mispel-Elter am Rand fein, aber ungleich

	X Crataemespilus grandiflora	Crataegus laevigata Zweigriffliger Weißdorn	Mespilus germanica Mispel
Herkunft	um 1800 in Frankreich aufgefunden	Europa bis Mittelmeerbereich	SO-Europa Vorderasien
Blätter			
Form	verkehrt eiförmig lanzettlich	verkehrt eiförmig	länglich lanzettlich
Rand	3 Lappen	5 Lappen, tief eingekerbt	fein, aber ungleich gesägt
Breite	größte Breite im oberen Drittel		größte Breite im unteren Drittel
Unterseite	kahl		fein behaart
Länge	3–7 cm	3–5 cm	6–12 cm
Spitze	kürzer zugespitzt	spitz lappig	zugespitzt
Basis	keilförmig	keilförmig	abgerundet
Stiel	leicht gestielt	gestielt, 10–12 cm	kurz gestielt, behaart
Sprossachse			
Höhe	6 m	10 m	3–6 m
Dornen	Zweige behaart	bis 2,5 cm	gelegentlich
Blüten			
Zahl	2–3 zusammenstehend, reich blühend	Trugdolden mit 5–10 zweigriffeligen Blüten	einzeln, endständig, 4–5 cm breit
Farbe	weiß	weiß-rote Staubbeutel	weiß
Früchte			
Form	wie kleine Mispeln, 3–5 Kelchblattzipfel	rundlich-elliptisch	apfelfruchtig, 5 Kelchblattzipfel
Größe	15 mm	10–12 mm	30–40 mm
Oberfläche	bräunlich behaart	glatt	rau, bräunlich behaart
Samen		2 Steinkerne	5 Steinkerne

gesägt, lanzettlich, mit der größten Breite im oberen Drittel, während diese beim Mispelblatt im unteren Drittel liegt. Sie sind beim Bastard mit 3 bis 7 cm kürzer als bei der Mispel, die eine Länge zwischen 6 bis 12 cm aufweisen. Die Blattspitze ist kürzer zugespitzt als bei der Mispel. Die oberseitige leichte Behaarung und der unterseitige feine Haarfilz der Mispel sind bis auf eine unterseitige feine Behaarung beim Bastard verlorengegangen, d. h. die Blätter glänzen oberseits wie die des Weißdorn-Elters. Die wechselständigen Blätter sind nicht so kurz gestielt wie beim Mispel-Elter.

Auch in der Blütenanlage ist eine mittlere Ausprägung mit leichter Tendenz zur Mispel realisiert, d. h. es gibt zwei bis drei zusammenstehende, weiße, stark an den Mispel-Elter erinnernde Blüten, die bei diesem meist einzeln und endständig an kurzen Trieben stehen. Die Doldenrispe des Weißdornes gibt es beim Bastard nicht mehr. Allerdings ist er ausgesprochen reich blühend.

Die Früchte des Bastards sehen wie kleine Mispelfrüchte aus, deren Blütenbecher wie beim Apfel mächtig heranwächst und von den Kelchblattzipfeln gekrönt wird. Es sind nur noch drei bis vier verbliebene Kelchblattzipfel zu beobachten. Der Weißdorn-Elter besitzt nur zwei Griffel und Samenanlagen, der Mispelelter dagegen fünf. Entsprechend ist auch die Zahl der Steinkerne in dem zunächst sehr festen Fruchtfleisch, welches erst nach Frosteinwirkung teigig und dann essbar wird, reduziert.

Dieser Gattungsbastard besitzt keine gartenbauliche Bedeutung und wird nur als dendrologische Rarität in Arboreten von botanischen Gärten gehalten, um ihn vor allem dem Pfropfbastarden gegenüberzustellen.

Blüten von X Crataemespilus grandiflora
Mespilus germanica   Crataegus laevigata

Fast reife Früchte von X Crataemespilus grandiflora
Mespilus germanica   Crataegus laevigata

X Fatshedera lizei

Gattungshybride mit ungleichen Partnern bei X *Fatshedera lizei*

Dem Franzosen Lizé Frères aus Nantes gelang 1910 eine Kreuzung über Gattungsgrenzen hinweg zwischen der aus Japan stammenden *Fatsia japonica* und dem in Europa weitverbreiteten **Efeu** (*Hedera helix*), beide aus der Familie der *Araliaceae* mit recht unterschiedlichen Merkmalen und vor allem unterschiedlich großen Blättern.

	X Fatshedera lizei Bastardaralie	**Fatsia japonica** 'Moseri'	**Hedera helix var. hibernica** Gemeiner Efeu
Herkunft	1910 von Lizè Fréres (Nates) erzeugt	Japan	Europa bis Kaukasus
Blätter			
Form	**immergrün**, 3–5 lappig, dreieckig, ledrig	**immergrün**, handteilig mit 7–9(–11) lanzettlichen Lappen, langgestielt	**immergrün**, 3–5 lappig, an Blütentrieben eirhombisch
Oberseite	glänzend tiefgrün	glänzend dunkelgrün	dunkelgrün, weißliche Adern, unten gelblich grün
Größen	10–25 cm breit 10–15 cm lang	15–30 cm breit	4–10 cm
Spitze	spitz	spitz	stumpf spitz
Rand	ganzrandig	gezähnt	ganzrandig
Basis	gerade bis leicht weitwinklig herzförmig	weitwinklig herzförmig	herzförmig
Stiel	10–25 cm	7–30 cm	5–20 cm
Sprossachse			
Habitus	aufrechter, schmaler Strauch	breiter Strauch 2(–4) m	kriechend, mit sprossbürtigen Adventivwurzeln kletternd
Junge Triebe	dick, warzig, bis 2 m lang, meist unverzweigt, rostbraun behaart	dick mit 2 cm Durchmesser	dünn, grau sternhaarig
Blüten			
Blütenstand	aus Dolden zusammengesetzte Rispen	kugelige, lang gestielte Köpfe in verzweigten Rispen	kugelige Dolden in Trauben vereinigt
Blütenfarbe	hellgrün	gelblich weiß	grünlichgelb
Blühzeit	Okt./Nov.	Okt./Nov.	Sept./Okt.
Früchte			
	Pollen steril, daher keine Samen	schwarz	kugelig, schwarz, im folgenden Jahr reifend

Die *Fatsia japonica* besitzt bis zu 30 cm große, handteilige Blätter mit sieben bis neun lanzettlichen Lappen und einem bis zu 25 cm langen Stiel. Der Efeu besitzt demgegenüber ein geradezu kleines, 3–5 lappiges Blatt mit einem ebenfalls relativ langen Stiel. Angeführt sei noch, dass *Hedera helix* mit Eintritt der Blühreife einen Blattwechsel hin zu einem rhombischen Blatt vornimmt. Es wäre interessant, ist aber noch nicht belegt, ob bei der Hybride Ähnliches eintritt.

Herausgekommen ist bei der Bastardierung **X Fatshedera lizei** ein wirklich von Form und Größe intermediäres Blatt mit nicht mehr so tiefen Einschnitten zwischen den drei bis fünf, mehr dreieckigen Lappen. Der Rand ist wie beim Efeu glattrandig und nicht gezähnt wie bei *Fatsia*. Die Blätter sind immergrün.

Fatsia ist ein Strauch bis 2(–4) m Höhe mit ziemlich dicken Ästen, an denen die Blätter gegenständig angeordnet sind. Der Efeu dagegen ist ein am Boden kriechendes, mit Adventivwurzeln auf Unterlagen in die Höhe kletterndes Gehölz. Beide Arten blühen im späten Herbst. Die Gattungshybride erzeugt, wie zu erwarten, nur sterilen Pollen und damit keine Samen.

X Fatshedera lizei
Fatsia japonica   Hedera helix

X Mahoberberis aquisargentii

Gattungsbastard X *Mahoberberis aquisargentii* mit roten Trieben

Ein weiterer und von der Blattgestalt und Blattausfärbung hübscher Gattungsbastard ist *X Mahoberberis aquisargentii*, der um 1943 bei H. Jensen in Ramlösa (Schweden) aus der Kreuzung der **Sargents-Berberitze** (*Berberis sargentiana*) mit der **Gewöhnlichen Mahonie** (*Mahonia aquifolium*) hervorgegangen ist.

Dieser zeichnet sich durch eine immergrüne Beblätterung und dicht stehende, aufrechte Triebe aus, die wie der Mahonien-Elter um einen Meter hoch wird. Die zuerst rot, später gelben Zweige sind ein Erbteil des Berberitzen-Elter. Verloren gehen allerdings auch bei diesem Bastard die Langtrieb-Blattdornen des Berberitzen-Elternteiles. Die Blattausprägung ist vielgestalt. Noch stärker ausgeprägt als bei X *Mahoberberis neubertii* sind die weitaus stärker ausgezogenen Blattrandzähne der Langtriebspitzenblätter, die dornig fest werden und darin den Blättern der Stechpalme (*Ilex aquifolium* bis *Ilex pernyi*) ähneln. Die Basisblätter der Langtriebe und die der Kurztriebe der Folgejahre sind dagegen eiförmig bis elliptisch, einfach und mit 6 bis 12 cm Länge vergleichsweise groß, ein Erbe beider Eltern, denn auch die Sargents-Berberitze besitzt 4 bis 10 cm große Blätter und wird daher oft mit der *Berberis julianae* verwechselt, welche ähnlich große Blätter aufzuweisen hat. Mitunter tritt bei diesen Blättern als Erbe des *Mahonia*-Elter eine Dreizähligkeit auf, wobei dann die Seitenfiedern viel kleiner sind als das Endblättchen. Diese Blätter und die jungen Triebe sind durch erhöhte Anthocyangehalte im Austrieb bis zur Mitte der Vegetationsperiode rötlich überhaucht, was diesem Bastard einen zusätzlichen Reiz verleiht. Das Nachgrünen erfolgt nur langsam, die dornigen Spitzenblätter sind von Beginn an grün. Der Blütenansatz in endständigen Trauben ist allerdings spärlich und die wenigen Früchte sind ausgereift blauschwarz.

	X Mahoberberis aquisargentii	Berberis sargentiana Sargents-Berberitze	Mahonia aquifolium Gewöhnliche Mahonie
Herkunft	1943 in Schweden entstanden	China	westliches Nordamerika
Blätter			
Lebensdauer	immergrün	immergrün	immergrün
Form der Blätter auf Langtrieb	lanzettlich, ähnlich Ilex 3–4 cm lang	zu dreiteiligen Blattdornen geworden	Blatt bis 20 cm lang, 5–13 Blättchen eilänglich, 4–8 cm lang
Form der Blätter auf Kurztrieb		länglich lanzettlich, 4–10 cm lang	
Spitze	ausgezogener Stachel, stumpf spitz	spitz	spitz
Rand	stachelspitzig, stark buchtig, stachelgrannig, wellig	fast anliegend gezähnt	gewellt Stachelzähne
Basis	keilförmig, schief zugespitzt	zugespitzt	Blättchen abgerundet, sitzend
Stiel	sitzend	kurzgestielt	2 bis 5 cm

Spitzenblätter an frisch ausgetriebenen, rötlichen **Langtrieben** mit stark ausgezogenen Blattrandzähnen von X *Mahoberberis aquisargentii*.

Einfache, länglich elliptische, stark anthocyanhaltige Blätter an der Langtriebbasis und auf **Kurztrieben** von X *Mahoberberis aquisargentii*.

Blattabfolgen an Trieben des Gattungsbastards *Mahoberberis aquisargentii* von links: stachelspitziges Blatt der Blattrandzähne auf den **Langtrieben**, als Erbe des *Berberis*-Elter. Restfiederchen an der Blattbasis von Blättern auf **Kurztrieben**, als Erbe des *Mahonia*-Elter.

X Mahoberberis miethkeana

Blätter und Blüten sind bei X *Mahoberberis miethkeana* intermediär ausgeprägt

Die wehrhaften, langen Blattdornen des *Berberis julianae*-Elter sind bei der Gattungshybride **X *Mahoberberis miethkeana*** verloren gegangen, aber andererseits auch die Blattfiederung des anderen Elter, der *Mahonia aquifolium*. Die Blätter der Berberitze sind Kurztriebblätter, ihre Langtriebblätter sind zu dreiteiligen Dornen umgeformt. Bei der Hybride gibt es wie bei *Mahonia* nur Langtriebblätter, die aber mit ihrer elliptisch-lanzettlichen Form sehr stark den Berberitzen-Blättern ähneln. Die randliche Wellung entspricht andererseits mehr dem *Mahonia*-Elter. In der randlichen Zähnelung nimmt die Hybride eine mittlere Ausprägung ein, d. h. die Zähne sind nicht so stachelig wie beim Berberitzen-Elter, aber immerhin noch dornig gezähnt wie bei den Blättchen des *Mahonia*-Elter.

	X Mahoberberis miethkeana	Berberis julianae Julianes Berberitze	Mahonia aquifolium Gewöhnliche Mahonie
Herkunft		China (Hubei, Sichuan)	westliches N-Amerika
Blätter			
Form	**immergrün**, elliptisch-lanzettlich	**immergrün**, elliptisch bis verkehrt eiförmig	**immergrün**, gefiedertes Blatt mit 5–13 Blättchen, schiefeiförmig
Oberseite	glänzend dunkelgrün	stumpf dunkelgrün, deutlich netzadrig	glänzend dunkelgrün
Länge	5–7 cm	5–9 cm	bis 20 cm, Blättchen 4–8 cm
Spitze	spitz	oft mit Stachelspitze, sonst stumpf	stachelspitzig
Rand	dornig gezähnt	jedseits 15–25 abstehende, begrannte Sägezähne	gewellt, jedseits 5–11 Stachelzähne
Stiel	ungestielt	kurzgestielt	Blattstiel 2–5 cm, Blättchen wenig gestielt
Sprossachse			
Habitus	sparsam verzweigter Strauch, bis 2 m	aufrechter, dichter Strauch mit kantig gerieften Trieben, 2–3 m, mit 3-teiligen Dornen	vieltriebiger, buschiger Strauch, um 1 m
Blüten			
Farbe	hellgelb, in endständigen Trauben	hellgelb, in kurztriebendständigen, wenigblütigen Büscheln	gelb, in endständigen Trauben
Blühzeit	April/Mai	April/Mai	April/Mai
Früchte			
	schwärzlich	blauschwarz bereift, elliptisch, 7–8 mm	purpurschwarz, bereift, elliptisch, 8 mm

Das Merkmal der wenigblütigen Blütenbüschel der Berberitze, die endständig auf den Kurztrieben stehen, verringert auch die Anzahl der Blüten in den Trauben der Hybride, während der *Mahonia*-Elter diesbezüglich eine vielblütige, dichte Traube zeigt.

X Mahoberberis miethkeana
Berberis julianae   Mahonia aquifolium

X Mahoberberis neubertii

Gattungsbastard X *Mahoberberis neubertii* besitzt variierende Blattformen

Kreuzungen der der Familie der Berberitzengewächse angehörende Mahonie mit verschiedenen Berberitzen sind mehrfach gelungen. Zu ihnen gehört auch die um 1850 bei Baumann im elsässischen Bollweiler entstandene *X Mahoberberis neubertii*, die nach dem Tübinger Professor Neubert benannt wurde und aus der Kreuzung der **Gemeinen Berberitze** (*Berberis vulgaris*) und der **Mahonie** (*Mahonia aquifolium*) hervorgegangen ist.

Die Gewöhnliche Berberitze ist wegen ihrer sauren Früchte (daher auch Sauerdorn) seit ältester Zeit in Kultur und wurde erst zurückgedrängt, als man erkannte, dass sie Zwischenwirt für den Getreiderost ist. Dieser nur sommergrüne Strauch mit einer Höhe unter 2 m ist in Europa, Mittelasien und N-Amerika, also fast auf der gesamten Nordhalbkugel verbreitet.

	X Mahoberberis neubertii	Berberis vulgaris Gewöhnliche Berberitze	Mahonia aquifolium Gewöhnliche Mahonie
Herkunft	1850 im elsässischen Bollweiler	Europa bis Kaukasus	westliches N-Amerika
Blätter			
Lebensdauer	winter- bis immergrün	sommergrün	immergrün
Form	Kurztriebblätter: 3-zählig Langtriebblätter: ungefiedert, eilänglich	länglich elliptisch, spatelförmig	5–13 Blättchen, eilänglich
Rand	stachelgrannig stachelzähnig, stark gebuchtet	fein gezähnt	gewellt, Stachelzähne
Basis	breit keilförmig gestutzt	schmal keilförmig	Blättchen abgerundet, sitzend
Oberseite	weniger glänzend	stumpf, dunkelgrün	glänzend dunkelgrün
Spitze	stumpf oder spitz	abgerundet	spitz
Stiel	3–6 cm	1 cm	2–5 cm
Stiel	bis 15 cm, Blättchen 2–10 cm	2–4 cm	bis 20 cm, Blättchen 4–8 cm
Sprossachse			
Habitus	Strauch 1 m	Strauch 2–3 m	Strauch 1 m
Blattdornen	ohne	3-teilig, 1–2 cm	ohne
Früchte			
Form	ohne Früchte. da steril	elliptisch	elliptisch
Größe		10–20 mm, länglich	8 mm, länglich
Farbe		scharlachrot	schwarz-purpurn, bereift

Charakteristisch für sie sind meist dreiteilige, selten einteilige, 1 bis 2 cm lange metamorphorisierte Blattdornen an den Langtrieben und viele, gehäuft auf Kurztrieben stehende, elliptische Blätter, die nur 2 bis 4 cm lang sind und in einen bis zu 1 cm langen, sich verschmälernden Stiel auslaufen. Sie sind oberseitig zwar dunkelgrün, aber durch ein nicht so ausgeprägtes Cuticularhäutchen nicht so glänzend wie die Mahonienblätter. Der Blattrand ist fein gezähnelt, welches sich noch ausgeprägter in der Hybride wiederholt.

Die im Westlichen N-Amerika heimische und bis zum kanadischen Britisch Kolumbien hinaufgehende Gewöhnliche Mahonie ist ein selten über 1 m hoher, immergrüner Strauch mit fünf- bis elf-zähligen unpaarigen Blättern, deren Blättchen eiförmig bis elliptisch und 4 bis 8 cm lang sind. Sie besitzen bei der Art an jeder Seite fünf bis zwölf Zähne und sind leicht xeromorph und durch ein kräftiges Cuticularhäutchen auf der Blattoberseite, welches verdunstungsschützend wirkt, glänzend grün. Junge Blätter bilden, wie auch ältere Blätter im

X Mahoberberis neubertii
Berberis vulgaris   Mahonia aquifolium

Winter, als Strahlungsschutz in Vakuolen vermehrt Anthocyane und sind daher meist rötlich getönt. Daraus resultieren auch Formen mit gesteigerter Ausprägung dieses Merkmales. In Nutzung sind Mischungen von vielfältigen Blatt- und Wuchsformen.

Was hat der Gattungsbastard X *Mahoberberis neubertii* von beiden Eltern ererbt und was zeichnet ihn aus? Er ist immer- bis wintergrün, ein Erbe der Mahonie. Auch die etwas steifen, leicht ledrigen Blätter sind von dem Mahonien-Elter ererbt, wobei allerdings die Blattform variiert. An den Langtrieben können an der Triebspitze einfache, eiförmige bis eilängliche, nur 3 bis 5 cm lange Blätter stehen, deren Blattrand stark gebuchtet ist und deren fünf bis sieben Zähne je Blattseite zu Stachelzähnen ausgezogen sind. An der Basis der Langtriebe können als weiteres abgeschwächtes Erbe der Mahonie dreizählige Blätter auftreten. An den vorjährigen Trieben entstehen in den Blattachseln als Erbe der Berberitze Kurztriebe, auf denen dicht gebüschelt teils einfache, eiförmig ungestielte, teils dreizählige Blätter stehen, deren Rand wie bei beiden Eltern nur feinborstig gezähnelt ist.

Verlorengegangen sind die Blattdornen an den Langtrieben von dem Berberitzen-Elter, d. h. diese Hybride ist bis auf die starken Blattrandstachelzähne der obersten Blätter unbewehrt. Blüten konnten nicht beobachtet werden, d. h. dieser Bastard mit ungleichen Chromosomensätzen kann nur vegetativ vermehrt werden.

X Mahoberberis neubertii
Berberis vulgaris   Mahonia aquifolium

X Sorbopyrus auricularis

Der Gattungsbastard der Hagebuttenbirne ist eine Rarität

Mit der **Hagebuttenbirne** (X *Sorbopyrus auricularis*) liegt eine 1599 in Bollweiler im Elsass entstandener Gattungsbastard zwischen der **Mehlbeere** (*Sorbus aria*) und der **Gemeinen Birne** (*Pyrus communis*) vor, welcher sogar birnförmige Früchte mit fortpflanzungsfähigen Samen hervorbringt, was offenbart, dass beide Gattungen genetisch relativ nahe verwandt sind. Sie wird seit dieser Zeit vegetativ durch Pfropfung vermehrt.

Herausgekommen ist ein Bastard, der insbesondere in der Blattausprägung zwischen beiden Eltern liegt, d. h. die Blätter sind länglich-elliptisch, nicht so breit wie bei der Mehlbeere und nicht so eirund wie bei der Birne. Die kurze Zuspitzung stammt mehr vom Birnen-Elter.

In der Größe mit 6–10 cm Länge stehen sie mehr dem Mehlbeeren-Elter mit 8–12 cm Länge nahe denn dem Birnen-

	X Sorbopyrus auricularis Hagebuttenbirne	Sorbus aria Mehlbeere	Pyrus communis Gemeine Birne
Herkunft	1599 in Bollweiler (Elsass)	Europa	Europa Kleinasien
Blätter			
Form	länglich-elliptisch	elliptisch eiförmig	eirund bis elliptisch
Oberseite	dunkelgrün glänzend	sattgrün	filzig, anfangs zottig, bald kahl
Unterseite	graufilzig	dicht weiß	anfangs zottig, bald kahl
Länge	6–10 cm	8–12 cm	2–8 cm
Spitze	kurz zugespitzt	vereinzelt kurz zugespitzt	spitz
Rand	unregelmäßig gesägt	unregelmäßig bis doppelt gesägt	kerbig gesägt
Basis	keilförmig	breit keilförmig	rund bis angedeutet herzförmig
Stiel	3–5 cm	3–5 cm	3–7 cm dünn
Sprossachse			
Habitus	15 m Baum	6–12 m, Baum/Strauch oft vielstämmig	bis 15 m, Baum
Triebe	an Spitze grau-filzig dornenlos	anfangs grau-filzig später olivbraun	kahl bis dünn behaart, oft dornig
Blüten			
	weiß, Doldentraube, Mai	weiß, Doldentraube, Mai	weiß, Doldentraube, Blütenbecher filzig, April/Mai
Früchte			
Form	birnförmig, süß, mehlig, essbar	eirundlich, mehlig, essbar	typisch birnförmig bis kugelig, saftig
Größe	2,5 cm	1,0–1,2 cm	2,5–5,0 cm

Elter mit 2–8 cm. Sie sind unregelmäßig gesägt, mehr ein Erbe der Mehlbeere. Die Blätter der Birne sind nämlich unauffällig kerbig gesägt. Sie sind wie beim Sorbus-Elter anfangs beidseits behaart, später nur noch – wie der Pyrus-Elter – dünn weißfilzig besetzt. Die Blattstiellänge hat mit 3–5 cm eine mittlere Längenausprägung erfahren.

Die weißen Blüten mit 2 cm Durchmesser stehen in einer weißfilzigen Doldentraube und blühen wie die Eltern im Mai. Der Sorbus-Elter besitzt Doldenrispen. Die Früchte erinnern mit einer birnförmigen Gestalt mehr an den Birnen-Elter als an den Mehlbeeren-Elter, welcher eirundliche Früchte aufweist. Die süßen, jedoch wenig saftigen, mehr mehligen, gelbbackigen Früchte sind essbar, aber ohne wirtschaftliche Bedeutung geblieben. Sie sind meistens samenlos und wenn, dann haben sie ein geringes Keimprozent. Die Rückkreuzung mit *Pyrus communis* erbringt Früchte mit mehr Samen.

Besonders große Einzelblüten bilden die in den Astspitzen positionierten Blütenrispen der Hagebuttenbirne X *Sorbopyrus auricularis*, ein Gattungsbastard von *Sorbus aria* und *Pyrus communis*

Der Gattungsbastard, welcher einen Baum bis 10 m Höhe und dornenlose Zweige (die Birne bildet oft dornige Zweige) aufweist, ist eine interessante Rarität der Kreuzbarkeit zwischen nahe verwandten Gattungen geblieben.

X Sorbopyrus auricularis
Sorbus aria   Pyrus communis

X Sycoparrotia semidecandra

Gattungsbastard X *Sycoparrotia* mit glänzenden Blättern

In Rusterholz in der Schweiz wurde 1951 die Gattungshybride *X Sycoparrotia semidecandra* zwischen der vorderasiatischen *Parrotia persica*, dem Eisenholz, und der chinesischen *Sycopsis sinensis* gefunden.

Beide Eltern gehören in die Familie der *Hamamelidaceae*.

Die Hybride hat weitgehend die schmalelliptischen Blätter des Sycopsis-Elters übernommen, wobei im oberen Drittel ansatzweise die bogige Zähnelung des Parrotia-Elter zu erkennen ist, welche diese allerdings schon ab der Blattmitte aufweist.

	X Sycoparrotia semidecandra	Parrotia persica Eisenholz	Sycopsis sinensis
Herkunft	1951 in Schweiz gefunden	Vorderasien	China
Sprossachse			
Habitus	vielachsiger Strauch	breitkroniger Baum bis vielachsiger Strauch, puzzleartige Rinde, schuppend	vielachsiger Strauch, glatte, braune Rinde
Blätter			
Form	elliptisch	verkehrt eiförmig	schmal elliptisch
Oberseite	dunkelgrün, glänzend	tiefgrün, anfänglich beidseits sternhaarig	grün
Unterseite	heller grün		Mittelrippe mit braunen Haaren besetzt
Länge	6–14 cm	6–12 cm	6–12 cm
Spitze	spitz bis zugespitzt, auch gerundet	spitz	ausgezogen spitz
Rand	oberes Drittel bogig gezähnt	obere Hälfte bogig gezähnt	ganzrandig
Basis	keilförmig	abgerundet bis herzförmig	keilförmig
Stiel	6–8 mm	2–6 mm	6–12 mm

Abweichend von den Eltern glänzt die Oberseite der tiefgrünen Blätter. Während die Eltern noch eine gewisse Behaarung zeigen, ist die Hybride kahl. Die Blattlänge übertrifft die der Eltern, ein gewisser Heterosiseffekt. Die Blattspitzen der Hybride variieren zwischen ausgezogen spitz, zugespitzt und auch gerundet.

In der Habitusausprägung wird die vielachsige Strauchigkeit des *Sycopsis*-Elter beibehalten, wobei deren Sprossstärke übertroffen wird und damit in Richtung des *Parrotia*-Elter geht, welcher oft auch vielachsig wächst, aber dabei stärkere Dimensionen und größere Höhen erreicht.

X Sycoparrotia semidecandra
Parrotia persica   Sycopsis sinensis

+ Crataegomespilus dardarii
+ Crataegomespilus potsdamiensis

Pfropfbastarde bei + *Crataegomespilus* entstehen aus Gewebemischungen

Pfropfbastarde kommen dadurch zustande, dass sich aus Aufpfropfungen aus dem an der Pfropfstelle zwischen Unterlage und Pfropfreis gebildeten Callus ein Mischgewebe der beteiligten Partner bildet und daraus hervorgehende Adventivsprosse folglich Gewebe bzw. Zellen mit einem unterschiedlichen Genotyp aufweisen. Demzufolge kann der daraus hervorgehende Phänotyp mit Blättern, Blüten und Früchten je nach Anteil des Genotyps in den Geweben von beiden Ausgangspflanzen unterschiedlich ausfallen.

	+ Crataegomespilus dardarii 'Asneresii'	Crataegus monogyna Eingriffeliger Weißdorn	Mespilus germanica Mispel
Herkunft	1895 in Bronvaux bei Metz in Frankreich	Europa, Vorderasien, N-Afrika	SO-Europa bis Mittelmeerbereich
Blätter			
Form	ähnlich Crataegus	rautenförmig	länglich-lanzettlich
Rand	1–2 abgerundete Lappen	3–7lappig, an Spitze gesägt	fein, aber ungleich gesägt
Unterseite			fein behaart
Länge	1,5 cm	1,5 cm	6–12 cm
Spitze		3-lappig	zugespitzt
Basis		gestutzt	abgerundet
Stiel	kurz gestielt	oft gestielt	gestielt behaart
Sprossachse			
Höhe		10 m	3–6 m
Triebe		jung behaart	
Dornen		2–2,5 cm lang	gelegentlich Dornen
Blüten			
Zahl	1 cm breit, 3–12 Blüten, doldenartig	Trugdolden, 5–6 Blüten	einzeln, endständig, 4–5 cm breit
Farbe	weiß	weiß	weiß
Früchte			
Form		rundlich elliptisch	apfelfruchtig, 5 Kelchblattzipfel
Größe	10 mm	8–9 mm	30–40 mm
Oberfläche		glatt	rau, bräunlich behaart
Samen		1 Steinkern	5 Steinkerne

Beispiele für solche Pfropfbastarde sind die von Weißdorn und Mispel, die als eigenständige Gattung + Crata**go**mespilus geführt werden und im Unterschied zu den Hybridbastarden statt mit einem x mit einem + versehen werden.

Da solche Gehölze Mischanlagen von Unterlage und Reis realisieren, werden sie als Chimären, hier Pfropfchimären bezeichnet, die sich von Mutationschimären (= Sports) unterscheiden, wo in Gewebeschichten der Spitzenmeristeme Mutationen eintreten können und weitergereicht werden.

Es gibt Pfropfbastarde zwischen dem **Zweigriffligen Weißdorn** (*Crataegus laevigata*) in der rotblütigen Form 'Paulii' und der **Mispel** (*Mespilus germanica*). Sie gelangen dem Potsdamer Botaniker F. Bergmann 1984 und wurden als **+*Crataegomespilus potsdamiensis*** bezeichnet und zwar in der Form 'Monecto', wenn sie mehr dem Zweigriffligen Weißdorn nahestehen bzw. in der Form 'Directo', wenn sie in Blatt-, Blüten- und Fruchtausprägung mehr der Mispel ähneln, weil mehr Außenhautgewebe (di = zwei, statt mon = ein) von der Ectodermis an dem Zusammenwachsen der Kalli beider Pfropfpartner in das neue Reis eingegangen sind. Bei diesen Pfropfbastarden handelt es sich mehr um dendrologische Kuriositäten ohne großen Zier- und Nutzwert.

Pfropfbastarde, hervorgegangen aus der Mispel (links oben) und dem Weißdorn (rechts oben) in der rotblütigen, gefüllten Form 'Paulii' (unten links). Bei der Form 'Directo', welche mehr der Mispel gleicht, werden weiße, ansatzweise füllige Blüten gebildet. Im Fall der Form 'Monecto' (rechts unten) entstand ein Pfropfbastard mit zartrosa, gefüllten und etwas größeren Blüten.

Etwas anders verhält es sich bei Hybridisierungen, d. h. der erfolgreichen Befruchtung zwischen nahe verwandten Arten oder Gattungen, jedoch innerhalb von Familien. Verdoppelt sich deren Chromosomensatz, so kann es sogar zu einer generativen Fortpflanzung kommen, was aber natürlicherweise selten eintritt. Ziel ist es, aus einem Hybridschwarm diejenigen Formen auszulesen, welche einen hohen Zierwert aufweisen und zwar mit einem höheren Schmuckwert in den Blüten oder Blättern wie z. B. bei den Deutzien oder bei Mahoberberis, welche dann allerdings als Klone nur vegetativ weitergezogen werden können. Dies gilt auch für den Fall, dass aus den Hybriden leistungsfähigere, luxurierende Nachkommen durch den sogenannten Heterosiseffekt (beruht auf additiv wirkende heterozygote Gene) hervorgehen, die die Eltern in Wüchsigkeit oder Produktivität übertreffen, wie z. B. bei der Hybridlärche oder der Hybridaspe oder durch flexiblere Standortanpassungen, wodurch das Verbreitungsgebiet über das der Ausgangseltern weit hinausreicht wie bei der Platane.

Fast 100 Jahre früher, nämlich schon um 1895 entstanden im Garten Dardar in Bronvaux bei Metz aus einer Veredelungsstelle eines Mispelreises (*Mespilus germanica*) auf einer Weißdornunterlage des Eingriffligen Weißdornes (*Crataegus monogyna*) ein Pfropfchimärenaustrieb, dessen länglich-elliptische, bis 15 cm lange und unterseits filzig behaarte Blätter stark der Mispel ähneln. Sie erhielt in Erinnerung an den Entstehungsort den wissenschaftlichen Namen + *Crataegomespilus dardarii*. Die Zweige dieses Pfropfbastards sind dornig. Die gegenüber der Mispel kleineren, nur 1,5 cm breiten, weißen Blüten stehen, ähnlich dem Weißdornblütenstand, zu fünf bis acht an den Zweigenden beisammen und nicht einzeln wie bei der Mispel. Die mispelähnliche, aber mit 2 cm wesentlich kleinere Frucht kann zwei bis drei Steinsamen ausbilden, die aber nicht keimfähig sind. An diesen durch Veredelung weitergereichten Pfropfbastarden können aus den Gewebemischungen Rückschläge hin zu beiden Ausgangsarten auftreten.

An dem Pfropfcallus der gleichen Pflanze entstanden aber auch mehr dem Crataegus ähnelnde Adventivtriebe, deren Zweige behaart und bedornt sind. Die Blätter sind breit-eiförmig, fein gesägt und an jeder Seite mit ein bis zwei Lappen versehen und ähneln darin mehr dem Weißdorn. Ihre kleineren, nur 1 cm breiten Blüten, die zu drei bis zwölf doldenartig zusammenstehen, bilden wie bei Crataegus kugelige, glänzende Früchte. Diese Pfropfchimärenform wurde in Erinnerung an Jules d'Asnières + *Crataegomespilus dardarii* 'Asnieresii' benannt.

+ Laburnocytisus adamii

Der Pfropfgoldregen ist eine Periklinalchimäre und dendrologische Rarität

Der **Pfropfgoldregen** (+ *Laburnocytisus adamii*) ist aus einer 1825 von J. L. Adam in Vitry bei Paris ausgeführten Aufpfropfung des **Purpur-Zwergginster** (*Chamaecytisus purpureus*) auf dem **Gemeinen Goldregen** (*Laburnum anagyroides*) als Unterlage entstanden. Dabei ist eine sogenannte Periklinalchimäre entstanden, wobei das Innere der Sprosse vom Goldregen stammt, umwachsen von Geweben des Zwergginsters. Es sind aber auch Gewebedurchmischungen möglich. Der Strauchaufbau gleicht dem Goldregen.

In der Blütenausprägung werden überwiegend trüb hellpurpurfarbene, hängende, kurze Blütentrauben angelegt.

	+ Laburnocytisus adamii Pfropfgoldregen	Chamaecytisus purpureus Purpur-Zwergginster	Laburnum anagyroides Gemeiner Goldregen
Herkunft	1825 in Baumschule von Adam in Vitry bei Paris	M- und SO-Europa	S-Frankreich bis Rumänien
Sprossachse			
Habitus	Strauch 3–5 m	Strauch, bis 0,6 m, niederliegend bis aufstrebend	Strauch bis kleiner Baum, 5–6 (–9) m, alle Teile giftig!
Junge Triebe	rutenförmig, graugrün, da behaart	rutenförmig, grün, kahl	rutenförmig, graugrün, da angedrückt behaart
Blättchen			
Form	5-zählig, fast kahl	3-zählig, elliptisch, oft bewimpert	3-zählig, elliptisch länglich
Länge	2–7 cm	1–2,5 cm	3–8 cm
Blüten			
Blütenstand	überhängende Traube	1–3 Blüten, verteilt auf ganzer Zweiglänge	lockere, 10(–20) cm lange, behaarte Traube, nicht duftend
Farbe	trüb gelb bis hell purpurn sowie rein gelbe Laburnum- und rosa Cytisus-Blüten je nach Gewebeanteile	je nach Sorte gelb bis purpurrot	hellgelb bis dunkelgelb
Blühzeit	Mai	Juni/Juli	Mai/Juni

Es können aber daneben auch an Kurztrieben, welche mit dem Mark und Holzteilen an der Unterlage angeschlossen sind, weniger blütige, reingelbe Goldregentrauben oder die rosafarbenen des Zwergginster-Pfropflings auftreten.

In der Blattausprägung ist das Blatt der Periklinalchimäre gegenüber der Goldregen-Unterlage etwas kleiner.

Dieser Chimären-Bastard wird als Rarität nur in Gehölzsammlungen von botanischen Gärten gehalten; als Ziergehölz ist er ohne Bedeutung.

+ Laburnocytisus adamii
Cytisus purpureus   Laburnum anagyroides

**Teil 4:
Arthybriden unter den
Laubgehölzen**

Acer x campictum

Die *Acer x campictum*-Hybride zeigt Merkmale beider Eltern

Eine relativ junge, in Holland gezogene Hybride zwischen dem **Feld-Ahorn** (*Acer campestre*) und dem **Japanischen Spitz-Ahorn** (*Acer pictum ssp. mono*) ist **Acer x campictum** mit gegenüber dem *A. pictum*-Elter kleineren, aber noch 5-lappigen Blättern, deren Spitzen, möglicherweise beeinflusst von den abgerundeten Lappen des *A. campestre*-Elter, nicht **ausgezogen** spitz, sondern, bis auf den mittleren Lappen, nur spitz sind. Die Blattbasen der Hybride sind, ähnlich dem *A. campestre*-Elter leicht herzförmig, während sie beim *A. pictum*-Elter gestutzt sind. Interessanterweise zeigen die Blattstiele an ihrer Basis, wie der *A. campestre*-Elter nur eine grünliche Färbung, die erst weiter oben zum rötlichen übergeht, ein Erbe des *A. pictum*-Elter.

	Acer x campictum	**Acer campestre** Feld-Ahorn	**Acer pictum ssp. mono** Jap. Spitz-Ahorn
Herkunft		Europa, Kleinasien	China, Korea, Mandschurei
Blätter			
Form	5-lappig	3–5-lappig, mittlerer Lappen noch selbst 3-lappig	5-lappig
Oberseite	schwach glänzend grün	stumpfgrün	glänzend grün
Länge	3–6 cm	3–6 cm	5–10 cm
Breite	4–7 cm	2–5 cm	8–12 cm
Spitze	spitz bzw. ausgezogen spitz	gerundet	ausgezogen spitz
Rand	Ganzrandig	Ganzrandig	Ganzrandig
Basis	ansatzweise herzförmig	leicht herzförmig	gestutzt
Stiel	3–8 cm, Basis des Stieles grünlich, oberer Teil rötlich	2–5 cm, grün, mit Milchsaft	5–8 cm, durchgehend rot

Acer x campictum

Acer campestre   Acer pictum

Acer x conspicuum

Mittelausprägung der Blätter bei
Acer x conspicuum-**Hybride**

Eine erst im vorigen Jahrhundert, also junge Hybride unter den Ahorn-Arten, ist **Acer x conspicuum** (Ansehnlicher Ahorn), hervorgegangen aus dem **Davids-Ahorn** (*Acer davidii*) und dem **Streifen-Ahorn** (*Acer pensylvanicum*), welche in der Blattspreitenausbildung eine Mittelausprägung darstellt, d. h. das Blatt ist gegenüber dem Streifen-Ahorn-Elter verschmälert und zieht dabei die Spitzen der beiden Seitenlappen eingebogen nach innen. Der Rand der Blätter, bei beiden Eltern noch schwach gesägt bzw. kerbig gezähnt, bildet sich bei der Hybride deutlich doppelt gesägt aus. An der Blattbasis – bei den Eltern noch schwach angedeutet – sind Seitenlappen stärker ausgeprägt.

Die Rindenverfärbungen dieser Hybride sind aber das Herausragende. Die Sorte *A. x conspicuum* 'Silver Vein', 1975 von der Firma ESVELD im Holländischen Boskoop ausgelesen, besitzt eine blaugrün gestreifte Rinde, in die weiße Längsstreifen eingestreut sind. 1982 wurde dann noch die Sorte *A. x conspicuum* 'Phoenix' selektiert, die feuerrote Wintertriebe mit weißen Streifen zeigt, womit selbst der Korallenrinden-Ahorn (*A. palmatum* 'Sangohaku') unter den Rindenfärbern übertroffen wird.

	Acer x conspicuum Ansehnlicher Ahorn	Acer davidii Davids-Ahorn	Acer pensylvanicum Streifen-Ahorn
Herkunft		Mittelchina	NO-USA, O-Kanada
Sprossachse			
Wuchs		Baum bis 15 m	Baum oder baumartiger Strauch, 6–12 m
Junge Triebe		weiß gestreift, kahl	grün mit weißen Streifen, unbereift
Blätter			
Form	eilänglich	eilänglich	verkehrt eirundlich
Oberseite	matt grün, Mittelader gelblich	grün mit hellen Adern	hellgrün, gelbliche Adern
Unterseite	Adern braungelb behaart, später kahl	auf Adern rotbraun behaart, später kahl	rostgelb, weichhaarig
Länge	8–15 cm	8–15 cm	12–18 cm
Spitze	3 ausgezogene, scharf zugespitzte Lappen, angedeutete Basislappen	3 zugespitzte Lappen, angedeutete Basislappen	3 zipfelig, zugespitzte Lappen
Rand	kräftig doppelt gesägt	ungleich kerbig, flach gesägt	fein gesägt
Basis	ausgeprägt herzförmig	abgerundet	schwach herzförmig
Stiel	2–3 cm, leicht bräunlich	4–5 cm, gelblich	5–6 cm, rötlich, leicht behaart

Acer x conspicuum
Acer davidii   Acer pensylvanicum

Acer x rotundilobum

***Acer x rotundilobum*-Hybride mit abgerundeter, gestutzter Blattbasis**

Gegensätzlicher kann die Blattausformung beider Eltern der Ahorn-Hybride ***Acer x rotundilobum*** nicht sein. Der **Burgen-Ahorn** (*Acer monspessulanum*) besitzt deutlich dreilappige, der **Schneeballblättrige Ahorn** (*Acer opalus*) dagegen fünflappige und deutlich größere Blätter. Aus der Kreuzung ist ein Ahorn hervorgegangen, der wie der Burgen-Ahorn-Elter nur ein kleiner Baum wird, dessen Blätter nur schwach dreilappig und daher auf den ersten Blick leicht

		Acer x rotundilobum	Acer monspessulanum Burgen-Ahorn	Acer opalus Schneeballblättriger Ahorn
Herkunft			Mittelmeergebiet, SW-Deutschland	SO-Europa, SW-Deutschland
Blätter				
Form		dreilappig, lederig	dreilappig, derb lederig	fünflappig
Oberseite/Unterseite		glänzend dunkelgrün, hellgrün	glänzend dunkelgrün, graugrün	dunkelgrün, kahl, blaugrün, anfangs kahl
Breite		5–7 cm	3–6 cm	6–10 cm
Spitze der Lappen		Mittellappen zipfelig zugespitzt	stumpf	stumpf, dreieckig
Rand		leicht gewellt, seitliche Lappen mit 1–3 Sekundärlappen	ganzrandig, 1–2 angedeutete Sekundärlappen	untere Lappen mit 3–4 Sekundärlappen
Basis		gestutzt bis ansatzweise herzförmig	herzförmig	herzförmig
Stiel		4–6 cm	3–5 cm	4–9 cm
Sprossachse				
Habitus		kleiner Baum, 4–8 m	kleiner Baum, 3–10 m, rundlich, etwas sparrig	Baum, 10–12(15) m breit gewölbt
Zweige		rötlich, mit grauen Korkwarzen, anfangs behaart	kahl, braun, helle Korkwarzen	kahl, glänzend rotbraun
Blüte				
Blütengestalt			hängende Doldentraube, flaumig behaart	vielblütige Trugdolde, Einzelblüten kurz gestielt
Blühzeit			Ende April	März–April
Spaltfrüchte				
Stellung zueinander			oft sich überdeckend, aufrecht stehend	spitz bis rechtwinklig
Größe			2–2,5 cm	2,5–3,5 cm
Oberfläche			kahl, meist rot überhaucht	kahl

gerundet sind (daher rotundilobum). Der mittlere Lappen hat eine zipfelig ausgezogene Spitze, ein Merkmal, welches beide Eltern nicht aufweisen, wie auch die nur gestutzte bis andeutungsweise herzförmige Blattbasis, welche zum Eindruck der Abrundung noch beiträgt, während die Eltern beide eine herzförmige Blattbasis besitzen.

Die beiden seitlichen Blattlappen haben ein bis drei angedeutete Sekundärlappen, womit die Hybride eine mittige Merkmalausprägung zeigt.

Die Hybride ist nur in Kultur bekannt, wo sie erstmals in Frankreich (Les Barres) gefunden wurde.

Acer x rotundilobum
Acer monspessulanum　　　　　Acer opalus

Aesculus x carnea

Hybrid-Rosskastanie mit scharlachroten Blütenständen

Die **Rote Rosskastanie** (*Aesculus x carnea*) ist ein vor etwa 150 Jahren vermutlich in Deutschland entstandenes Kreuzungsprodukt aus der uns vertrauten **Gemeinen Rosskastanie** (*Aesculus hippocastanum*) und der nordamerikanischen, strauchförmigen, leuchtend rot blühenden **Echten Pavie** (*Aesculus pavia*).

Nicht zuletzt wegen des kleineren Kreuzungspartners sind die sitzenden, keilförmig länglichen Blättchen des gefingerten Blattes etwas kleiner, derber und dunkler als bei *A. hippocastanum*. Sie sind oft etwas wellig und am Rand scharf doppelt gesägt. Die bis 25 cm langen, bis zu sieben Blättchen der Gemeinen Rosskastanie sind im Gegensatz zur *A. pavia* sitzend. Die Form ist bei *A. hippocastanum* länglich verkehrt-eiförmig, wobei das obere Drittel

	Aesculus x carnea Rote Rosskastanie	Aesc. hippocastanum Gemeine Rosskastanie	Aesculus pavia Echte Pavie
Herkunft	vor 150 Jahren vermutlich in Deutschland	Balkan	mittlere bis südliche USA
Blättchen des gefingerten Blattes			
Anzahl	meist 5	5–7	5–7
Form	keilförmig, länglich, dunkelgrün	verkehrt eiförmig, oberes Drittel breiter	länglich lanzettlich
Länge	10–20 cm	10–25 cm	8–14 cm
Spitze	zugespitzt	kurz zugespitzt	ausgezogen zugespitzt
Rand	scharf doppelt, gesägt wellig	oben doppelt gesägt	unregelmäßig gesägt
Basis	mittlere Blättchen leicht gestielt	sitzend keilförmig	gestielt
Stiel	bis 23 cm	20 cm	bis 17 cm
Sprossachse			
Habitus	15–20 m	bis 25 m	3–6 m, mehr strauchig
Borke	rotbraun, rau	rotbraun, graubraun	
Winterknospen	nicht klebrig	klebrig, rostbraun	
Blüte			
Blütenkronblätter	rosa bis rot	weiß	leuchtend rot
Früchte			
Form	rundlich, netzig, bräunlich	rundlich, grün	eirundlich, hellbraun
Größe	3–4 cm	5–6 cm	3,5–6 cm
Oberfläche	kleine Spitzchen	dicht bestachelt	ohne Stacheln, glatt

die größte Breite aufweist und auch plötzlich zugespitzt ausläuft. Anders bei *A. pavia*, wo die gestielten fünf Blättchen gleichmäßig länglich lanzettlich ausgebildet sind.

Die Fruchthülle ist bei *A. hippocastanum* dicht bestachelt und rundlich grün. Diese Stacheln finden sich bei der Hybride nur als kleine, kaum fühlbare Spitzchen. Die wesentlich kleineren, eirundlichen Früchte der *A. pavia* sind unbewehrt glatt. Die Samen der Hybride sind, was für Bastarde selten ist, samenecht. Allerdings entstehen daraus oft Nachkommen mit schmutzig roten Blüten. In der ausgelesenen Form 'Briotii', die gepfropft werden muss und zwar meistens auf dem Elter von *A. hippocastanum*, sind die Blüten leuchtend blutrot und die Blütenstände etwas größer. Übrigens, „carnea" bedeutet fleischfarben. Nicht zu Unrecht wird sie im Handel gelegentlich als Scharlach-Rosskastanie angepriesen.

Sie ist in der Euphorie über diese Entdeckung wiederholt als Straßen- und Parkbaum gepflanzt worden, was heute nur noch selten geschieht. Vielleicht sollte sie in Parkanlagen als Kontrastbaum neben die Gemeine Rosskastanie gepflanzt werden. Da sie nur 10 bis 15 m hoch wird, kann sie durchaus auch in Gärten Platz finden, vielleicht in Komposition mit der strauchigen Schwärmer-Rosskastanie (*Aesculus parviflora*).

Aesculus x carnea
Aesculus hippocastanum   Aesculus pavia

Blütenstände der Roten Rosskastanie (*Aesculus x carnea*), in der Normalform (rechts) und der dunkelroten 'Briotii'-Form (links).

Aesculus x carnea
Aesculus hippocastanum   Aesculus pavia

Aesculus x hybrida

Hybrid-Rosskastanie mit oft mehr Fieder

Das handförmige Blatt der *Aesculus x hybrida* besitzt in der Regel sieben Blättchen, während die Eltern, die **Echte, Rote Pavie** (*Aesculus pavia*) und die **Gelbe Rosskastanie/Pavie** (*Aesculus flava*) meistens nur fünf, seltener sieben Blättchen zeigen. Die Blättchen der Hybride besitzen, anders als die Eltern, eine glänzende Oberseite. Der *Aesculus pavia*-Elter besitzt länger gestielte Blättchen, was sich bei der Hybride nicht wiederholt. Sie sind wie beim *Aesculus-flava*-Elter kürzer gestielt. Die rötliche

	Aesculus x hybrida Allegheny-Rosskastanie	**Aesculus pavia** Echte, Rote Pavia	**Aesculus flava** Gelbe Rosskastanie
Herkunft	vermutlich Naturhybride, vor 1815 im Allegheny-Gebirge der USA	SO-USA	O-USA
Blätter			
Form	handförmig, 5–7 Blättchen, verkehrt-eiförmig, Stiel rötlicher Anflug	handförmig, 5–7 Blättchen, länger gestielt, Stiele rötlich	handförmig, 5–7 Blättchen, verkehrt-eiförmig, Stiel grünlich
Oberseite	glänzend dunkelgrün	dunkelgrün	hellgrün
Unterseite	Adern unterseits behaart	heller, anfangs behaart	kahl bis dicht filzig
Länge	10–22 cm	8–14 cm	10–20 cm
Spitze	zugespitzt	zugespitzt	zugespitzt
Rand	ganz fein kerbig gesägt	unregelmäßig oft doppelt gesägt	fein gesägt
Sprossachse			
Habitus	großer Baum, bis 20 m	großer Strauch bis kleiner Baum, 3–6(–12) m	schmalkroniger Baum, bis 25 m, früh treibend
Blüten			
Form/Farbe	gelb und rötlich	4 gleichlange Kronblätter, karminrot, auch gelbrot bis gelb, 8 Staubblätter kürzer	4 Kronblätter, ungleich lang, gelb mit braunroten bis purpurfarbenen Saftmalen, Staubblätter kürzer
Blütenstand	Rispen	aufrechte, wenigblütige Rispe	samtig behaarte Rispen
Blühzeit	Mai–Juni	Juni	Mai/Juni
Früchte			
	kugelig	eirund, Schale glatt, hellbraun	asymmetrisch, fast kugelig, ohne Stacheln, für Menschen giftig

Farbtönung des Blattstieles samt den Stielchen der Blättchen deuten sich bei der Hybride noch als rötlicher Überhauch an.

In der erreichbaren Höhe des Baumes liegt die Hybride zwischen beiden Eltern.

Der *Aesculus flava*-Elter kann 25 m erreichen, der *Aesculus pavia*-Elter ist nur ein kleines Bäumchen oder hoher Strauch von 3–6(–12) m. Die Hybride kann 20 m hoch werden.

Aesculus x hybrida
Aesculus pavia   Aesculus flava

Aesculus x marylandica

Aesculus x marylandica am ehesten über Früchte unterscheidbar

Die Eltern der Rosskastanienhybride *Aesculus x marylandica* stammen mit der **Ohio-Rosskastanie** (*A. glabra*) aus dem Mittleren Westen der USA und der Gelben oder **Appalachen-Rosskastanie** (*A. octandra*) mehr aus dem Nordosten der USA. Sie muss als Hybride schon vor 1864 entstanden sein, denn da wird sie erstmals erwähnt. Mit *A. x hybrida* und *A. x neglecta* gibt es weitere zuordnenbare Hybriden neben weiteren unsicher zuzuordnenden Kreuzungen zwischen den insgesamt sieben amerikanischen Arten.

Die *A. x marylandica* ist ein kleiner Baum, der in der Höhe zwischen beiden Eltern liegt, wovon *A. octandra* 20 m, *A. glabra* aber nur zwischen 10 bis 20 m erreichen kann. Wenn die Hybride in Europa größer wird, liegt es wahrscheinlich an der Aufpfropfung auf *A. hippocastanum*. Insgesamt unterscheiden sich die beiden Eltern und die Hybride in der Borken- und Blattausprägung nur minimal, wobei *A. glabra* die rauere und rissigere, dazu graubraune Borke aufweist.

	Aesculus x marylandica	Aesculus glabra Ohio-Rosskastanie	Aesculus flava Gelbe Rosskastanie
Herkunft	vor 1864 entstanden	Mittlerer Westen der USA	Nordosten der USA
Blättchen des gefingerten Blattes			
Form		verkehrt eiförmig	verkehrt eiförmig, oberes Drittel breiter
Unterseite	rostbraune Achselbärte		bräunliche Achselbärte
Länge	10–15 cm	8–12 cm	10–20 cm
Spitze	lang zugespitzt	länger zugespitzt, verdrillt	lang, zugespitzt
Rand	fein gesägt	fein gesägt	gesägt, oberes Drittel verbreitert
Basis	spitz, gestielt	spitz, leicht gestielt	keilförmig, bis 7 mm lang, gestielt
Stiell des Blattes	7–20 cm	5–15 cm	5–12 cm
Sprossachse			
Habitus	um 15 m, kleiner Baum	10–20 m	20 m
Zweige		zerrieben unangenehm riechend	
Borke		graubraun, rau-rissig	braun, glatt
Früchte			
Form	birnenförmig, knollige Ausbuchtungen am Stiel	eiförmig	rundlich
Größe	6–8 cm	4–6 cm	5–7 cm
Oberfläche der Schale	bräunlich behaart	kurzstachelig	glatt

Aesculus x marylandica

In den Blatt- und Blütenmerkmalen gibt es nur minimale Unterschiede. Die Zahl der Blättchen der handförmig gefiederten Blätter kann durchaus die Zahl fünf überschreiten. Die Blättchen selbst sind mehr oder minder verkehrt eiförmig bis elliptisch, am Rand fein gesägt, lang zugespitzt, bei *A. glabra* etwas stärker ausgezogen und dazu leicht verdrillt. Bei *A. octandra* liegt die größte Blättchenbreite im oberen Drittel, von wo an sie auch aufwärts ausgeprägter gezähnt ist. Die Hybride zeigt in dieser Hinsicht eine intermediäre Ausbreitung. Bezüglich der Blättchengröße verhält es sich ähnlich, wobei *A. glabra* mit 8 bis 12 cm gegenüber 10 bis 20 cm bei *A. flava* die kleineren Blättchen zeigt, während *A.* x *marylandica* Längen zwischen 10 bis 15 cm aufweist. Die Blättchen von *A. glabra* laufen an der Basis zum 5 bis 15 cm langen gemeinsamen Blattstiel spitz, bei *A. octandra* jedoch keilförmig aus. Sie sind im Austrieb behaart, später in der Regel verkahlend. In den Aderwinkeln der Unterseite verbleibende Härchen sind bei *A. octandra* oft bräunlich, bei *A.* x *marylandica* rostgelb. Die Herbstverfärbung der Blätter von *A. glabra* geht hin zu orange, bei *A. octandra* zu tiefgelb, die zudem bei ihr frühzeitig separiert werden.

Eine größere Zahl von relativ unauffälligen, nur 2 bis 3 cm langen Blüten stehen bei allen Arten in 10 bis 15 cm hohen Rispen, wobei bei *A. octandra* die Rispenäste selbst Samthaare aufweisen, bei *A. glabra* nur die Kronblätter am Rand zottig behaart sind. Die vier Kronblätter sind bei *A. glabra* ziemlich gleichlang und hell grünlichgelb, bei *A. octandra* dagegen ungleich lang und sattgelb, bei *A.* x *marylandica* blassgelb. Als ein trennendes, unterscheidbares Merkmal ist zu vermerken,

Aesculus x marylandica
Aesculus glabra   Aesculus octandra

Aesculus x marylandica
Aesculus glabra   Aesculus octandra

Blütenstände der Rosskastanienhybride *Aesculus marylandica* (oben) und der beiden Ausgangsarten *Aesculus glabra* (links) und *Aesculus octandra* (rechts).

Aesculus x marylandica
Aesculus glabra   Aesculus octandra

Erst die zerlegten Blüten mit den isolierten Kronblättern zeigen die Art- und Hybridunterschiede. Die längsten genagelten Kronblätter besitzt *Aesculus octandra* (rechts). Am Grunde der Kronblattspreite befindet sich ein gelbes Saftmal, welches nach erfolgter Bestäubung nach rot umfärbt. Die etwa gleichlangen Kronenblätter von *Aesculus glabra* (links) sind kurz genagelt und am Rand zottig. Die oberen Kronblätter haben eine herabgezogene Spreite. Die Länge der Kronblätter und deren Nagelung sowie der leicht zottige Rand der Hybride *Aesculus marylandica* (oben) ist etwa intermediär. Auffällig sind die deutlich größeren Antheren der Staubblätter.

Aesculus x marylandica
Aesculus glabra   Aesculus octandra

Seitenansicht der Blüten der Rosskastanienhybride *Aesculus x marylandica* (oben) mit im Vergleich zu den Eltern größeren Blüten. Ihre Staubblätter sind etwa so lang wie die seitlichen Kronblätter. Der Kelch ist nicht so eng geschlossen wie bei dem Elter *Aesculus octandra* (rechts), denn die Kelchblattzipfel sind tiefer eingeschnitten. Die Behaarung des Kelches ist spärlich ausgeprägt. Bei *Aesculus octandra* (rechts) sind die Staubblätter deutlich kürzer als die seitlichen Kronblätter. Der Kelch verengt sich mit seinen an der Spitze nicht verwachsenen Kelchblattzipfeln. Er ist stark zottig behaart. Diese Behaarung fehlt auf dem Kelch von *Aesculus glabra* (links), dessen Zipfel die vergleichsweise größten sind. Die Staubblätter überragen die seitlichen Kronblätter am weitesten. Die Hybride zeigt bezüglich Kelchausprägung und Staubblattlänge die deutlichsten intermediären Merkmale.

dass der Kelch bei *A. octandra* Stieldrüsen zeigt. Die fünf bis acht Staubblätter ragen wie bei allen Aesculusarten aus dem Kranz der Kronblätter heraus und sind aufwärts gebogen. Sie blühen im Mai bis Juni und sich umfärbende Saftmale der Kronblätter zeigen die erfolgte Bestäubung an. Der grünliche, röhrenförmige Kelch ist bei allen drei Aesculusarten 5-zipfelig, während die leicht zygomorphe Krone aus vier Kronblättern besteht, von denen bei *Aesculus glabra* zwei seitliche die bis zu acht Staubblätter und die Narbe einschließen und zwei unwesentlich länger als eine Art Fahne aufgerichtet sind und innen rötliche Saftmale zeigen. Bei *A. octandra* sind die zwei seitlichen Kronblätter wesentlich größer und mit einem schlanken Stiel versehen d. h. sie sind genagelt. Die zwei restlichen Kronblätter sind miteinander verwachsen und bilden am Ende zwei getrennte, genagelte kleine Blattzipfel. Diese zwei Kronblätter sind fahnenartig aufgerichtet und zeigen die unbestäubt gelblichen, bestäubt rötlich umgefärbten Saftmalzotten. Bei der Hybride *A. x marylandica* sind die genagelten Kronblätter gegenüber *A. octandra* wesentlich breiter, was auch für die obere Kronblattfahne gilt, wo die Verwachsung kürzer ausfällt, d. h. ihr Kronblattnagelstiel ist länger und trägt die Saftmalzotten.

Die Früchte erlauben hingegen die deutlichste Unterscheidung, denn die in der Regel dreiklappig aufspringenden Kapseln sind bei *A. glabra* als einziger kurz-stachelig und eiförmig, bei *A. octandra* kugelig und bei *A. x marylandica* mehr oder minder birnenförmig mit knolligen Ausbuchtungen.

Zerriebene Zweige von *A. glabra* besitzen einen unangenehmen Geruch und unterscheiden sich darin von allen anderen Aesculus-Arten.

Der natürliche Standort von *A. glabra* sind Flussufer und feuchtes Niederungsland, von *A. octandra* hingegen Stromtäler, aber auch Hügel. Demzufolge können sie auch wasserfern gepflanzt werden und finden deshalb eine häufigere Verwendung.

Aesculus x marylandica
Aesculus glabra   Aesculus octandra

Fruchtkapseln der Hybridrosskastanie (*Aesculus x marylandica*, oben), und die der beiden Eltern *Aesculus glabra* (unten links) und *Aesculus octandra* (unten rechts).

Akebia x pentaphylla

Die Akebien haben unterschiedlich große, getrenntgeschlechtige Blüten

Die Hybride *Akebia x pentaphylla* ist eine Kreuzung aus der **Fingerblättrigen Akebie** (*Akebia quinata*) und der **Kleeblättrigen Akebie** (*Akebia trifoliata*). Es sind sommer- bis halbgrüne, raschwüchsige Schlingsträucher mit 3 bis 5-zähligen, ganzrandigen oder etwas gewelltkerbigen Blättern, die eine Pergola vollständig decken und überwuchern können.

Am deutlichsten unterscheiden sich die beiden Elternarten bei den Blättchen der

	Akebia x pentaphylla	Akebia quinata Fingerblättrige Akebie	Akebia trifoliata Kleeblättrige Akebie
Herkunft		M-China, Japan, Korea	M-China, Japan
Blätter			
Zahl der Blättchen	4(3–5)-zählig	5-zählig	3-zählig
Form	eirund-elliptisch	länglich-eiförmig	eirund bis breit-elliptisch
Länge	5–8 cm	3–6 cm	5–8 cm
Spitze	gerundet bis leicht zugespitzt, ausgerandet	gerundet, leicht ausgerandet	zugespitzt, leicht ausgerandet
Rand	weitständig gewellt	Ganzrandig	obere Hälfte ganzrandig, untere Hälfte etwas gewellt bis buchtig gekerbt
Stiel des Blattes	10–15 cm lang	7–10 cm lang	8–12 cm lang
Stiel des Blättchen	4–6 cm lang	0,5–1,5 cm lang	3–4 cm lang
Sprossachse			
Wuchs	links windende Lianen	bis 10 m windende, dünne Triebe	5–8 m windende, dünne Triebe
Blüten			
einhäusig, getrenntgeschlechtig, weibliche Blüten	violett, 3–4 cm breit, 5–7 Fruchtknoten	hell violett, 3–4 cm breit, 3–4 Fruchtknoten	dunkel violett, 2–3 cm breit, 5–7 Fruchtknoten
einhäusig, getrenntgeschlechtig, männliche Blüten	Kronblätter rückgeschlagen, Staubbeutel heller violett	Kronblätter ausgebreitet, hell rosa, Staubbeutel dunkelviolett	Kronblätter und Staubbeutel gleichfarbig violett
Früchte			
Form	eiförmig-walzlich, einseitig abgeflacht	eiförmig-walzlich, einseitig abgeflacht	gleichmäßig eiförmig länglich
Anzahl	oft mehrere	oft einzeln	oft paarweise
Länge	7–15 cm	5–10 cm	7–15 cm

langgestielten Blätter. *A. quinata* besitzt 5-zählige Blättchen, die länglich-eiförmig geformt, und ganzrandig sind. Die drei Blättchen von *A. trifoliata* sind eiförmig bis breit elliptisch, wobei der gewelltbuchtige Rand sich in der unteren Blättchenhälfte befindet, die obere Hälfte ist fast glattrandig. Die Hybride besitzt deutlich größere Blättchen, die in der Form zwischen beiden Eltern liegt. In der Randgestaltung zeigen sie nur noch die angedeutete Wellung des *A. trifoliata*-Elter. Der Blattstiel ist länger.

Die Akebien sind in Japan bis Mittelchina beheimatet und gehören zu den Fingerfruchtgewächsen (*Lardizabalaceae*).

Die Blüten sind einhäusig, aber getrenntgeschlechtig. Sie fallen zuerst einmal durch ihre purpurne Farbe und dann weiter durch ihre Blütenstellung und den Größenunterschieden zwischen weiblichen und männlichen Blüten auf. Die weiblichen Blüten stehen wechselständig, sehr oft zu zweit an langen, dünnen Stielen über/vor den viel kleineren männlichen Blütentrauben mit zahlreichen Einzelblüten, die in der Farbausprägung heller getönt sind. Die weiblichen Blüten besitzen drei freie Blütenhüllblätter und drei bis neun Fruchtknoten mit dicken Griffeln und knopfartig aufsitzenden und glänzenden Narben. Bei den männlichen Blüten stehen die sechs freien Staubblätter mit einwärts gebogenen Pollensäcken über ebenfalls drei, aber wesentlich kleineren Blütenhüllblättern. Die Blüten duften; bei *A. quinata* nach Vanille. Die Pollen werden von Insekten übertragen. Sie blühen im Mai.

Die Früchte sind walzlich bis eiförmig, gurkenartig geformt, wobei je Blüte ein bis drei, vielsamige, zur Reife hin klaffende,

Reife, aufgeplatzte Früchte von
Akebia x pentaphylla
Akebia quinata   Akebia trifoliata

Akebia x pentaphylla | 73

7 bis 15 cm lang gestielte Balgfrüchte entstehen können, die sich reif purpurviolett verfärben. Sie enthalten in einem pulpigen, essbaren Fruchtfleisch in mehreren Längsreihen liegende, schwarzbraun glänzende Samen.

Männliche Blüten von
Akebia x pentaphylla
Akebia quinata   Akebia trifoliata

Weibliche Blüten von
Akebia x pentaphylla
Akebia quinata   Akebia trifoliata

Blätter und Früchte von
Akebia x pentaphylla
Akebia quinata   Akebia trifoliata

Alnus x pubescens

Naturhybride *Alnus x pubescens* oft unerkannt

Wo die **Grau-Erle** (*Alnus incana*) und die **Schwarz-Erle** (*Alnus glutinosa*) nahe beieinander vorkommen, erfolgen auch Hybridisierungen. Die aus den Samen aufkommenden Nachkommen, deren Blätter alle Übergänge zu den Eltern zeigen, fallen in der Natur und Baumschulen kaum auf. Sie haben, wie die Eltern eine breit eirunde Form und differieren lediglich in der Blattrandgestaltung. *Alnus incana* besitzt einen grob gesägten Rand mit kleinen Zähnelungen der einzelnen Sägezähne. *Alnus glutinosa* ist dagegen nur gezähnelt.

	Alnus x pubescens	**Alnus incana** Grau-Erle	**Alnus glutinosa** Schwarz-Erle
Herkunft	in Natur häufiger auftretend mit Übergängen zu Eltern	Europa bis Kaukasus	Europa bis Kaukasus, N-Afrika
Sprossachse			
Habitus	Baum 25 m	Baum 20 m	Baum 25 m
Junge Triebe	mehr oder minder behaart	grau, behaart	stark klebrig, kahl
Blätter			
Form	eiförmig bis verkehrt eiförmig	breit eirund	verkehrt eirund bis rundlich
Oberseite	dunkelgrün, behaart bis leicht filzig	dunkel graugrün	matt glänzend grün
Unterseite	hellgrün bis blaugrün	weißlich grau behaart	kahl bis auf rostgelbe Aderwinkel
Länge	4–10 cm	4–10 cm	4–10 cm
Spitze	kurz zugespitzt	spitz	abgerundet oder ausgerandet
Rand	schwach wellig, zur Basis ansatzweise gelappt, sonst grob gesägt	grob gesägt, Sägezähne mehrfach gesägt	grob doppelt gezähnt
Basis	kurz keilförmig	breit keilförmig	grob keilförmig bis gerundet
Stiel	1–2 cm	1–2 cm	1–2 cm

Intermediär spiegelt sich dies bei **Alnus x pubescens** in einer ansatzweisen Lappung im Basisbereich wider, während der übrige wellige Rand mit weiten Zwischenabständen grob gesägt ist. Die Blattspitze, beim Grau-Erlen-Elter noch spitz, flacht sich bei der Hybride ab. Beim Schwarz-Erlen-Elter ist die Blattspitze rund bis leicht ausgerundet.

Alnus x pubescens
Alnus incana   Alnus glutinosa

Alnus x spaethii

Blätter der Erlenhybride *Alnus x spaethii* zeigen Anlagen beider Eltern

Die 1908 im Arboretum Spaeth in Berlin gefundene Erlen-Hybride **Alnus x spaethii** ist aus der Kreuzung von **Japanischer Erle** (*Alnus japonica*) und der **Kaukasischen Erle** (*Alnus subcordata*) hervorgegangen, welche sich in der Blatt- und Kätzchenform unterscheiden.

	Alnus x spaethii	**Alnus japonica** Japanische Erle	**Alnus subcordata** Kaukasische Erle
Herkunft	1908 im Arboretum Spaeth (Berlin) gefunden	Japan, Korea, China	Kaukasus, Iran
Blätter			
Form	lanzettlich, etwas lederig	lanzettlich bis eilänglich, lederartig derb	eiförmig
Oberseite	jung glänzend, dunkelgrün	glänzend dunkelgrün, kahl	dunkelgrün, kahl
Unterseite	meist kahl	heller, etwas achselbärtig	Adern weich behaart
Länge	6–16 cm	6–10 cm	5–16 cm
Breite	3–6 cm	2–5 cm	5–7 cm
Spitze	ausgezogen spitz bis zipfelig	spitz bis ausgerandet	kurz zugespitzt
Rand	ungleich groß und scharf gesägt	unregelmäßig groß und scharf gesägt	gesägt
Basis	keilförmig bis gerundet	keilförmig	asymmetrisch, keilförmig bis gerundet
Stiel	1,5–5 cm	1–2,5 cm	3–4 cm
Sprossachse			
Höhe	raschwüchsiger Baum 15–20 m	Strauch oder Baum bis 25 m	Baum bis 15 m
Junge Triebe	zerstreut weich behaart, wenige Lentizellen	leicht behaart oder kahl	weich behaart
Knospen	kahl, Stiel 1–2 mm	kurz gestielt	gestielt
Früchte			
Zäpfchen	meist zu 4, breit kugelig-eiförmig	2–6, schmal eiförmig	1–5, nickend, schlank eiförmig
Länge	2 cm	1,5 cm	1,5 cm

Die Blätter des *A. japonica*-Elter sind lanzettlich bis eilänglich, die des *A. subcordata*-Elter mehr eiförmig. Bei der Hybride ähneln – was bei Hybriden öfter zu beobachten ist (vgl. *Quercus heterophylla*) – die Basalblätter eines Jahrestriebes mehr dem *A. subcordata*-Elter und die Spitzenblätter mehr dem *A. japonica*-Elter. Die Blattstiele der Hybride scheinen gegenüber ihren Eltern etwas länger auszufallen. Auch die Kätzchen sind etwas dicker.

Alnus x spaethii
Alnus japonica   Alnus subcordata

Aronia x prunifolia

Apfelbeeren-Hybride *Aronia x prunifolia* mit größeren Früchten

Die gegenüber den Eltern, der **Filzigen Apfelbeere** (*Aronia arbutifolia*) und der **Kahlen Apfelbeere** (*Aronia melanocarpa*), größeren und verschiedentlich auch geernteten, weil genießbaren Früchte ähneln in Farbe und Größe mehr Kulturheidelbeeren. Lediglich Kelchreste stehen an der Spitze der Beeren und dort sind die Früchte der ***Aronia x prunifolia***-Hybride, wie bei Äpfeln eingedellt.

	Aronia x prunifolia Pflaumenblättrige Apfelbeere	Aronia arbutifolia Filzige Apfelbeere	Aronia melanocarpa Kahle Apfelbeere
Herkunft		östliches N-Amerika	östliches Nordamerika
Blätter			
Form	verkehrt eiförmig	elliptisch bis verkehrt eiförmig	verkehrt eiförmig
Oberseite	dunkelgrün	graugrün, Mittelrippe behaart	glänzend grün
Unterseite	dicht behaart	dicht graufilzig	
Länge	6–10 cm	4–8 cm	2–7,5 cm
Spitze	stachelspitzig	zugespitzt bis stachelspitzig	spitz, stachelspitzig
Rand	fein gezähnt	fein gezähnt	fein gezähnt
Basis	keilförmig, Basis abgerundet	keilförmig, Basis abgerundet	keilförmig, Basis abgerundet
Stiel	3–7 mm	2–6 mm	2–8 mm
Sprossachse			
Wuchs	aufrechter Strauch 1–2,5(–4) m	lockerer Strauch, bis 2 m	buschiger Strauch, 0,5–1 m, durch Ausläufer Dickichte bildend
Junge Triebe	filzig behaart	filzig behaart	fast kahl
Früchte			
Farbe	bläulich-schwarz mit wachsigem Überzug	leuchtend rot	glänzend schwarz
Größe	8–10 mm	5–7 mm	4–6 mm
Standzeit	bis Dezember haftend, essbar	spät reifend, bis Dezember haftend	von Vögeln früh verzehrt

In der Farbe unterscheiden sich die Früchte: Die der A. *arbutifolia* sind reif leuchtend rot, die der A. *melanocarpa* glänzend schwarz und die der Hybride bläulich-schwarz mit einem – wie Kulturheidelbeeren – wächsernen, silbrigen Überzug. Sie sind größer als die der Eltern.

In der Blattausprägung ähnelt die Hybride mehr dem A. *melanocarpa*-Elter mit verkehrt eiförmigen Blättern und einer Stachelspitze, während die des A. *arbutifolia*-Elter mehr elliptisch und zugespitzt sind.

Aronia x prunifolia
Aronia arbutifolia   Aronia melanocarpa

Berberis x frikartii

Berberis x frikartii ist mit längeren Blattdornen wehrhaft

Die aus der Kreuzung von **Schneeiger Berberitze** (*Berberis candidula*) und **Warziger Berberitze** (*Berberis verruculosa*) hervorgegangene Hybride *Berberis x frikartii* zeigt keinen allzu auffälligen Gewinn, außer dass die Blattdornen länger ausfallen, sie also als Zaun- oder Einfassungsgehölz wehrhafter ist.

Die Kurztriebblätter können etwas größer und randlich stärker abgerollt sein, wodurch sie weniger wasserzehrend ist, denn die unterseitigen Spaltöffnungen können dadurch ihre Transpiration verringern.

Blüten und Früchte sind ohne Auffälligkeiten. Die gelben Blüten sind blattachselständig, jeweils zu ein bis zwei, bei *B. candidula* nur einzeln angelegt.

	Berberis x frikartii	Berberis candidula Schneeige Berberitze	Berberis verruculosa Warzige Berberitze
Herkunft	schon vor 1952 bekannt	China: Hubei	China: Sichuan
Blätter			
Form	immergrün, elliptisch, derb ledrig	immergrün, elliptisch	immergrün, elliptisch, spitz, ledrig
Oberseite	glänzend dunkelgrün	glänzend dunkelgrün	glänzend dunkelgrün
Unterseite	grauweiß	fast schneeweiß	weißlich-blau
Länge	1,5–3,5 cm	1,5–3 cm	1,5–2,5 cm
Rand	jedseits mit 2–4 spitzen Zähnen, oft abgerollt	mit wenigen Zähnen, eingerollt	jedseits 2–4 dornige Zähne, gewellt, etwas abgerollt
Sprossachse			
Habitus	dicht verzweigter Strauch, 1–1,5 m	halbkugeliger, dicht verzweigter geschlossener Strauch, 0,6–1 m	dicht verzweigter Strauch, 1–1,5 m
Junge Triebe	bräunlich gelb, dicht mit warzigen Lentizellen besetzt, Dornen 3-teilig, 3–4 cm lang	übergebogen, mit schwärzlichen Lentizellen besetzt, Dornen 3-teilig, hellgelb, 1,5–2 cm lang	braungelb, bogig überhängend, mit braunen Lentizellen, Dornen 3-teilig, 1,5–3 cm lang
Blüten			
Anzahl	zu 1–2, blattachselständig	einzeln, blattachselständig	zu 1–2, blattachselständig
Farbe	hellgelb	goldgelb	hellgelb
Blühzeit	Mai/Juni	Mai	Mai
Früchte			
	länglich-eiförmig, blau, weiß bereift	ellipsoid, blauschwarz, stark bereift	länglich-eiförmig, tief purpurn, blau bereift

Berberis x frikartii
Berberis candidula   Berberis verruculosa

Berberis x hybrido-gagnepainii

Berberis x hybrido-gagnepainii-Hybride mit deutlichem Heterosiseffekt

Die Kreuzung der beiden immergrünen Berberis-Arten *Berberis gagnepainii var. lanceifolia* mit *Berberis verruculosa*, beide aus China stammend, haben eine Gruppe von Hybriden ergeben, welche in vielen Formen für die gartengestalterische Praxis interessant sind, darunter auch Zwergformen. In Wuchshöhe und Triebausprägung steht die Hybride *Berberis x hybrido-gagnepainii* zwischen beiden Eltern.

	Berberis x hybrido-gagnepainii	**Berberis gagnepainii** Gagnepains Berberitze	**Berberis verruculosa** Warzige Berberitze
Herkunft		China: W-Hubei	China: Sichuan
Blätter			
Form	alle immergrün, schmal elliptisch bis lanzettlich	lanzettlich	eiförmig bis elliptisch, ledrig, abgewölbt
Oberseite	glänzend hellgrün	matt graugrün	glänzend dunkel
Unterseite	grünlichweiße Bereifung	gelbgrün	weißlich blau
Länge	10–15 cm	3–10 cm	1,5–2,5 cm
Spitze	spitz	schmal zugespitzt	spitz
Rand	3–6(–12) Blattrandzähne	6–20 grobe, vorwärts gerichtete Blattrandzähne	2–4 stärker dornige Blattrandzähne
Dornen	dreistrahlig	dreistrahlig, rechtwinklig	dreistrahlig, dünn, stumpfwinklig
Sprossachse			
Habitus	Strauch um 2 m	Strauch 1,5–2 m	Strauch 1–1,5 m
Junge Triebe	wenige warzige Lentizellen	stielrund, gelb, leicht behaart	braungelb, dicht mit letztlich schwarz-braunen Lentizellen
Blüten			
Anzahl	2	3–7 in gestauchten Doldentrauben	1–2
Farbe	gelb	goldgelb	hellgelb
Blühzeit	Mai	Mai/Juni	Mai
Früchte			
Form	eiförmig	eiförmig	länglich eiförmig
Farbe	graublau, bereift	blauschwarz, bereift	tiefpurpurn, blau bereift

Berberis gagnepainii var. lanceifolia • Berberis x hybrido-gagnepainii • Berberis verruculosa

In der Blattgröße sind Heterosis-Effekte zu beobachten, d. h. das Blatt ist deutlich größer, größer noch als das des Gagnepainii-Elter, deren Blätter eine maximale Länge von 5 cm erreichen; die der Hybride liegen bei 6 bis 8 cm, die von B. verruculosa bei 1,5 bis 2,5 cm. In der Zahl der jederseitigen Blattrandzähne besitzt die Hybride eine mittlere Zahl von drei bis sechs gegenüber sechs bis zwanzig beim Gagnepainii-Elter und zwei bis vier beim B. verruculosa-Elter, die bei der letzteren zudem deutlich dorniger ausfallen. In der Form gibt es Unterschiede, welche bei B. verruculosa mehr eiförmig bis elliptisch sind und sich zur Spitze hin verschmälern. Bei B. gagnepainii ist die Form mehr lanzettlich, bei der Hybride schmal lanzettlich. Alle drei haben einen etwas abwärts gewölbten Blattrand. Die glänzende Blattoberfläche (von Wachsausscheidungen der Cuticula) stammt mehr vom Verruculosa-Elter, der eine glänzend-dunkelgrüne Blattoberseite zeigt, während der andere Elter hier eine mehr matt graugrüne Oberseite besitzt. Die Farbausprägung der Blattunterseite der Hybride zeigt mit grünlich-weißer Bereifung eine Mittelstellung zwischen glänzend gelbgrün beim Gagnepainii-Elter und weißlich-blau beim Verruculosa-Elter.

Die Ausprägung in der Winkelstellung der Kurztriebdornen zeigt ebenfalls eine Mittelstellung zwischen rechtwinkliger Anordnung des dreistrahligen Dornes beim Gagnepainii-Elter und stark stumpfwinkliger beim Verruculosa-Elter. Der Dorn der Hybride ist aber wiederum größer als bei den Ausgangseltern.

Die runden Triebe sind beim Gagnepainii-Elter leicht behaart, beim Verruculosa-Elter mit feinen braunen Lentizellen-Warzen bedeckt, die auch von der Hybride übernommen wurden. Die maximalen Wuchshöhen von Eltern und Hybride liegen um 1,5 m.

Die gelbtönigen Blüten stehen bei B. gagnepainii in Büscheln zu drei bis sieben, beim anderen Elter zu zweit, aber bei der Hybride einzeln. Die ausgereiften Früchte verfärben sich blauschwarz (B. gagnepainii) über graublau (B. x hybrido-gagnepainii) bis purpurfarben (B. verruculosa). Alle drei Früchte sind bereift, d. h. zeigen oberflächliche Wachshärchen.

Aufgrund ihrer Bedornung und der immergrünen Blätter eignet sich die Hybride hervorragend auch als Sicht- und Schutzhecke, die einen wiederholten Formschnitt verträgt.

Berberis x media

Berberis x media ist frosthart, rauchfest und zeigt leuchtend rotes Herbstlaub

Aus der Kreuzung der sommergrünen *Berberis thunbergii* 'Kobold' mit sommergrünen, eiförmig-spateligen, ganzrandigen Blättern und einfachen Blattdornen mit der *Berberis* x *hybrida-gagnepainii* 'Chenault' mit schmal-lanzettlichen, leicht dornig gezähnten, immergrünen Blättern und dreiteiligen Blattdornen ist mit der von W.H. van Eck in Boskoop (Holland) 1956 ausgewählten Hybride, der *Berberis* x *media*, ein halbimmergrüner, etwa 80 cm hoher Strauch mit lockerem Wuchs und rotbraunen, jungen Trieben hervorgegangen, welcher sich als mittelhohe Einfassung, aber auch als Einzelstrauch hervorragend eignet.

In seiner Blattausprägung zeigt die Hybride wenig Ähnlichkeit mit ihren Eltern. Die Blätter fallen länglich verkehrt-eiförmig aus und besitzen lediglich an der Blattspitze ein ausgezogenes Spitzchen sowie eine Abwölbung zur Spitze und nach vorn. Die Oberseite ist stark glänzend. Sie verfärben sich im Herbst leuchtend rot. Die Blattdornen sind dreiteilig. Blüten und damit Früchte sind kaum festgestellt. Die Früchte von *B.* x *hybrido-gagnepainii* sind bläulich-grün und kugelig, die von *B. thunbergii* elliptisch und rot.

Die Hybride ist sehr frosthart sowie rauchfest und damit für Anpflanzungen in Städten und Industrieregionen bestens geeignet.

	Berberis x media	Berberis x hybrido-gagnepainii 'Chenault'	Berberis thunbergii 'Kobold'
Herkunft	1956 in Boskoop ausgelesen		Japan
Blätter			
Lebensdauer	wintergrün	immergrün	sommergrün
Form	länglich eiförmig, gewölbt	schmal elliptisch	eiförmig bis spatelig
Oberseite	glänzend dunkelgrün	gräulich grün	hellgrün
Länge	1,5–3 cm	3–5 cm	1–2 cm
Spitze	stachelspitzig	spitz	rund
Rand	ganzrandig, vereinzelt Stachelzähnchen	ganzrandig, seitliche Stachelzähne	ganzrandig
Dornen	ein- bis dreiteilig	dreiteilig	einteilig
Sprossachse			
Wuchs	Strauch 80 cm	Strauch bis 150 cm	Strauch bis 200 cm
Junge Triebe	glänzend rotbraun	etwas warzig	rotbraun
Früchte			
	selten gebildet	kugelig, bläulich grün	elliptisch, rot

Berberis x media
Berberis x hybridogagnepanii Berberis thunbergii 'Kobold'
'Chenault'

Berberis x mentorensis

Winterharte *Berberis x mentorensis* mit schönem Herbstlaub

Die Berberitzenhybride **Berberis x mentorensis** fällt vor allem durch ihr sich im Herbst scharlachrot verfärbendes Laub wirkungsvoll auf. Sie ist 1924 in den USA in Ohio aus der Kreuzung von *Berberis julianae* und *Berberis thunbergii* hervorgegangen. Beide Eltern sind häufig verwendete Berberitzenarten.

Die aus Japan stammende, sommergrüne *B. thunbergii* ist als wehrhafter Heckenstrauch die am meisten verwendete Berberis-Art und wird in fast unendlich vielen Gartenformen kultiviert, wobei die Blattfarben von grün über rot bis fast braun, rot, rosa- und weiß-bunt variieren. Die Blätter können bei weiteren Kultivaren von kleinblättrig bis schmalblättrig ausgeformt und der Wuchs kann zwergig, stark- und schwachwüchsig bzw. straff aufrecht sein.

	Berberis x mentorensis	Berberis julianae Julianes Berberitze	Berberis thunbergii Thunbergs Berberitze
Herkunft	1924 in USA	Mittel-China	Japan
Blätter			
Form	verkehrt eiförmig, derb	elliptisch, derb ledrig	verkehrt-eiförmig bis spatelförmig
Länge	2–4,5 cm	5–9 cm	1–2 cm
Spitze	stumpf	stumpf	stumpf
Rand	ganzrandig oder bis 3 Stachelzähne	begrannte Sägezähne	ganzrandig
Basis	keilförmig	keilförmig	keilförmig
Stiel	kurz	kurz bis sitzend	kurz bis sitzend
Lebensalter	sommergrün, im Herbst scharlachrot	immergrün	sommergrün
Blattdornen			
	3-teilig	3-teilig, 10–40 mm	1-teilig, 5–15 mm
Sprossachse			
Habitus	2 m	2–3 m, strauchig	2 m, dicht strauchig
Triebe	kantig, stark gefurcht	kantig, gerieft	kantig, gerieft
Früchte			
Form	elliptisch	elliptisch	elliptisch
Größe		7–8 mm	7–8 mm
Farbe	trüb, rot	blauschwarz bereift	leuchtend rot, ohne Reif

Berberis × mentorensis
Berberis thunbergii   Berberis julianae

Die Hybride *Berberis × mentorensis* liegt in Blattgröße und Dornenausprägung intermediär zwischen den beiden Eltern *B. thunbergii* (unten links) und *B. julianae* (unten rechts).

den Blüten mit gelben, außen oft geröteten Kronblättern, bringen jeweils 7 bis 8 mm lang-elliptische, unbereifte, leuchtendrote Früchte hervor.

Der **B. julianae**-Elter stammt aus Mittel-China und ist mit seinen bis zu 10 cm langen und 2,5 cm breiten, ledrigen, dazu sparrig abstehenden Blättern, die an jeder Seite fünfzehn bis dreißig begrannte Sägezähne und herausgehobene Adern aufweisen, eine der schönsten und härtesten immergrünen Berberis-Arten. An ihren kantigen, gefurchten, zuerst gelblichen, später graugelben jungen Trieben stehen mit 1 bis 4 cm Länge für Berberis durchaus mächtige, dreiteilige (Blatt-)Dornen, die sie wehrhaft-abweisend macht. Die rein gelben Blüten stehen zu acht bis fünfzehn büschelig zusammen, blühen im Mai bis Juni und bringen bis 8 mm lang-elliptische, sich blau-schwarz verfärbende, bereifte, mit bleibendem kurzen Griffel versehene Früchte hervor.

Sie lassen sich durch Schnitt gut in Heckenform halten, weil die Kurztriebe, auf denen bei Berberitzen die Blätter stehen, durchtreiben können und so zur Heckenerneuerung beitragen. Die Ausgangsart besitzt allerdings im Vergleich zum zweiten Elter mit 1 bis 3,5 cm Länge bescheiden kleine Blätter, die verkehrt-eiförmig bis langspatelförmig, ganzrandig und stumpf geformt und oberseits hellgrün, unterseits bläulich grün getönt sind. Die zu zwei bis fünf in kurzen Dolden zusammenstehen-

Was ist von den Ausgangsarten auf die Hybride überkommen? Sie liegt in ihren realisierten Merkmalen mehr beim *B. thunbergii*-Elter, denn sie ist auch nur sommergrün, die Blätter sind verkehrt-eiförmig, aber mit 2 bis 4,5 cm Länge etwas größer, recht derb, ganzrandig oder jederseits mit bis drei Stachelzähnen, als Erbe vom *B. julianae*-Elter versehen. Die unvermeidlichen Berberitzendornen sind an der Triebspitze einfach, weiter unten 3-teilig. Die nur zu ein bis zwei zusammenstehenden Blüten sind hellgelb und die daraus hervorgehenden Früchte ellipsoid und trüb rot. Der bis zu 2 m hoch werdende Strauch zeichnet sich neben dem bunten Herbstlaub noch durch Winterhärte aus und hat trotzdem keine große Verwendung gefunden.

Berberis 'Red Tears'

Berberis 'Red Tears'-Hybride mit prächtigen roten Früchten

Die *Berberitzen*-Hybride **Berberis 'Red Tears'** zeichnet sich durch relativ große und zudem anhaltend prächtig rote, längliche Früchte aus, offensichtlich bevorzugt ein Erbe der **Gewöhnlichen Berberitze** (*Berberis vulgaris*), obwohl deren Beteiligung als Kreuzungspartner etwas fraglich ist. Bei der traubigen Blütenanlage stammt die Vielblütigkeit mehr vom anderen Elternteil, der **Koreanischen Berberitze** (*Berberis koreana*), denn hier besitzt *B. vulgaris* nur vier

	Berberis 'Red Tears'	Berberis koreana Koreanische Berberitze	Berberis vulgaris Gewöhnliche Berberitze, Sauerdorn
Herkunft		Korea	Europa (außer N-Europa) N-Amerika, Mittelasien
Blätter			
Form	sommergrün, breit elliptisch	sommergrün, verkehrt eiförmig bis elliptisch	sommergrün, länglich elliptisch bis spatelförmig
Oberseite	stumpf blaugrün	mittelgrün	dunkelgrün
Unterseite	heller	blaugrün	grünlich
Länge	6–7 cm	2,5–7 cm	2–4 cm
Spitze	gerundet bis stumpf spitz	gerundet	stumpf spitz
Rand	dicht dornig gesägt	dicht dornig gesägt	fein gezähnt
Sprossachse			
Habitus	breitwüchsiger Strauch mit überhängenden Zweigen, bis 2 m	aufrechter Strauch, 1,5 m	aufrechter, etwas sparriger, breitbuschiger Strauch, 2–3 m
Dornen	meist 3-teilig, bis 3 cm lang	3–7-, oft 5-teilig, meist abgeflacht, 0,5–1 cm	meist 3-teilig, 1–2 cm
Blütenstand			
	vielblütig, 10 cm lange hängende Trauben	10–20 hellgelbe Blüten in 4–6 cm langen, hängenden Trauben	4–8 gelbe Blüten in 5–7 cm langen, hängenden Trauben
Früchte			
Form	länglich	kugelig bis eirund	elliptisch, essbar, sauer
Farbe	prächtig rot	leuchtend rot	blutrot
Größe	1,2 cm	0,7–0,8 cm	1–1,2 cm

bis acht Blüten. Bei der Blattspitze und dem Blattrand ähnelt die Hybride mehr dem *B. koreana*-Elter. In der Wuchshöhe und der Strauchausprägung erscheint sie intermediär. Die umgeformten Blattdornen sind meist 3-teilig, aber gegenüber beiden Eltern mit 3 cm meist länger.

Berberis 'Red Tears'
Berberis koreana   Berberis vulgaris?

Berberis x ottawensis

Berberis x ottawensis-Hybride mit Mischblattgrößen

Die seit ältester Zeit in Kultur befindliche, in Europa, N-Amerika und Mittelasien beheimatete **Gemeine Berberitze** (*Berberis vulgaris*) ist neben der japanischen *Berberis thunbergii* Elter der Hybride *Berberis x ottawensis*. Sie dürfte dort, wo beide Eltern nahe beieinander stehen, schon länger existieren, ist aber erst 1923 als Hybride benannt worden.

	Berberis x ottawensis	**Berberis thunbergii** Thunbergs-Berberitze	**Berberis vulgaris** Gewöhnliche Berberitze
Herkunft	1923 als Hybride erkannt	Japan	Europa, N-Amerika, M-Asien
Blätter			
Form	verkehrt eiförmig	teils eiförmig oder spatelig	länglich elliptisch bis spatelig
Oberseite	beidseits mittelgrün	hellgrün	dunkelgrün
Unterseite		bläulich grün	etwas heller
Größe	1,5–3,5 cm	1–2 cm	2–7 cm
Rand	teils ganzrandig bis gezähnt	ganzrandig	10–20 feine Zähne
Basis	kurz gestielt	ungestielt	in 1 cm langen, verschmälerten Stiel übergehend
Dornen	wenige, schwach verholzt, daher weich	meist einfach, 0,5–1,5 cm lang	meist 3-teilig, selten einfach, 1–2 cm lang
Sprossachse			
Wuchs	um 1,3 m	um 1 m	2–3 m
Triebform		stark kantig-gerieft, kahl	stark gefurcht, anfangs behaart
Treibfarbe	gelbbraun	braun, rot	erst bräunlich, später weißgrau
Blüten			
Blütenstand	zu 5–10 Dolden oder Büschel	zu 2–5 in kurzen Dolden	zu 4–6 in hängenden Trauben
Farbe	gelb	gelb, außen rötlich überhaucht	gelb
Blühzeit	Mai	Mai	Mai
Früchte			
Form	eiförmig	elliptisch	länglich-elliptisch
Größe	bis 13 mm	8 mm lang	10–12 mm lang
Farbe	rot	leuchtend rot, ohne Reif	scharlachrot
Reifezeit		Oktober	Oktober

Beide sind sommergrüne Sträucher, welche die Höhe von 2 m selten überschreiten. *B. thunbergii* bleibt mit Höhen um 1 m eher darunter, während die Hybride 2 m erreichen und überschreiten kann.

In der Blattdorn-Ausprägung als auch in Blattgröße und -Form nimmt die Hybride eine Mittelstellung ein. Die eindeutig größeren Blätter besitzt der *B. vulgaris*-Elter. In der Hybride hat sich eine mittlere Blattgröße eingestellt. Die wenigen und dazu schwach verdornten Blätter der Hybride haben ihr ein Verwendungsspektrum in mehreren Sorten als Ziergehölz sowohl in Hecken als auch als Einzelstrauch mit schöner Herbstfärbung beschert.

In der Blüten- und Fruchtausprägung unterscheiden sie sich nur wenig. Die Blütenkronblätter von *B. thunbergii* sind außen rötlich überhaucht. Ihre Blüten stehen in wenigblütigen Dolden, während *B. vulgaris* vielblütige, hängende Trauben besitzt. Die Narbe ist griffellos. Die rot abgestuften Früchte sind vereinzelt bei der Hybride größer als bei den Eltern.

Berberis x ottawensis
Berberis thunbergii   Berberis vulgaris

Berberis x rubrostilla

Berberis x *rubrostilla* und die Eltern haben unterschiedliche Fruchtfarben

Aus Kreuzungen gerade von Berberitzen gehen in der Regel viele abweichende Nachkommen hervor. Auch bei der Kreuzung von der **Knäuelfrüchtigen Berberitze** (*Berberis aggregata*) und **Wilsons Berberitze** (*Berberis wilsoniae*) ist die Hybride **Berberis x *rubrostilla*** mit folgenden Unterscheidungsmerkmalen hervorgegangen: Minimal unterschiedlich sind die Farben und Formen der Früchte.

	Berberis x rubrostilla	Berberis aggregata Knäuelfrüchtige Berberitze	Berberis wilsoniae Wilsons Berberitze
Blätter			
Form	verkehrt eiförmig	elliptisch	lanzettlich-eilänglich, dornspitzig
Oberseite	frischgrün	hellgrün	beidseits blaugrün
Unterseite	blaugrün	blaugrün	
Rand	ganzrandig bis leicht dornig gesägt	dornig gezähnt	ganzrandig
Sprossachse			
Habitus	Strauch mit überhängenden Zweigen, 0,9–1,5 m	Strauch, 1,5(–3) m	dichter, buschiger Strauch, 1 m
Junge Triebe	rotbraun, kantig	braun, kantig, fein behaart	braun rot, kantig, anfangs behaart
Dornen	meist 3-teilig, etwa 2 cm lang	3-teilig, dünn, 1–3 cm lang	3-teilig, dünn, 1–3 cm lang
Früchte			
Form	meist eiförmig	eirundlich, in dichten, sitzenden Rispen, lange haftend	kugelig mit bleibenden kurzen Griffel
Größe	etwa 1,2 cm	0,6 cm	1,5 cm
Farbe	scharlachrot, bereift	zinnoberrot, bereift	lachsrot, leicht bereift

Während die der Hybride eiförmig und ausgereift scharlachrot sind, variieren sie bei den Eltern, nämlich von *B. aggregata* mit eirundlich und zinnoberrot und von *B. wilsoniae* mit kugelig und lachsrot.

Sie haben wie viele Berberitzen alle 3-teilige Dornen, wobei diejenigen der Hybride in der Größe mit 2 cm zwischen beiden Eltern liegen, die bei *B. aggregata* eine Länge von 3 cm, bei *B. wilsoniae* 1–2 cm erreichen.

Berberis x rubrostilla
Berberis aggregata   Berberis wilsoniae

Berberis x stenophylla

Blattausprägung bei *Berberis* x *stenophylla* ähnlich wie bei *Berberis darwinii*

Die Eltern der Berberitzenhybride *Berberis* x *stenophylla* kommen beide aus dem südamerikanischen Feuerland und Patagonien von Chile und Argentinien, wo Gehölze aufgrund permanenter Winde in der Regel kleinblättrig sind. Dies gilt insbesondere für *Berberis empetrifolia*, welche als immergrüner, niedriger Strauch von maximal 60 cm Höhe und niedergestrecktem Wuchs nur kleine, bis 2,5 cm lange linealische, stachelspitzige Blätter aufweist, deren Ränder als Verdunstungsschutz zudem noch eingerollt sind, wodurch das Blatt

	Berberis x stenophylla	**Berberis darwinii** Darwins Berberitze	**Berberis empetrifolia** Krähenbeerenblättrige Berberitze
Herkunft		Chile, Argentinien	Chile, Argentinien
Blätter			
Form	immergrün, schmal lanzettlich	immergrün, verkehrt eiförmig, derb-lederig, Ilex-ähnlich	immergrün, linealisch, wie bei Krähenbeeren
Oberseite	glänzend dunkelgrün	glänzend dunkelgrün	matt dunkelgrün
Unterseite	bläulich-weiß	hellgrün	hellgrün
Länge	1–2,5 cm	1–2 cm	1–2 cm
Spitze	stachelspitzig	mit Dornenspitze	stachelspitzig
Rand	stark eingerollt	jedseits 1–2 Dornenzähne	stark eingerollt
Sprossachse			
Habitus	breitwüchsiger Strauch, 2–3 m	dicht verzweigter Strauch, 1,5–2,5 m	niedrigwüchsiger Strauch, bis 0,6 m
Junge Triebe	rotbraun, kurz behaart, dünn, daher überneigend	braun, fein behaart, stielrund	braun, stielrund, gefurcht
Dornen	3-teilig	3–7-teilig	1–3-teilig
Blüten			
Anordnung	4–10 Blüten in traubiger Anordnung	15–25 Blüten in hängenden Trauben	einzelne, blattachselständige Blüten
Farbe	goldgelb bis orange, leicht glockig	goldgelb, leicht gerötet	hellgelb, glockig
Früchte			
Form	kugelig mit langem, aufsitzendem Griffel	kugelig mit langem, aufsitzendem Griffel	kugelig, ohne aufsitzendem Griffel
Größe	6–7 mm	6–7 mm	6–7 mm
Farbe	schwarz, bereift	blauschwarz	blauschwarz, bereift

Berberis × stenophylla
Berberis darwinii Berberis empetrifolia

kaum breiter als 0,3 cm wird. Nicht nur in der Blattausprägung ähnelt diese Berberitzenart der nordischen Krähenbeere (daher die Artbezeichnung 'empetrifolia'), sondern auch in der Ausprägung der schwarzen, bereiften, kugelig-erbsengroßen Beere. Das gilt beides auch für die Hybride in der Form 'stenophylla', bei der aus dem traubigen Blütenstand mit vier bis zehn Blüten wie beim *B. empetrifolia*-Elter letztendlich oft nur eine Beere ausreift, die den Krähenbeeren zum Verwechseln ähneln. *B. empetrifolia* bildet blattachselständige, einzelne, glockige, hellgelbe Blüten.

Das Blatt der anderen Ausgangsart **Berberis darwinii** ist zwar auch mit 1 bis 2 cm relativ klein; es ähnelt jedoch durch seine verkehrt-eiförmige Spreite mit ein bis drei Dornenzähnchen auf jeder Seite den Ilex-Blättern, zumal sie wie diese auch oberseitig glänzend dunkelgrün und lederartig derb ist. Im Hybridschwarm beider Arten, welcher vor allem von Smith durchgemustert wurde, fanden sich auch Formen, die das breitere Blattmerkmal von *B. darwinii* mit drei dornigen Blattrandzähnen anklingen lassen, nämlich 'Irwinii', deren Blüten zudem orange getönt sind und 'Reflexa', deren Dornen krallenförmig zur Sprossachse eingekrümmt sind.

In der erreichbaren Größe steht die Hybride mit 2 bis 3 m dem *B. darwinii*-Elter näher. Ihre dünnen Triebe sind stark überneigend, resultierend aus den niederliegenden Verzweigungen des *B. empetrifolia*-Elter.

Betula x intermedia

Birkenhybride entsteht stets spontan neu

Die *Betula x intermedia* ist ein Kreuzungsprodukt zwischen *Betula nana*, der im nordischen Klima Skandinaviens am Rande von Hochmooren häufig anzutreffenden, der Bodenoberfläche verhafteten Zwergbirke und der dort ebenfalls stockenden, baumförmigen Moorbirke (*Betula pubescens*). Die Hybridisation zwischen beiden klappt relativ leicht und der Bastard findet sich dann oft am gleichen Standort.

Diese Bastardbirke bleibt ein Strauch von 1 bis 2 m Höhe, ist im Wuchs kurzastig und sparrig. Die bräunlichen oder braungrünen Zweige sind meist drüsenlos, in der Jugend schwach behaart und besitzen weiße Lentizellen.

Die Form der Blätter kann, je nach Pollenspender stark variieren und zeigt eine Spanne von eirundlich wie beim Zwergbirken-Elter bis leicht rautenförmig wie beim Moorbirken-Elter. Die Blätter können 8 bis 25 mm lang werden, sind

	Betula x intermedia	**Betula nana** Zwergbirke	**Betula pubescens** Moorbirke
Herkunft	N-Europa	N-Europa, N-Amerika	Europa bis Sibirien
Blätter			
Form	eirundlich oder rautenförmig	fast kreisrund	elliptisch bis rhombisch
Oberseite	beidseitig drüsig		beidseits mehr oder minder behaart
Unterseite		unten behaart	
Länge	8–25 mm	5–15 mm	30–50 mm
Spitze	zugespitzt	stumpf abgerundet	ausgezogen spitz
Rand	meist gesägt	grob gekerbt	ungleich doppelt gesägt
Basis	gestutzt	abgerundet	keilförmig
Stiel	0,5–1 cm lang	0,2 cm lang	3–5 cm lang, behaart
Sprossachse			
Habitus	1–2 m, strauchig, aufsteigend	0,5 m, strauchig, niederliegend	bis 20 m, Baum
Junge Triebe	bräunlich bis braungrün, schwach behaart, drüsenlos	braun, dicht behaart, niemals warzig	behaart, ohne Warzen, Äste aufstrebend, nie überhängend
Früchte			
Fruchtkätzchen		eiförmig, fast sitzend, aufrecht, 7–10 mm lang	25–30 mm, lang hängend
Dreizipfelige Fruchtschuppen	Mittelzipfel breiter als seitliche	Zipfel fast gleichlang, mittlerer breiter, alle kahl	Mittelzipfel etwas länger als gekrümmte Seitenzipfel, behaart

einfach, seltener doppelt gesägt und beidseitig drüsig punktiert.

Sie bilden Kätzchen, deren Fruchtschuppen einen breiteren Mittelzipfel gegenüber den beiden seitlichen Zipfeln zeigen. Die Samen sind, wie für Bastarde oft üblich, steril, vermögen sich also generativ nicht fortzupflanzen, sondern entstehen immer wieder spontan neu.

Betula x intermedia
Betula nana   Betula pubescens

Buddleja x weyeriana

***Buddleja* x *weyeriana*-Hybride besitzt sehr attraktive Blüten**

Aus den kugeligen Blütenköpfchen der *Buddleja globosa* und der vielblütigen, langen Rispe der *Buddleja davidii* ist bei der Hybride *Buddleja* x *weyeriana* eine farblich sehr hübsche, gestreckte, lockere, basisverbreiterte Rispe hervorgegangen, die nach und nach, von unten nach oben aufblüht und dadurch einen hohen Zierwert besitzt.

Weyer hat aus den Kreuzungen mehrere Formen ausgelesen. Hier ist die Form 'Moonlight' dargestellt, die mit ihrem orangen Schlund und dem lila Anflug der glockigen Kronröhre besonders attraktiv ist.

Der niedrige Strauch braucht nur sehr vorsichtig rückgeschnitten werden. Die Blätter sind wie beim *B. davidii*-Elter sommergrün.

	Buddleja x weyeriana	Buddleja davidii Sommerflieder	Buddleja globosa
Herkunft	1914 von Weyer ausgelesen	China	Argentinien, Chile
Blätter			
Form	sommergrün, breit lanzettlich	sommergrün, lanzettlich	wintergrün, lanzettlich, etwas runzelig
Länge	bis 20 cm	bis 20 cm	4–21 cm
Spitze	zugespitzt	lang zugespitzt	zugespitzt
Rand	gesägt	schwach gezähnt	stumpf gezähnt
Basis	keilförmig	keilförmig	keilförmig
Sprossachse			
Habitus	Strauch, 2–5 m	stark- und breitwüchsiger Strauch, 3–5 m	Strauch, bis 6 m
Blüten			
Blütenstand	lockere, aufrechte, endständige Rispe, basisverbreitert	aufrechte oder überhängende, vielblütige Rispe	vielblumige, rundliche, 2 cm breite Köpfchen
Kronblätter	radiär, glockig, angedeutet 4-lappig	radiär mit 4-lappigen, tellerförmigen Saum	radiär, röhrig bis lang zylindrisch
Blühzeit	September	Juli/Sept.	Juni
Farbe	in der Form 'Moonlight' cremegelb mit lila Anflug, im Schlund orange	violett bis purpurn	gelb mit orangefarbenen Schlund

Buddleja x weyeriana

Buddleja x weyeriana
Buddleja davidii   Buddleja globosa

Callicarpa x shirasawana

Von der Schönfrucht gibt schon lange eine in Japan gezogene Hybride

Mit den beiden aus Japan stammenden Eltern, der **Japanischen Schönfrucht** (*Callicarpa japonica*) und der **Behaarten Schönfrucht** (*Callicarpa mollis*) hat man dort vor 1895 die Hybride *Callicarpa* x *shirasawana* gezogen. Sie ist ein annähernd intermediäres Produkt beider Eltern, sowohl bei den Blättern als auch den Früchten.

Die Blätter des *C. japonica*-Elter sind elliptisch, lang ausgezogen zugespitzt, randlich bis zur keilförmigen Basis fein gesägt und 5–12 cm lang. Die des *C. mollis*-Elter sind dagegen länglich-eiförmig, mit gerundeter Basis, an der Spitze nicht so lang ausgezogen, dort stumpf abgerundet, randlich nur bis zur oberen Hälfte schwach gezähnt und 5–10 cm lang. Hinzu kommt noch ein dichter Besatz von Sternhaaren auf der Blattunterseite; bei *C. japonica* finden sich hier nur Drüsen. Bei *C. mollis* sind auch die Triebe dicht weiß behaart. Die Blätter der Hybride sind mit 8–16 cm etwas länger als die der Eltern, die Blattspitzen sowie die Blattstiele intermediär leicht verkürzt.

Gleiches zeigt sich auch bei den vielblütigen Blütenständen. Die rispigen Blütenstände von *C. japonica* sind langstielig, die trugdoldigen von *C. mollis* im erhalten bleibenden Kelch kurzstielig. Dieser Kelch findet sich bei den Früchten der Hybride nicht mehr.

	Callicarpa x shirasawana	Callicarpa japonica Japanische Schönfrucht	Callicarpa mollis Behaarte Schönfrucht
Herkunft	vor 1895 in Japan gezogen	Japan	Japan, Korea
Blätter			
Form	elliptisch	elliptisch	länglich eiförmig
Unterseite	büschelhaarig, locker drüsig	kahl, aber drüsig besetzt	dicht sternhaarig
Länge	8–16 cm	5–12 cm	5–10 cm
Spitze	ausgezogen spitz	lang ausgezogen spitz	kurz ausgezogen, stumpf gerundet
Rand	undeutlich gezähnt	bis zur Basis gezähnt	nur obere Hälfte gezähnt
Basis	keilförmig	keilförmig	gerundet
Stiel	5–7 mm	8–12 mm	4–6 mm
Blütenstände			
Anordnung	rispig, kürzerstielig	rispig, längerstielig	trugdoldig, kurzstielig
Früchte			
Farbe	violett	kräftig violett	trüblila
enthaltene Steinkerne	1–2	1–2	3–4 über erhalten bleibenden Kelch

102 | *Callicarpa x shirasawana*

Triebe von
Callicarpa x shirasavana
Callicarpa japonica   Callicarpa mollis

Blätter von
Callicarpa x shirasavana
Callicarpa japonica   Callicarpa mollis

Die Rispenstiele der Hybride sind gegenüber dem *C. japonica*-Elter leicht kürzer. Die Fruchtgröße hat sich im Vergleich zum *C. japonica*-Elter nicht vergrößert. Beim *C. mollis*-Elter befinden sich mehrere (3–4) Steinkern-Samen in der Fruchthülle. Die Farbausprägungen der reifen Früchte variieren leicht: Die von *C. japonica* kräftig violett, die *C. mollis* trüblila und die der Hybride violett. Bei *C. japonica* gibt es mit der Form 'Leucocarpa' auch eine weißfrüchtige Auslese.

Die lange über den Laubfall im Herbst erhalten bleibenden Früchte, die wie kleine Liebesperlen erscheinen, machen den besonderen Zierwert dieser Sträucher aus.

Fruchtstände von
Callicarpa x shirasavana
Callicarpa japonica   Callicarpa mollis

Caragana x sophoraefolia

Caragana x sophoraefolia-Hybride ist kleinwüchsiger

Aus der Kreuzung des **Gewöhnlichen Erbsenstrauches** (*Caragana arborescens*) und des **Kleinblättrigen Erbsenstrauches** (*Caragana microphylla*) ist mit *Caragana x sophoraefolia* eine kleinwüchsige Hybride hervorgegangen, die außerdem deutlich kleinere Fiederblätter bildet und an diesen, im Gegensatz zu den Eltern mit paarigen Fiederblättern, vereinzelt unpaarige Fiederblätter bzw. verwachsene Spitzenpaare bildet. Diese sind dann, aus dem Verwachsungseffekt resultierend, ausgerandet. Die Stachelspitzigkeit, insbesondere beim *C. microphylla*-Elter ist bei der Hybride nicht mehr zu beobachten.

	Caragana x sophoraefolia	Caragana arborescens Gewöhnlicher Erbsenstrauch	Caragana microphylla Kleinblättriger Erbsenstrauch
Herkunft		Sibirien, Mandschurei	Sibirien, N-China
paarige Fiederblätter			
Blättchenzahl und -Form	6–10, verkehrt eiförmig, gelegentlich mit Spitzenblättchen	8–12, elliptisch bis verkehrt eiförmig	12–18, verkehrt eiförmig, anfangs seidig behaart, daher graugrün
Nebenblätter		selten verdornend	leicht dornig
Länge	3–6 mm	10–13 mm	4–8 mm
Spitze	abgerundet bis ausgerandet	abgerundet bis vereinzelt stachelspitzig	stachelspitzig
Sprossachse			
Habitus	breitwüchsiger Strauch, bis 2 m	steifer, straff aufrechter Strauch, bis 6 m	schmalwüchsiger Strauch, bis 3 m
Junge Triebe		anfangs fein behaart, olivgrün	seidig behaart
Blüten			
Blütenzahl	zu 1–4	zu 1–4	zu 1–2
Farbe	hellgelb	hellgelb	gelb
Blütezeit	Mai/Juni	Mai/Juni	Mai/Juni
Früchte			
Hülsenlänge	3–5 cm	3,5–5 cm	bis 3 cm

Caragana x sophoraefolia
C. arborescens   C. microphylla

Catalpa x erubescens

Trompetenbaumhybride steht in Größenverhältnissen zwischen beiden Eltern

Stehen zwei Arten in einem Wuchsgebiet dicht nebeneinander, haben sie meistens chemisch-phytohormonelle Abwehrmechanismen gegen den Pollen der anderen Art entwickelt, welcher dann nicht auskeimt. Nicht so bei zwar verwandten Arten aus weit entfernten Wuchsgebieten, wie z. B. bei *Catalpa bignonioides* aus dem atlantischen Nordamerika und *Catalpa ovata* aus China. Der **Gewöhnliche Trompetenbaum** (*C. bignonioides*) wurde 1728 nach England eingeführt. 1747 war er dann auch in Deutschland in Karlsruhe vertreten.

	Catalpa x erubescens	Catalpa bignonioides Gewöhnlicher Trompetenbaum	Catalpa ovata Gelbblütiger Trompetenbaum
Herkunft	um 1875 als Form 'J.C. Teas' in Bayville (USA) gezogen	S-USA: Virginia	China
Blätter			
Form	breit eiherzförmig, dreilappig, 1–2 mittelgroße Seitenlappenzipfel	eiherzförmig, ganzrandig, 1–2 Seitenlappenzipfel	mehr ei- als herzförmig, 1–2 Seitenlappenzipfel
Oberseite	sattgrün, im Austrieb purpurn	dunkelgrün	sattgrün
Unterseite	heller, da weich behaart	hellgrün, kurz weich behaart	heller, Adern behaart, in Aderwinkel rote Drüsenfelder
Spitze	spitz	spitz	spitz
Basis	herzförmig	ausgeprägt herzförmig	leicht herzförmig
Blüten			
Blütenstand	vielblütige, verzweigte Rispen	vielblütige, verzweigte Rispen	vielblütige lange Rispen
Krone	reinweiß	reinweiß	stumpfweiß, Saum gekräuselt
Schlund	viele purpurne und 2 gelbrosa Flecken	purpurne Steifen und 2 gelbe, streifige Flecken	purpurn gestreift und punktiert sowie 2 gelbe, streifige Flecken
Blühzeit	Juli/August	Juni/Juli	Juli/August
Wuchs			
	breitkroniger Baum, 10–15 m	breitkroniger Baum bis 15 m	breitkroniger Baum bis 10 m

Catalpa x erubescens

Catalpa bignonioides   Catalpa x erubescens   Catalpa ovata

Segelfliegersamen von
Catalpa x erubescens
Catalpa bignonioides   Catalpa ovata

Blütenvorderansicht von
Catalpa x erubescens
Catalpa bignonioides   Catalpa ovata

Der **Gelbblütige Trompetenbaum** (*C. ovata*) wurde um 1850 nach Europa gebracht.

Aus benachbartem Wuchs ist dann 1875 eine auffällige Hybride entstanden, nämlich ***Catalpa x erubescens***, welche in ihren Blatt- und Blütenmerkmalen zwischen den Eltern steht.

Das Blatt der Hybride ist gegenüber *C. bignonioides* deutlich kleiner, ähnelt diesem aber noch in der Form. Das Blatt von *C. ovata* ist dagegen seitlich abgerundet. Alle haben die drei Blattlappenspitzen beibehalten, welche bei *C. ovata* aber kürzer ausfallen. Bei den beiden Eltern sind oberhalb der Seitenlappen zur Spitze hin leichte Auswölbungen zu beobachten; bei der Hybride ist der Bereich gerade oder kaum auffällig eingewölbt.

Bei der Größe der Blüten verhält es sich ähnlich. Die beiden oberen Lappen der fünfzähligen Krone sind bei der Hybride allerdings ausgeprägter als bei *C. bignonioides* und mehr vom gelblichweißen *C. ovata*-Elter übernommen worden. Auffällig ist auch das starke Rückklappen der beiden seitlichen Lappen, die allerdings nicht so ausgeprägt wellig sind wie beim *C. ovata*-Elter. Die auffällige dunkelviolette Fleckung der Blüteninnenseite verleiht der Hybridenblüte eine interessante Note. Die Hybride blüht später als der *C. bignonioides*-Elter, welcher schon im Juni/Juli blüht, nämlich wie der *C. ovata*-Elter im Juli/August.

Auch die Segelflieger-Samen mit ihren ausgeprägten seitlichen Fransenhaaren zeigen ähnliche Größenabstufungen wie Blätter und Blüten.

Chaenomelis x superba

Scheinquittenhybride mit vielen Blütenfarben

Aus der Kreuzung von **Japanischer Scheinquitte** (*Chaenomelis japonica*) und **Chinesischer Scheinquitte** (*Chaenomelis speciosa*) sind mit *Chaenomelis x superba* Hybriden hervorgegangen, die bei den Blättern und Nebenblättern in Form, Größe und Randzähnung eine mittlere Ausprägung zwischen beiden Eltern zeigen, aber in der

	Chaenomeles x superba	Chaenomeles japonica Japanische Scheinquitte	Chaenomeles speciosa Chinesische Scheinquitte
Herkunft	um 1900 in Zürich von Froebel erzielt	Japan	China
Blätter			
Form	eiförmig bis eilänglich	breit eiförmig, Nebenblätter bis 2 cm breit	eilänglich, Nebenblätter bis 4 cm breit
Oberseite	glänzend	glänzend, kahl	glänzend, kahl
Länge	3–6 cm	3–5 cm	3–8 cm
Spitze	stumpf	stumpf	zugespitzt
Rand	kerbig gesägt	grob kerbig gesägt	scharf gesägt
Sprossachse			
Habitus	dicht verzweigter Strauch, Triebe aufrecht, 1,2–1,5 m hoch	niedriger, dichter Strauch, breiter Wuchs, bis 1 m	aufrechter, dicht buschiger Strauch, ausladender Wuchs, über 2 m
Junge Triebe	kurzer, rauer Filz, feinwarzig	kurz raufilzig	kahl
Zweige	dünne, verdornte Kurztriebe	dornig	dornig
Blüten			
Anzahl auf Kurztrieb	mehrere	2–4	einzeln bis mehrere
Farben	weiß, rosa, orange, rot, einfach oder gefüllt	ziegelrot	scharlachrot
Blühzeit	März/April	März/April	März/April
Breite	4 cm	3–5 cm	3–4 cm
Früchte			
Farbe/Form	gelbgrün, apfelförmig	gelblichgrün, rundlich, meist dunkler punktiert, aromatisch duftend	gelbgrün, etwas gerötet, elliptisch, duftend
Größe	5–6 cm	3–4 cm	3–7 cm

Farbausbildung der Blüten alle Übergänge von weiß über rosa, orange oder rot zeigen. Die Blütenfarbe weiß ist aber auch anlagemäßig bei *C. japonica* vorhanden, denn es gibt hierzu ausgelesene Kulturformen. Es gibt einfache, aber auch gefüllte Blüten.

Die Früchte der Hybride sind oft größer und zeigen eine Apfelform.

Blütenstände von
Chaenomeles x superba
Chaenomeles japonica   Chaenomeles speciosa

Chaenomelis x superba | 109

Fruchtstände von
Chaenomeles x superba
Chaenomeles japonica   Chaenomeles speciosa

Citrus x paradisi

Die Grapefruit enthält einen wirtschaftlich interessanten Bitterstoff

Aus der Kreuzung von **Pampelmuse** (*Citrus maxima*) und **Orange** (*Citrus sinensis*), ist die **Grapefruit** (*Citrus x paradisi*) hervorgegangen. Dies geschah ursprünglich auf den Westindischen Inseln und wurde schon 1750 von **G. Hughes** beschrieben. Heute wird die Grapefruit als Obstgehölz in vielen Ländern der Tropen kultiviert, wobei sie aus Erntegründen und wegen der Schwere der Früchte auf Wuchshöhen zwischen 5 bis 10 m gehalten wird. Die Äste sind mit kräftigen Dornen versehen. Die ledrigen Blätter von 10 bis 15 cm Länge sind immergrün und am Rand fein gezähnt. Über die Spreite verteilt, finden sich zahlreiche Öldrüsen.

Aus den vierzähligen, weißen Blüten gehen kugelige oder leicht abgeflachte gelbe Beerenfrüchte hervor, deren Schale im Gegensatz zum Pampelmusen-Elter relativ dünn ist. Sehr oft wird die grünlich-gelbe Pampelmuse, die wesentlich größer ist (sie ist die größte aller Zitrusfrüchte) im Obsthandel als die heutzutage populäre Grapefruit gehandelt und verwechselt. Von ihr hat sie auch den leicht bitteren Nachgeschmack geerbt. Der Fruchtinhalt ist in elf bis vierzehn Segmente gegliedert. Das sehr saftige Fruchtfleisch, welches aus zahlreichen Saftschläuchen besteht, besitzt je nach Zuchtsorte eine blass-gelbe, rosafarbene oder rötliche Farbtönung und schmeckt süßsäuerlich, wobei der bittere Nachgeschmack nicht von allen Verbrauchern geschätzt wird. Sie enthält reichlich Vitamin A und C. Zum Frischverzehr werden sie halbiert, mit Zucker überstreut, ausgelöffelt bzw. die Segmente ausgelöst.

Es gibt aber auch ausgepressten Saft und Marmelade. Der Bitterstoff Naringin der Grapefruit ist bevorzugt in der weißen Schicht unmittelbar unter der Schale enthalten. Er wird daraus als bitterer Aromastoff für Getränke oder Bitterschokolade gewonnen. Aus ihm kann aber auch ein Süßstoff hergestellt werden, welcher 1500mal süßer als Zucker ist.

Citrus x paradisi 111

10 cm

Citrus x paradisi (Grapefruit)
Citrus maxima (Pampelmuse)   Citrus sinensis (Orange)

Colutea x media

Colutea x media **hat beide Elternfarben in der Blütenfahne**

Die Hybridisierung des **Gewöhnlichen Blasenstrauches** (*Colutea arborescens*) mit dem **Orientalischen Blasenstrauch** (*Colutea orientalis*) zum **Bastard-Blasenstrauch** (*Colutea x media*) äußert sich vor allem in den gemischten Farben der Schmetterlingsblüten, denn *C. arborescens* hat gelbe Blüten, wobei die zurückgeschlagene Fahne zwei ineinander übergehende, gelbe, rot gestrichelte Saftmale zeigt, die sich bei *C. orientalis* auf der orangeroten Fahne mit noch dunkleren Adern als strahlend gelb, wie „Augen", den Bestäubern präsentieren

	Colutea x media Bastard-Blasenstrauch	Colutea arborescens Gewöhnlicher Blasenstrauch	Colutea orientalis Orientalischer Blasenstrauch
Herkunft		S-Europa, N-Afrika	Kaukasus, Turkestan
Blätter unpaarig gefiedert			
Form	7–13 Blättchen, verkehrt-eiförmig	9–13 Blättchen, breit elliptisch bis verkehrt-eiförmig	7–11 Blättchen, verkehrt-eiförmig dicklich
Oberseite	beidseits bläulich grün	frischgrün	beidseits hell blaugrün
Unterseite	behaart	heller, fein behaart	zuerst etwas behaart
Länge der Blätter	6–10 cm	bis 15 cm	4–8 cm
Länge der Blättchen	1,5–2,5 cm	bis 4 cm	1,5 cm
Spitze	rund bis vereinzelt zugespitzt	schwach ausgerandet mit Dornenspitze	rund, einzelne ausgerandet mit Dornenspitzchen
Sprossachse			
Habitus	aufrechter Strauch, 2–3 m	straff aufrechter Strauch, 2–5 m	aufrechter, breiter Strauch, bis 2 m
Blüten			
Farbe	rotbraun bis tieforange	gelb	orangerot
Anzahl	in Trauben zu 4–6 Blüten	in Trauben zu 6–8 Blüten	in Trauben zu 3–5 Blüten
Fahne	am oberen Rand zu gelb übergehend, mit 2 ausgefranste, sich kurz berührende Saftmale	mit 2 ineinander übergehende, gelbe, rotgestrichelte Saftmale	mit dunkelroter Aderung und 2 gelben Saftmalen
Blühzeit	Juni/Sept.	Mai/August	Juni/Sept.
Früchte			
= blasig aufgetriebene pergamentene Hülse	6–7 cm lang, an Spitze geschlossen bleibend	6–8 cm lang, sich nicht öffnend	3–5 cm lang, violett überhaucht, sitzend, an Spitze öffnend

und diese anlocken. Die beiden Saftmale berühren sich bei diesem Blasenstrauch nur im unteren Bereich. Die Fahne der Hybride geht von orangerot zum oberen Rand hin zu gelb über und die beiden Saftmale sind randlich ausgefranst und tippen sich nur kurz, oft mittig an. Diese Ausprägung kann als intermediär bezeichnet werden.

Dies gilt auch für die unpaarig gefiederten Blätter, die Strauchgrößen und die aufgeblasenen Hülsen, die pergamentartige, dünne Hülsenwände besitzen, als Ganzes abfallen und vom Wind fortgerollt werden. Dabei können die Samen durch teilweises Öffnen der Verwachsungsnaht des einen Fruchtblattes nach und nach verstreut werden. Dieses Öffnen ist unterschiedlich ausgebildet: *C. orientalis* öffnet sich an der Spitze, während *C. x media* hier geschlossen bleibt, und *C. arborescens* bleibt gänzlich geschlossen und muss erst durch Tritt oder Tierfraß geöffnet werden.

Colutea x media
Colutea arborescens Colutea orientalis

Corylus x colurnoides

Blätter der *Corylus* x *colurnoides*-Hybride größer, Früchte intermediär

Die **Baumhasel** (*Corylus colurna*) kann bis zu 20 m hoch werden. Die **Gewöhnliche Hasel**, die Haselnuss (*Corylus avellana*) kann als Strauch bis 6 m hoch werden. Die Hybride aus beiden, nämlich ***Corylus* x *colurnoides*** kann je nach Standort strauchig oder baumförmig heranwachsen. Ihre Rinde ist weniger korkig als bei der Baumhasel, mehr rissig und bei jungen Exemplaren abrollend.

Die Blätter der Hybride sind allgemein größer und breiter, ähneln mit ihren spitzen, noch stärker ausgeprägten Lappen denen von *C. colurna*, während das Blatt der Haselnuss diesbezüglich nur eine ange-

	Corylus x colurnoides	Corylus avellana Gewöhnliche Haselnuss	Corylus colurna Baumhasel
Herkunft		Europa bis Kleinasien	SO-Europa: Kleinasien bis Himalaja
Blätter			
Form	breit eiförmig	rundlich	breit eiförmig
Oberseite	dunkelgrün	hellgrün	dunkelgrün
Unterseite			Adern behaart
Länge	10–20 cm	5–10 cm	5–15 cm
Spitze	lang ausgezogen	ausgezogen, Spitze gerundet	ausgezogen zugespitzt
Rand	stärker gelappt, doppelt gesägt	wenig gelappt, doppelt gesägt	leicht gelappt, doppelt gesägt
Basis	minimal herzförmig	herzförmig, oft asymmetrisch	herzförmig
Stiel	2–3 cm	0,5–1,5 cm, drüsig behaart	1,3–3 cm
Sprossachse			
Habitus		Strauch bis 6 m	Baum bis 20 m
Junge Triebe		kurzfilzig, drüsig behaart	drüsenhaarig
Blüten			
Männliche Kätzchen	10–12 cm lang	8–10 cm lang	bis 12 cm lang
Blühzeit	Febr.-März	Febr.-April	Febr.-April
Früchte			
Form	zu 5–8 zusammen stehend	zu 1–4 zusammen stehend	ballförmige Büschelung
Nusshülle	länger zipfelige Becherhülle	Becherhülle nicht über Nuss ragend	tief geteilt, drüsig besetzt
Nüsse	dickerschalig, eilänglich, leicht abgeflacht, um 1,7 cm	eilänglich, dünner schalig, 1,6–1,8 cm	sehr dickschalig, abgeflacht, 2 cm lang

deutete Lappung zeigt. Die Blätter aller drei Vertreter sind am Rand doppelt gesägt. Dies fällt bei der Hybride ein wenig schärfer aus.

Bei der Fruchtausprägung zeigen sich klare intermediäre Merkmale. Die Haselnuss besitzt eine relativ kurze Becherhülle, aus welcher die längere Nuss herausschaut, welche zu ein bis vier zusammenstehen können. Bei der Baumhasel sind es wesentlich mehr, die jeweils von langzipfeligen Becherhüllen umstellt und büschelig zusammengeballt sind. Die wohlschmeckenden Kerne der Nüsse der Hybride sind zwar auch noch von einer längerzipfeligen Becherhülle umgeben, deren Zipfel sind allerdings weniger bis kaum seitlich mit Härchen besetzt. Die Nuss selbst ist nicht ganz so voluminös wie bei der Haselnuss, aber auch nicht so flach und dickschalig wie bei der Baumhasel, also auch intermediär.

Die Hybride ist nicht wie die Baumhasel als Straßenbaum geeignet, da, wie der Haselnuss-Elter, mit mehreren Schösslingen erscheinend.

Corylus x colurnoides
Corylus avellana   Corylus colurna

Corylus x colurnoides
Corylus avellana   Corylus colurna

Corylus x vilmorinii

Die Haselhybride *Corylus* x *vilmorinii* besitzt geschnäbelte Nuss-Hüllen

Die **Chinesische Hasel** (*Corylus chinensis*) ist ein großer, prächtiger Baum, welcher ebenso große Nüsse hervorbringt. Dagegen ist die europäische **Gewöhnliche Hasel** (*Corylus avellana*) nur ein Strauch bis 5 m Höhe und bildet bescheiden kleine Nüsse, die zudem nur zur Hälfte von einem Fruchtbecher umgeben sind. Das ist bei der Chinesischen Hasel anders. Bei ihr werden die Nüsse gänzlich umschlossen und der Hüllenabschluss ist gezähnt. Bei der Hybride ***Corylus* x *vilmorinii*** ist der Becherabschluss noch länger gefranst bzw. sogar geschnäbelt verengt. Die Nüsse sind gegenüber dem *C. chinensis*-Elter verkleinert und in der Zahl verringert, d. h. dem *C. avellana*-Elter angenähert.

	Corylus x vilmorinii	**Corylus avellana** Gewöhnliche Hasel	**Corylus chinensis** Chinesische Hasel
Herkunft	vor 1911 entstanden	Europa, alte Kulturpflanze	China: Yunnan
Sprossachse			
Habitus	Baum	Strauch bis 5 m	Baum bis 40 m
Junge Triebe		drüsig behaart	drüsig behaart, braun
Früchte			
Nussstände	3–5 beisammen	1–4 beisammen	4–6 beisammen
Becherhülle	streifig, fein behaart, über Nuss leicht verengt bis schnabelig, an Spitze gefranst	kürzer als Nuss, Lappen gezähnt	gestreift, fein behaart bis kahl, über Nuss röhrenförmig verengt, an Spitze gezähnt

Corylus x vilmorinii
Corylus avellana   Corylus chinensis

Crataegus x hiemalis

Weißdorn-Hybride *Crataegus* x *hiemalis* ist dornenlos

Ein relativ junger Artbastard ist mit ***Crataegus* x *hiemalis*** aus der Kreuzung zwischen dem aus dem östlichen Mitteleuropa vom nördlichen Balkan über den Kaukasus und Persien bis N-China stammenden **Fünfgriffligen Weißdorn** (*Crataegus pentagyna*) und dem aus dem östlichen N-Amerika stammenden **Hahnensporn-Weißdorn** (*Crataegus crus-galli*) hervorgegangen, welcher in der Blattausprägung eine typische Mittelstellung zwischen beiden Eltern einnimmt.

Die verkehrt-eilängliche Ausprägung des 2 bis 8 cm langen Blattes des Hahnensporn-Weißdornes erscheint auch bei dem Artbastard. Es ist durch die extrem langausgezogene, am Stiel herablaufende, schmalkeilförmige Blattbasis, welche für *Crataegus crus-galli* typisch ist, zuzüglich des von *Crataegus pentagyna* ererbten Blattstieles noch länger und dadurch insgesamt recht dekorativ. Die geschlossene, nicht gelappte Spreite des von der Mitte bis zur Spitze fein gesägten Blattes des Hahnensporn-Weißdornes wird bei der Hybride durch zwei bis drei gering eingebuchtete und gröber gesägte Lappen aufgelockert, ererbt vom Fünfgrifflligen Weißdorn-Elter, dessen rhombisch-breit eiförmiges Blatt drei bis sieben ungleiche und unregelmäßig gesägte Lappen aufweist. Die ganz glatte, ausgewachsen fast ledrig erscheinende Blattoberseite von *C. crus-galli* verliert sich bei der Hybride, bei der dafür die Blattaderpaare deutlicher hervortreten.

Beide Elternteile besitzen unverzweigte, aus der Achsel eines Blattes hervorgehende Sprossdornen, die beim Hahnensporn-Weißdorn mit bis zu 8 cm Länge besonders

	Crataegus x hiemalis	**Crataegus pentagyna** Fünfgriffliger Weiß- dorn	**Crataegus crus-galli** Hahnensporn-Weißdorn
Herkunft	um 1882 entstanden	östl. Europa, Transkaukasien, N-China	N-Amerika
Blätter			
Form	verkehrt eiförmig	rhombisch eiförmig	verkehrt eiförmig
Spreite	2–3 Lappen in oberer Hälfte	3–7 Lappen	ungelappt, ledrig glänzend
Rand	gröber gesägt	unregelmäßig gesägt	fein gesägt
Unterseite	ohne Haare	locker behaart	ohne Haare
Länge	6–12 cm	2–6 cm	2–8 cm
Basis	schmal keilförmig	breit keilförmig	keilförmig
Stiel	lang ausgezogen gestielt	kurz gestielt	kürzer gestielt
Sprossachse			
Höhe	bis 5 m	bis 5 m	bis 12 m
Sprossdornen	keine	wenige, 1 cm lang	viele, 8 cm lang
Haare	keine	locker behaart	keine

auffällig sind und namensgebend waren, beim Fünfgriffligen Weißdorn mit 1 cm Länge jedoch wesentlich kleiner ausfallen und nur gelegentlich angelegt werden. Die Hybride ist dagegen dornenlos.

Die Blüten beider Eltern sind etwa 1,5 cm breit und stehen in vielblütigen Trugdolden, welche bei *C. crus-galli* kahl, bei *C. pentagyna* grauzottig behaart sind. Die zehn Staubblätter sind bei beiden Eltern rötlich überhaucht. Blütezeit ist im Mai bis Juni. Die Früchte sind festfleischig. Bei *C. pentagyna* mehr elliptisch geformt, 1,2 cm lang und mit vier bis fünf Steinkernen versehen. Bei *C. crus-galli* sind diese rundlich mit meist zwei Steinkernen und verfärben sich zur Reifezeit schwarz-purpurn bzw. stumpf-rot. Sie sind haftend.

C. pentagyna kann eine Wuchshöhe bis 5 m erreichen, *C. crus-galli* bis 12 m, dessen Krone dann sparrig-breit und flach-rund ausfällt. *C.* x *hiemalis* kann dazwischen liegende Höhen erreichen.

Crataegus x hiemale
Crataegus pentagyna   Crataegus crus-galli
Die Blätter der Hybride sind größer und vor allem längerstielig als die der Eltern.

Crataegus x prunifolia

Die Weißdorn-Hybride *Crataegus x prunifolia* ist schon seit 1783 bekannt

Schon seit 1783 ist die Hybride ***Crataegus x prunifolia*** zwischen den beiden in Nordamerika beheimateten Weißdorn-Arten, dem **Hahnensporn-Weißdorn** (*Crataegus crus-galli*) und dem ***Crataegus succulenta* var. macranthera** bekannt und in Kultur, – allzu häufig wegen der Bedornung – nur in Arboreten zu finden. Wegen der wehrhaften Bedornung, aber gegenüber dem *C. crus-galli*-Elter breiteren Blätter und damit zusätzlichen Sichtschutz bietenden Hybride, eignet sich *C. x prunifolia* gut als Heckenschutzgehölz.

Die Blätter des *C. crus-galli*-Elter sind mehr spatelig, während die Blätter der Hybride mehr dem *C. succulenta*-Elter ähneln. Bei der Blattrand-Gestaltung ist aus der doppelt gesägten oberen Blatthälfte des *C. succulenta*-Elter bei der Hybride ein mehr oder minder einfach grob gesägter Rand geworden, beeinflusst von dem leicht gezähnten Rand des *C. crus-galli*-Elter. Die unteren Blatthälften der Eltern sind glattrandig, bei der Hybride glatt oder fein gesägt.

		Crataegus x prunifolia	Crataegus crus-galli Hahnensporn-Weißdorn	Crataegus succulenta var. macrantha
Herkunft		Herkunft unbekannt, seit 1783 in Kultur	östliche USA	östl. Nordamerika
Blätter				
	Form	breit elliptisch bis eiförmig	verkehrt eilänglich bis spatelig lederig	breit eiförmig
	Oberseite	glänzend dunkelgrün	glänzend dunkelgrün	stumpf hellgrün, zuletzt kahl
	Unterseite	heller	heller	
	Länge	bis 8 cm	2–8 cm	5–8 cm
	Spitze	kurz spitz	abgerundet	kurz spitz
	Rand	obere Hälfte grob gesägt, untere Hälfte fein gesägt	obere Hälfte leicht gezähnelt, untere Hälfte glatt	obere Hälfte grob doppelt gesägt, untere Hälfte glatt
	Basis	keilförmig	keilförmig	keilförmig
	Stiel	1–2 cm	1–1,5 cm	1–3 cm
Sprossachse				
	Habitus	Strauch oder kleiner Baum	breit wachsender, sparriger Strauch bis 10 m	sparriger Strauch bis 5 m
	Dornen	bis 4 cm, leicht gebogen	bis 8 cm, gerade	zahlreiche Dornen, bis 7 cm
Früchte				
	Form	kugelig, früh abfallend	kugelig, lange haftend	kugelig
	Größe	1,5 cm	1,4 cm	1,0 cm
	Farbe reif	scharlachrot	stumpfrot	glänzend scharlachrot

Crataegus x prunifolia

Crataegus x prunifolia
Crataegus crus-galli   Crataegus succulenta

Daphne x mantensiana

Karminrosa Blüten bei der *Daphne* x *mantensiana*-Hybride

Die ausgelesene Hybride *Daphne* x *mantensiana* zeigt kaum Anklänge an die beiden Eltern, nämlich der Hybride *Daphne* x *burkwoodii* und der *Daphne tangutica* Retusa-Gruppe. Sie besitzt karminrosa Blüten, während die der *D.* x *burkwoodii* blassrosa, mit Tendenz zu weiß und die der *D. tangutica* weiß sind. Bei der Hybride ist also eine den Zierwert steigernde Farbverstärkung eingetreten. Die ausgebreiteten, kronblattähnlichen Kelchzipfel (Seidelbast-Arten haben nur einen Blütenblattkreis aus Kelchblättern) sind abgerundet und randlich aufgewölbt, was die Eltern nicht zeigen. Bei ihnen laufen die Kelchzipfel spitz aus. Bei *D. tangutica* ist zudem der auswärts gerichtete Zipfel größer.

Auch die elliptischen Blätter zeigen eine Besonderheit, nämlich einen dichten, randlichen Haarsaum, wovon bei den Eltern nichts zu sehen ist. Zudem bleibt die Hybride kleinwüchsig und ist für den südlichen Steingarten gut geeignet.

	Daphne x mantensiana	Daphne x burkwoodii Burkwoods-Seidelbast	Daphne tangutica Retusa-Gruppe
Herkunft		vor 1935 in Dorset (England) entstanden	W-Himalaja
Blätter			
Form	elliptisch, dichter, randlicher Haarsaum, lange haftend	schmal länglich, bis verkehrt eilanzettlich, auf Kurztrieben rosettig stehend	länglich-elliptisch mit Dornspitzchen
Länge	bis 5 cm	bis 4 cm	bis 7 cm
Breite	2,5 cm	0,8 cm	um 2 cm
Blüten			
Blütenstand	4–6 Blüten in endständigen Köpfchen	zu 6–16, außen dicht, fein behaarte Blüten in end- und seitenständigen Köpfchen	5–6 Blüten in endständigen Köpfchen
Kelchröhre	1 cm lang	1 cm lang	2,5 cm lang, rötlich
ausgebreitete Kelchzipfel	rundlich, Ränder aufgewölbt	spitz, 5–8 mm lang	zugespitzt, Außenzipfel größer
Farbe	karminrot	rosa, später blassrosa	weiß
Duft	duftend	stark duftend	duftend
Wuchs			
	dichter, zwergiger Strauch, max. 0,5 m	dicht buschiger, aufrechter Strauch, bis 1 m	kleiner, rosettiger Strauch, 0,3 m

Daphne x mantensiana
Daphne x burkwoodii   Daphne tangutica

Deutzien

Die Herauszüchtung von Hybriden bei Deutzien

Die **Deutzien** sind häufig gepflanzte, robuste und ziemlich anspruchslose Blütensträucher mit einem reichen Blütenflor, wobei heute die Hybriden zwischen Arten aus Ostasien – insbesondere dem Himalaja und Philippinen und aus Mexiko – eine größere Bedeutung erlangt haben als die etwa fünfzig natürlichen Arten. In der Erzeugung und Auslese solcher Hybriden hat sich vor allem V. Lemoine aus Nancy hervorgetan.

Das Erzeugungsziel von noch prächtigeren Hybriden sind jeweils die Blütenstände mit größeren und unter Umständen noch farbkräftigeren Einzelblüten, denn die Ausgangsarten zeigen meistens die weiße Blütenfarbe.

Die Deutzien sind sommergrüne Sträucher mit meist straff aufrechtem Wuchs und rundlichen, hohlen Zweigen, von denen die Rinde sich dünn abschält und im blattlosen Winterzustand dann einen etwas zerrupften Eindruck vermitteln.

Blüten von *Deutzia purpurascens* mit Nebenkrone im Zentrum der Blüte.

Deutzia x carnea

Deutzia x carnea-Hybride besitzt zierliche Blüten auf roten Stielen

Die Hybride *Deutzia x rosea* 'Grandiflora' besitzt mit 3 cm breiter Blütenkrone relativ große Blüten. Durch die Einkreuzung der **Rauen Deutzie** (*Deutzia scabra*), die eine breitkegelförmige, aufrechte Blütenrispe besitzt, unterstellt von großen Laubblättern, ist mit **Deutzia x carnea** eine Hybride hervorgegangen, welche eine breitverzweigte, aufrechte Blütenrispe besitzt, die durch ihre Lockerheit alle Einzelblüten voll zur Wirkung kommen lässt. Die meist spitzen Kronblätter sind von dem *D. scabra*-Elter übernommen, die äußere rötliche Farbtönung dagegen vom *D. x rosea*-Elter. Herausgekommen sind ansehnliche, zierliche Blüten auf roten Blütenstielen. Die Blätter sind kleiner und verlieren die Dominanz im Blütenbereich.

	Deutzia x carnea	Deutzia x rosea 'Grandiflora'	Deutzia scabra Raue Deutzie
Herkunft			Japan
Blätter			
Form	eiförmig bis länglich eiförmig, zugespitzt	länglich-lanzettlich, zugespitzt	mehr eiförmig bis länglich-lanzettlich, zugespitzt, Blattpaar unterhalb der Blütenstände sitzend
Oberseite	beidseits mit zerstreuten, 4–6-strahligen Sternhaaren	zerstreute, 4–6-strahlige Sternhaare	stumpfgrün, 3–4-strahlige Sternhaare
Unterseite		kahl	4–6-strahlige Sternhaare
Länge	3–5 cm	10–12 cm	5–10 cm
Rand	scharf gesägt	scharf gesägt	fein gesägt
Blüten			
Blütenstand	aufrechte, breite, lockere Rispe, Blühzeit: Juni	kurze, schmale Rispe, Blühzeit: Juni	breit-kegelförmige, aufrechte Rispe, Blühzeit: Mai/Juni
Blütenkrone	2 cm breit	bis 3 cm breit	1,5–2 cm breit
Farbe	außen rosa, innen weiß	innen weiß, außen mit karminrosa Mittelstreifen	rein weiß
Wuchs			
	niedriger, aufrechter Strauch	kräftiger, aufrechter Strauch, 1,5 m, Seitenzweige überhängend	straff aufrechter, dicht verzweigter Strauch, 2,5–3 m

Deutzia x carnea
Deutzia x rosea 'Grandiflora'   Deutzia scabra

Deutzia x carnea 'Stellata'   Deutzia x carnea 'Lactea'

Deutzia x elegantissima

Die Hybride *Deutzia* x *elegantissima* besitzt trugdoldige Blütenstände

Die Eltern der Hybride *Deutzia* x *elegantissima* stammen mit der **Purpur-Deutzie** (*Deutzia purpurascens*) aus Westchina und der **Rauhen-Deutzie** (*Deutzia scabra*) aus Japan. Die vorliegende Gartenform *D.* x *elegantissima* 'Arcuta' ist von Lemoine 1908 ausgelesen worden. Sie zeichnet sich durch leicht rosafarbene Blütenknospen aus, deren entfaltete Blüten mit einem Durchmesser von 2 cm cremig-weiß sind, ein Erbteil von *D. purpurascens*, während die von *D. scabra* rein weiß und mit 1,5 cm Durchmesser etwas kleiner sind.

Die Kronblätter der Purpur-Deutzie sind in der Form verkehrt eiförmig bis elliptisch, die der Rauhen-Deutzie länglich zugespitzt. Die Hybride zeigt in diesem Merkmal eine durchaus mittlere Stellung, d. h. mehr elliptisch, wobei die Kronblattspitze im abblühenden Zustand sich auf- oder abwölbt.

	Deutzia x elegantissima	Deutzia purpurascens Purpur-Deutzie	Deutzia scabra Rauhe Deutzie
Herkunft	1908 von Lemoine (Nancy) ausgelesen	W-China	Japan
Blätter			
Form	eiförmig bis verkehrt eiförmig	länglich-eiförmig bis länglich-lanzettlich	mehr eiförmig bis länglich-lanzettlich
Oberseite	stumpfgrün, leicht runzelig	rau mit 5 strahligen Sternhaaren	stumpfgrün, 3–4 strahlige Sternhaare
Unterseite	4–6 strahlige Sternhaare	spärliche 7–8 strahlige Sternhaare	4–6 strahlige Sternhaare
Länge	5–8 cm	4–6 cm	5–10 cm
Rand	unregelmäßig scharf gesägt	unregelmäßig gesägt	kerbig gesägt
Blüten			
Blütenstand	locker, trugdoldig	rundlich, 10–15 Einzelblüten	kegelförmige, aufrechte Rispe
Blühzeit	Juni	Ende Mai	Ende Mai
Kronblätter	mehr elliptisch, Kronblattspitze auf- oder abgewölbt	verkehrt eiförmig bis elliptisch	länglich zugespitzt
Kelchblätter	lanzettlich, purpurfarben, länger als Blütenbecher	purpurfarben, deutlich länger als Blütenbecher	dreieckig, kürzer als Blütenbecher
Farbe	rosafarbene Blütenknospen, cremig-weiß	cremig-weiß	rein weiß

Deutzia x elegantissima

Deutzia x elegantissima 'Arcuta'
Deutzia purpurascens   Deutzia scabra

In der Ausprägung der Filamente der Staubblätter unterscheiden sich beide Eltern. Während die längeren Filamente von *D. purpurascens* mit zwei großen Zähnen besetzt sind, fehlen diese bei *D. scabra*.

Die lanzettlichen Kelchblätter der Hybride sind purpurfarben und deutlich länger als der Blütenbecher, ein Erbteil mehr von *D. purpurascens*, denn die von *D. scabra* sind dreieckig und kürzer als der Blütenbecher.

Die Blütenstände (= Zymen) sind bei D. purpurascens mit zehn bis fünfzehn Einzelblüten mehr rundlich. *D. scabra* besitzt mehr kegelförmige, bis 7 cm lange aufrechte Rispen, deren Blütenstiele deutlich sternhaarig besetzt sind. Bei der Hybride hat sich dagegen ein vielblütiger, lockerer, trugdoldiger Blütenstand an überhängenden Zweigen ergeben. Die Eltern erblühen schon Ende Mai, die Hybride erst im Juni. Es gibt von der Hybride und der Rauhen-Deutzie zahlreiche ausgelesene Formen mit nach rosa farblicher Abweichung bzw. variierendem Blütenfüllungsgrad aus rückwirkend wieder verblätterten Staubblattfilamenten.

In der Ausformung der Blätter unterscheidet sich die Hybride ganz deutlich von ihren Eltern und zwar besitzt sie ein eiförmig bis verkehrt-eiförmiges, stumpfgrün und leicht runzelig erscheinendes Blatt von 5–8 cm Länge, welches nur kurz zugespitzt ist und einen unregelmäßig scharf gesägten Rand aufweist. Unterseits ist es spärlich mit 4- bis 6-strahligen Sternhaaren besetzt.

Der Purpur-Deutzia-Elter besitzt dagegen länglich-eiförmige bis länglich-lanzettliche, zugespitzte Blätter von 4 bis 6 cm Länge, deren Basis abgerundet ist. Der Rand ist unregelmäßig gesägt, die Oberseite rau, weil mit 5-strahligen Sternhaaren besetzt. Die Unterseite erscheint grün und ist spärlich mit 7- bis 8-strahligen Haaren besetzt.

Die Blätter des Rauhen-Deutzia-Elter sind mehr eiförmig bis länglich-lanzettlich von 5 bis 10 cm Länge, d. h. sie besitzt im Vergleich die längsten Blätter, welche am Rand kerbig gesägt sind. Zu Recht trägt sie den Namen Rauhe Deutzie, denn die Blätter sind beidseits stumpfgrün, weil mit Sternhaaren besetzt, die oberseits 3- bis 4-strahlig, unterseits 4- bis 6-strahlig sind. Auf den Adern finden sich zusätzlich einige aufrechte Haare, die den rauen Eindruck verstärken.

Deutzia x lemoinei

Erste von Lemoine ausgelesene Hybride mit größerer Blüte

Schon 1891 brachte Lemoine aus Nancy eine nach ihm benannte **Deutzia x lemoinei**, gekreuzt aus **Zierlicher Deutzie** (*Deutzia gracilis*) und **Kleinblütiger Deutzie** (*Deutzia parviflora*) auf den Markt. Beide Eltern besitzen weiße Blüten, aber unterschiedliche Herkunft und Wuchshöhe.

Die Hybride zeigt in der Blütenkrone einen Durchmesser um 2 cm und damit etwas größere Blüten vor allem als der *D. parviflora*-Elter und gegenüber dem *D. gracilis*-Elter einen etwas höheren Wuchs. Allerdings war die Blütendolde etwas kleiner, aber der Strauch insgesamt reichblühend.

In den Folgejahren wurden weitere ausgelesene Gartenformen dieser Kreuzung und Rückkreuzung ('Avelanche' 1904) mit zum Teil kompakteren ('Compacta' 1897) und kugeligen Blütenständen ('Bouledeneige' 1899) in den Markt gebracht.

	Deutzia x lemoinei	Deutzia gracilis Zierliche Deutzie	Deutzia parviflora Kleinblütige Deutzie
Herkunft	1891 von Lemoine (Nancy) gezogen	Japan	China
Blätter			
Form	lanzettlich zugespitzt	länglich-lanzettlich, lang zugespitzt	eilanzettlich
Oberseite	runzelig	verstreut sternhaarig	stumpfgrün mit verstreuten Sternhaaren
Unterseite		kahl	meist kahl
Länge	3–6 cm	3–6 cm	3–6 cm
Rand	scharf gesägt	scharf gesägt	ungleich gesägt, Zähne abstehend
Blüten			
Blütenstand	3–8 cm lange, aufrechte Doldenrispe	4–9 cm lange, aufrechte Rispe oder Traube	5–7 cm breite Doldenrispe
Blühzeit	Juni	Mai/Juni	Juni
Blütenkrone	bis 2 cm breit	1,5–2 cm breit	1,2 cm breit
Farbe	weiß	rein weiß	weiß
Wuchs	kleiner Strauch, bis 1 m	niedriger Strauch, bis 70 cm	Strauch, bis 1 m

130 *Deutzia x lemoinei*

Deutzia x lemoinei
Deutzia gracilis   Deutzia parviflora

Deutzia x magnifica

Die *Deutzia* x *magnifica*-Hybride besitzt einen dichtbuschigen Wuchs

Die Hybride *Deutzia x magnifica* ist auch vom Wuchs her ein interessanter Strauch, denn er wächst nicht nur straff aufrecht, sondern auch dicht-buschig, denn die Zweige werden durch ein offenbar gestauchtes Wachstum kräftig und dicker und hängen dadurch nicht über, wie bei dem **Vilmorius-Deutzia-Elter** (*D. vilmoriniae*) und sind nicht nur dicht verzweigt wie bei dem **Rauhen-Deutzia-Elter** (*D. scabra*).

Die Blüten der Hybride sind wie bei den Eltern rein weiß, wobei auf der Kronblattunterseite wie beim *D. scabra*-Elter ein zartrosa Farbanflug auftreten kann. Die Hybriden können von Form zu Form einfach oder rosettig gefüllt sein. Sie stehen in dichten, etwas rundlichen Doldenrispen, resultierend aus einem gestauchten Wachs-

	Deutzia x magnifica	Deutzia scabra Rauhe Deutzie	Deutzia vilmoriniae Vilmorius-Deutzia
Herkunft	von Lemoine 1909 ausgelesen	Japan	M- bis W-China
Blätter			
Form	länglich-eiförmig bis länglich-lanzettlich	länglich-eiförmig bis länglich-lanzettlich	länglich-eiförmig bis länglich-lanzettlich
Länge	4–6 cm, an Langtrieben bis 14 cm	4–6 cm, an Langtrieben bis 14 cm	3–5 cm, an Langtrieben bis 13 cm
Unterseite	mit 10–12 strahligen Sternhaaren	mit 3–6 strahligen Sternhaaren	mit 9–12 strahligen Sternhaaren, auf Blattadern lange Haare
Spitze	spitz	gestutzt spitz	ausgezogen spitz
Rand	scharf gesägt	kerbig gesägt	gesägt
Basis	rundlich	gestreckt rundlich	rundlich bis leicht herzförmig
Stiel	kurz gestielt	kurz gestielt	kurz gestielt
Sprossachse			
Triebe	dicht buschig	dicht verzweigt	hängen über
Blüten			
Blütenstand	rundliche, dichte Doldenrispe	kegelförmige Rispe	lockere Trugdolde, Einzelblüten gestielt
Kronblätter	mehr länglich	mehr länglich	eiförmig-elliptisch
Kelchblätter	eiförmig bis dreieckig, so lang wie Kronblätter	dreieckig, kürzer als Kronblätter	linealisch-lanzettlich, leicht länger als Blütenbecher
Farbe	rein weiß, unterseits zartrosa	rein weiß, unterseits zartrosa	rein weiß

Deutzia x magnifica 'Nancy'
Deutzia scabra   Deutzia vilmoriniae

Deutzia x magnifica 'Plena'
Deutzia scabra   Deutzia vilmoriniae

tum, ähnlich wie bei den Sprossen. Darin gleichen sie mehr dem *D. scabra*-Elter mit mehr kegelförmigen Rispen, während die Blüten des *D. vilmoriniae*-Elter in lockeren Trugdolden stehen und einen ca. 1 cm langen Stiel aufweisen.

Die Kronblätter der Hybride sind mehr länglich wie beim *D. scabra*-Elter und nicht eiförmig-elliptisch wie beim *D. vilmoriniae*-Elter. Die Kelchblätter – ein wesentliches Unterscheidungsmerkmal der Deutzien – nehmen in der Ausformung eine Mittelstellung ein; sie sind eiförmig oder dreieckig und etwa so lang wie der Blütenbecher. Bei *D. scabra* haben die Kelchblätter eine dreieckige Form und sind kürzer als der Blütenbecher, während sie bei *D. vilmoriniae* linealisch-lanzettlich geformt und nur leicht länger als der Blütenbecher sind und zudem zurückgeschlagen sein können. Die Filamente der Staubblätter sind gezähnt und nehmen bei den gefüllten Formen Blattcharakter an.

In der Blattausformung unterscheiden sich Eltern und Hybride nur wenig. Das Blatt ist bei allen drei länglich-eiförmig bis länglich-lanzettlich. Ihre Länge liegt zwischen 4 bis 6 cm, an Langtrieben werden sie etwas größer und können eine Länge von 14 cm erreichen. Die Blätter von *D. vilmoriniae* sind insgesamt etwas kleiner. Der Blattrand ist beim *D. scabra*-Elter kerbig gesägt, beim *D. vilmoriniae*-Elter nur gesägt und bei der Hybride scharf gesägt. Die Sternhaarausprägung ist unterschiedlich. So besitzt der *D. scabra*-Elter mit 3- bis 6-strahligen Sternhaaren auf der Blattunterseite nur geringzählige Sternhaare. Deren Strahlenzahl kann beim *D. vilmoriniae*-Elter auf neun bis zwölf und bei der Hybride auf zehn bis fünfzehn ansteigen und jeweils die Blattunterseiten ziemlich dicht bedecken.

D. vilminoriniae besitzt zusätzlich auf den Blattadern noch einfache lange Haare.

Die Herkunftsgebiete von *D. scabra* liegen in Japan, die von *D. vilminoriniae* in M- bis W-China.

Die Wertschätzung der *D. magnifica*-Hybride mit zahlreichen Formen, die hier exemplarisch einmal herausgestellt werden sollen, äußert sich schon in deren sehr häufiger Anpflanzung, denn durch ihren straffdichten und niedrigen Wuchs nehmen sie nicht viel Platz ein und erscheinen immer relativ gefüllt, ohne permanent geschnitten zu werden.

Die Formen der *Deutzia magnifica*-Hybride werden in alphabetischer Reihenfolge vorgestellt:

Links: einfache Blüte in Aufsicht von Deutzia x magnifica 'Plena'
Mitte: Seitenansicht der linken Blüte nach Entfernen der zwei vorderen Kronblätter und Sicht auf die Nebenkrone, an der die Staubblätter sitzen
Rechts: Aufsicht auf die gefüllte Blüte von Deutzia vilminoriniae

'**Azaleaeflora**': Blüten weit geöffnet, einfach, alabasterweiß, aufrecht, sehr früh blühend, von Lemoine 1920 ausgelesen

'**Eburnea**': Blüten einfach, glockig, in lockeren Rispen, Griffelzahl vier, von Lemoine 1912 ausgelesen

'**Eminens**': hochwachsend, Blüten einfach, Kronblätter glänzend weiß und waagerecht abstehend, Blütenstände pyramidal, von Lemoine 1927 ausgelesen

'**Erecta**': Blüten einfach, milchweiß, in langen, pyramidalen, aufrechten Rispen, Griffelzahl drei, von Lemoine 1912 ausgelesen

'**Formosa**': Blüten gefüllt, groß, Blütenblätter einwärts gekrümmt und etwas gekräuselt, von Lemoine 1912 ausgelesen

'**Latifolia**': Blüten einfach, rein weiß, bis 3 cm breit, zu 15 bis 20 Blüten in aufrechter Doldenrispe, Kronblätter ausgebreitet, von Lemoine 1910 ausgelesen

'**Longipetala**': Wuchs aufrecht, Blätter klein und schmal, Blüten rein weiß, in dichten Doldenrispen, Kronblätter sehr schmal und lang, Rand gekräuselt, von Lemoine gefunden, aber ohne Zeitangabe

'**Magnifica**': Der Ursprungstyp dieser Kreuzung, Blüten in kürzeren, breiteren, dichteren Rispen und gefüllt, von Lemoine 1909 ausgelesen

'**Mirabelis**': Blüten einfach, milchweiß, in sehr großen, aufrechten Rispen, von Lemoine ausgelesen, aber ohne Zeitangabe

'**Nancy**': Blüten gefüllt, rein weiß mit zartrosa Farbanflug auf der Unterseite der länglichen Kronblätter

'**Staphyleoides**': Blüten einfach, groß, weiß, Kronblätter lang und zurückgebogen, von Lemoine ausgelesen, aber ohne Zeitangabe

'**Superba**': Blüten einfach, groß, Griffelzahl drei bis vier, Kelchzähne so lang oder etwas länger als der Blütenboden, Blätter unterseits ohne einfache Haare, von Lemoine 1912 ausgelesen

'**Suspensa**': Blüten einfach, rein weiß, in zahlreichen, dicht stehenden, überhängenden Doldenrispen, reichblühend, von Lemoine ausgelesen, aber ohne Zeitangabe

Deutzia x rosea

Die Rosa Deutzie hat von beiden Eltern etwas übernommen

Der außen rötliche Überlauf der Blütenkronblätter von der **Purpur-Deutzie** (*Deutzia purpurascens*) hat sich bei der Kreuzung mit der **Zierlichen Deutzie** (*Deutzia gracilis*) auf die Hybride *Deutzia x rosea* übertragen. Beeinflusst von den konzentrierten Trauben oder Rispen des *D. gracilis*-Elter hat sich bei der Hybride eine kurze, straffe Rispe gebildet, wodurch der rötliche Überhauch gut zur Wirkung kommt.

Die Blätter haben sich bei der Hybride vergrößert. Die unterseitige Sternhaarbesetzung der Eltern ist bei der Hybride verloren gegangen.

	Deutzia x rosea Rosa Deutzie	Deutzia gracilis Zierliche Deutzie	Deutzia purpurascens Purpur-Deutzie
Herkunft		Japan	W-China
Blätter			
Form	länglich eiförmig bis eiförmig lanzettlich	länglich elliptisch bis länglich lanzettlich, lang zugespitzt	länglich eiförmig bis länglich lanzettlich, zugespitzt
Oberseite	zerstreute, 4–6-strahlige Sternhaare	zerstreute, 4–6-strahlige Sternhaare	rau mit 5-strahligen Sternhaaren
Unterseite	kahl	4–5-strahlige Sternhaare	spärliche 7–8-strahlige Sternhaare
Länge	bis 10 cm	3–6 cm	4–6 cm
Rand	scharf gesägt	unregelmäßig gesägt	unregelmäßig gesägt
Blüten			
Blütenstand	kurze, breite Rispen	4–9 cm lange, aufrechte Traube oder 40 cm lange Rispe	rundliche Doldentraube mit 10–15 Blüten
Blühzeit	Juni	Mai/Juni	Ende Mai
Blütenkrone	anfangs glockig, sich dann weit öffnend, 2 cm breit	1–2 cm breit	2 cm breit
Farbe	innen weiß, außen rosa bis rot überlaufen	rein weiß	weiß, außen rötlich überlaufen
Wuchs			
	buschiger, gedrungener Strauch, 1,5 m, Zweige überhängend	breit-buschiger aufrechter Strauch bis 0,8 m, feinzweigig	Strauch, 1,5 m Zweige schlank, überhängend

Deutzia x rosea
Deutzia gracilis Deutzia purpurascens

Deutzia x rosea Deutzia x rosea 'Floribunda' Deutzia x rosea 'Venestra'

Deutzia x wilsonii

Wilsons Deutzie ist eine in China entstandene Naturhybride

Beide Eltern der **Deutzia x wilsonii**-Hybride sind in China beheimatet und haben sich untereinander gekreuzt. Diese Naturhybride besitzt gegenüber den Eltern größere Einzelblüten und auch teilweise üppigere Blütenstände. Sie sind bei der **Verschiedenfarbigen Deutzie** (*Deutzia discolor*) mehr dicht kugelig als locker kegelförmig wie bei der **Kleinblütigen Deutzie** (*Deutzia parviflora*). Die Kronblätter sind wie beim *D. parviflora*-Elter weit ausgebreitet, während sie beim *D. discolor*-Elter mehr aufrecht stehen und die Nebenkrone umstellen. Der leichte äußere rosa Hauch der Kronblätter von *D. parviflora* und die gelben Staubblätter wiederholen sich bei der Hybride nicht.

		Deutzia x wilsonii Wilsons Deutzie	Deutzia discolor Verschiedenfarbige Deutzie	Deutzia parviflora Kleinblütige Deutzie
Herkunft		Naturhybride in M-China	M- u. W-China	China
Blätter				
	Form	elliptisch bis länglich-lanzettlich, zugespitzt	länglich-lanzettlich, zugespitzt	eiförmig bis elliptisch-lanzettlich
	Oberseite	rau, 4–10-strahlige Sternhaare	fein rau, 4–5-strahlige Sternhaare	stumpfgrün mit verstreuten, 5–6-stahligen Sternhaaren
	Unterseite	graugrün, dicht mit 5–10-strahligen Sternhaaren besetzt	graugrün bis weißlich, 9–12-strahlige Sternhaare	10–12-strahlige Sternhaare
	Länge	6–9(–11) cm	3–7 cm	3–10 cm
	Rand	unregelmäßig gesägt	fein gesägt	ungleich gesägt, Zähne abstehend
Blüten				
	Blütenstand	lockere oder dichte, halbkugelige Doldenrispe	lockere oder dichte, halbkugelige Doldenrispe	4–7 cm breite, kegelförmige Doldenrispe
	Blühzeit	Juni	Juni	Juni
	Blütenkrone	2 cm breit	1,5-2 cm breit	1,2 cm breit
	Farbe	weiß	weiß, außen etwas rosa, Staubblätter auffallend gelb	weiß
Wuchs				
		kräftig wachsender Strauch, bis 2 m	hoher, aufstrebender Strauch, 1,5–2 m	buschiger, dicht verzweigter Strauch, bis 2 m

Deutzia x wilsonii | 137

Deutzia x wilsonii
Deutzia discolor   Deutzia parviflora

Forsythia x intermedia

Hybriden-Forsythie ist ein reichblütiger Strauch

Die **Hybrid-Forsythie** (*Forsythia x intermedia*) ist im wahrsten Sinne ein intermediäres Abbild beider Eltern, der **Hänge-Forsythie** (*Forsythia suspensa*) und der **Grünen Forsythie** (*Forsythia viridissima*)

Dies zeigt sich vor allem bei den Blättern, hier besitzt die Hänge-Forsythie ein oft 3-teiliges, an den Rändern deutlich gesägtes Blatt von 6 bis 10 cm Länge, während das der Grünen Forsythie eine geschlossene Blattfläche mit elliptisch-länglicher bis lanzettlicher Form aufweist, deren Rand mehr oder minder ganzrandig oder oberhalb der Mitte schwach gesägt und 8 bis 14 cm lang

	Forsythia x intermedia	Forsythia suspensa Hänge-Forsythie	Forsythia viridissima Grüne Forsythie
Herkunft	1878 in Göttingen entdeckt	China	China
Blätter			
Form	eilänglich bis lanzettlich, gelegentlich 3-teilig	eiförmig bis länglich-eiförmig	elliptisch bis lanzettlich spitz
Länge	8–12 cm	6–10 cm	8–14 cm
Spitze	spitz	spitz	ausgezogen spitz
Basis	keilförmig	breit keilförmig bis abgerundet	keilförmig schmal
Rand	bis unterhalb Mitte gesägt	in Blattmitte stärker gesägt, oberhalb bewimpert	meist nur oberhalb Mitte gesägt
Sprossachse			
Triebfarbe in Austrieb	olivgelb	rötlich	olivgrün
Querschnitt	junge Triebe angedeutet vierkantig	schwach vierkantig	stark vierkantig
Mark	hohl oder gekammert	hohl	gekammert
Strauchhöhe	2–3 m	oft überhängend	bis 2 m, aufrecht
Blüten			
Anzahl je Knoten	1 bis mehrere	1–3, länger gestielt	1–3
Durchmesser	je nach ausgelesener Sorte von 3,5–6 cm	2,5 cm	2,5–3 cm
Kronblattgestalt	an Spitze schmaler, gelegentlich gezipfelt, an Basis bauchig verbreitert, windmühlig gedreht	von Spitze bis Basis breit, gerade, an Basis wenig verbreitert	an Spitze zuerst schmal, an Basis verbreitert
Farbtiefe	von hellgelb, goldgelb, orangegelb bis dottergelb	goldgelb	sattgelb mit grünem Anflug

ist. Die Blätter der Hybrid-Forsythie sind eilänglich bis lanzettlich, sind in ihrer Mitte also etwas bauchiger, aber wie der *viridissima*-Elter oberhalb der Mitte gesägt. Die Blätter können an besonders wüchsigen Trieben in Anlehnung des *F. suspensa*-Elter vor allem basiswärts auch 3-teilig sein. In der Länge liegen sie mit 8 bis 12 cm zwischen beiden Eltern.

Der Gewinn in der Hybridisierung liegt in den deutlich größeren Blüten mit Durchmessern zwischen 3,5 bis 6 cm, die zudem gewöhnlich gehäuft auftreten, hervorgegangen aus einer Vielzahl von Beiknospen, wobei sie bei den Eltern nur zu ein bis drei in den Blattachseln auftreten, mit Blütenkronendurchmesser um 2,5 bis 3 cm.

Die gelben Blüten erscheinen im Frühjahr im April/Mai vor den Blättern und bilden in Gärten einen geschätzten Gartenschmuck, deren Blüten man an geschnittenen Zweigen auch leicht in der Wohnung zum vorzeitigen Austreiben bringen kann.

Die verwachsenen Kelch- und Kronblätter sind tief vierteilig. Die deutlich längeren Kronblattzipfel der Kronröhre sind in den relativ großen Blütenknospen sich überdeckend und gedreht untergebracht.

Zur Vermeidung der Selbstbestäubung durch pollenübertragende Insekten gibt es – ähnlich wie bei der Schlüsselblume oder dem Ahorn – langgrifflige und kurzgrifflige Formen mit jeweils einer zweilappigen Narbe, wobei die zwei Staubblätter einmal kürzer bzw. länger sind. Von *F. viridissima* sind nur langgrifflige Klone bekannt.

Die gestielten, stark verholzten, zweifächrigen Kapseln öffnen sich zweiklappig und enthalten zahlreiche spindelartige Samen, welche aber normalerweise nicht zur Nachzucht verwendet werden, da Forsythien vegetativ vermehrt werden.

In der Triebgestaltung gibt es zwischen beiden Eltern relativ klare Unterschiede. Während die Triebe der Hänge-Forsythie mit einem verstärkten Längenwachstum oft bogig überhängen, was zur Namensgebung

Forsythia x intermedia
Forsythia suspensa   Forsythia viridissima

geführt hat, nur schwach vierkantig sind und das Mark zerreißt, d. h. die Triebzwischenstücke zwischen den Knoten hohl sind, ist das Mark der Grünen Forsythie gefächert (um diesen Unterschied festzustellen, müssen die Triebe mit einem Messer gespalten werden). Die Triebe dieses zweiten Elter sind olivgrün (Namensgebung!) und aufgrund der ausgeprägten Vierkantigkeit mit einem Kantenkollenchym an den Ecken wesentlich steifer. Die Hybrid-Forsythie liegt bezüglich dieser Merkmale etwa dazwischen, d. h. das Mark kann gefächert aber auch hohl sein. An den Knoten ist der Markkanal immer gefüllt. Die Triebe anderer Forsythienarten wie von *Forsythia europaea* oder *F. ovata* sind meistens rund und nicht kantig. Die bei Forsythien auf den Trieben vorhandenen Lentizellen = Korkwarzen dienen dem Gaswechsel der Sprosse.

Aus der Hybridisierung von *F. suspensa* und *F. viridissima* sind eine ganze Reihe Formen ausgelesen worden, welche die Hybride und auch die Eltern in ihrer Blühfreudigkeit und Schönheit übertreffen. Im Handel sind folgende, alphabetisch aufgezählte Formen erhältlich:

'Beatrix Farrand' besitzt chromgelbe, mit die größten Blüten, die Blätter sind grob gesägt, Wuchs stark, aufrecht
'Densiflora' mit dicht gedrängten, hellgelben, großen und langgriffligen Blüten,- Wuchs aufrecht, überhängend
'Goldzauber' mit goldgelben, mittelgroßen Blüten, Wuchs mittelhoch, dünntriebig
'Karl Sax' mit gelben, mittelgroßen, kurzgriffligen Blüten, große, leicht ledrige Blätter, Wuchs buschig aufrecht
'Lynwood' mit orange-gelben, mittelgroßen, verteilten Blüten, Wuchs aufrecht, Seitenzweige hängend
'Parkdekor' mit tiefgelben, sehr großen Blüten, Wuchs breit und überhängend
'Spectabilis' mit dunkelgelben, großen, kurzgriffligen, dicht gedrängten Blüten, deren Blütenkrone fünf- bis sechszipflig sein kann, Wuchs aufrecht
'Spring Glory' mit hellgelben, dicht gedrängten Blüten, Wuchs aufrecht und mittelhoch, 1930 in Ohio (USA) ausgelesen, seit 1942 im Handel
'Vitellina' mit dottergelben, zahlreichen kleinen Blüten, starker Wuchs mit aufrechten bis leicht überhängenden Trieben.

Da Forsythien stets nur durch Bewurzelung der Sprosse vegetativ vermehrt werden, bleiben die erzielten Art- und Hybridmerkmale bei den Klonen erhalten.

Forsythia x intermedia
Forsythia suspensa Forsythia viridissima

Aufsicht auf die Krone der vier miteinander verwachsenen Kronblätter der Hybrid-Forsythie (oben) mit deutlich erkennbaren rötlichen Saftmahlstreifen. Der Übergang in die Kronröhre ist bei Forsythia suspensa kontinuierlich, der Schlund ist grünlich. Bei Forsythia viridissima ist der Schlund enger und die weniger verwachsenen Kronblätter bilden den Schlundring.

Forsythia x intermedia

Forsythia x intermedia
Forsythia suspensa   Forsythia viridissima

Triebe mit Blüten der Hybrid-Forsythie (oben) und den beiden Eltern *Forsythia suspensa* (unten links) und *Forsythia viridissima* (unten rechts).

Gaultheria x wisleyensis

Intermediär ausgeprägte Blüten bei *Gaultheria* x *wisleyensis*-Hybride

Nicht so sehr die Blüten imponieren bei den Gaultheria-Arten, sondern die sehr verschieden großen und gefärbten Scheinbeeren der vielfältigen Sorten. Sie sind auch das Hauptziel der Auslesen.

Die Kreuzung der **Shallon-Scheinbeere** (*Gaultheria shallon*) mit der ***Gaultheria mucronata*** hat eine Hybride ***Gaultheria* x *wisleyensis*** ergeben, deren Blütenstand zwar noch eine Traube wie beim *G. shallon*-Elter ist, aber deutlich kürzer und verzweigter ist, beeinflusst durch die Ausbildung einzelner und blattachselständig stehender Blüten des *G. mucronata*-Elter. Die rötliche Färbung und Behaarung der Blütenstandtriebe sind vom *G. shallon*-Elter übernommen.

Ebenso intermediär ausgeprägt sind die Blätter der Hybride. In der Länge liegen sie zwischen beiden Eltern, sind also kleiner als beim *G. shallon*-Elter, die nur spitz sind, während die Blattspitze der Hybride leicht ausgezogen spitz ist, eine Prägung von der dornigen Spitze des *G. mucronata*-Elter.

	Gaultheria x wisleyensis	**Gaultheria shallon** Shallon-Scheinbeere	**Gaultheria mucronata**
Herkunft	um 1929 entstanden	W-Nordamerika, Alaska bis Kalifornien	südliches S-Amerika
Blätter			
Form	immergrün, elliptisch, ledrig	immergrün, breit eiförmig	immergrün, eiförmig-elliptisch, ledrig
Länge	4 cm	5–10 cm	0,8–1,8 cm
Spitze	leicht ausgezogen spitz	spitz	dornig spitz
Rand	seicht gezähnt, borstig bewimpert	borstig gesägt	gezähnt
Basis	asymmetrisch verjüngt bis gerundet	herzförmig	verjüngt bis gerundet
Sprossachse			
Triebe	dicht verzweigter Strauch, bis 1 m	ausläufertreibender Strauch in Dickichten, um 60 cm, Triebe knickig	steifer, dicht verzweigter Strauch 0,5–1,5 m
Blüten			
Blütenstand	viele Blüten in verzweigten, daher kürzeren, rötlichen, drüsig behaarten Trauben	achsel- und endständige, einseitswendige, überhängende Trauben	blattachselständige einzelne Blüten, nickend
Krone	langgestielt, ballonartig mit schlundartiger Öffnung	breit krugförmig	langgestielt, glockig mit nach außen gerichteten Kronenzipfel
Farbe	weiß	weiß, rosa getönt	weiß bis rosa
Blühzeit	Juni	Juni/Juli	Mai/Juni

Gaultheria x wisleyensis

Gaultheria x wisleyensis 'Wisley Pearl'
Gaultheria shallon   Gaultheria mucronata

Gleditsia x texana

***Gleditsia*-Hybride übernimmt in der Blattausprägung Merkmale von beiden Eltern**

Die Hybride **Gleditsia x texana**, aus einer Wildkreuzung von **Gleditsia aquatica** und **Gleditsia triacanthos** hervorgegangen, wurde 1892 in Texas gefunden und wird seitdem durch Aufpfropfung weitervermehrt. Sie erreicht die Größe und Wüchsigkeit des *G. triacanthos*-Elter, während der *G. aquatica*-Elter langsam- und kleinerwüchsig ist. Sie bilden alle drei an mehrjährigen Trieben

	Gleditsia x texana	Gleditsia aquatica	Gleditsia triacanthos Amerikanische Gleditschie
Herkunft	1892 wild in Texas gefunden	S-USA	atlant. USA
Blätter			
Form	einfach u. doppelt gefiedert, paarig und unpaarig 12–16 Fiederblättchen, eilänglich	12–18 Fiederblättchen, eilänglich	20–30 Fiederblättchen, eilänglich bis lanzettlich
Oberseite	hellgrün	tief grün, glänzend	hellgrün
Länge	10–20 cm, Fieder 2–3,5 cm	bis 20 cm, Fieder 2–3 cm	bis 25 cm, Fieder bis 4 cm
Spitze	obere abgerundet, untere zugespitzt	abgerundet	meist zugespitzt
Rand	fast sitzend	sitzend	sitzend
Sprossachse			
Habitus	Baum, bis 30 m	Baum, bis 15 m, langsam wüchsig	Baum, bis 30 m
mehrjährige Triebe (Kurztriebdornen erst an mehrjährigen Trieben und Stamm)	gelbgrünlich, zusammengedrückt, meist einfach	rötlich, sehr dünn und rundlich	silbrig grau, einfach oder verzweigt, seitlich zusammengedrückt
Blüten			
Form	7–10 cm lange Trauben, männliche Blüten dunkelorange	grünlich, 7–10 cm lange Trauben	grünlich, 5–7 cm lange Trauben
Blühzeit	Juni/Juli	Juni/Juli	Juni/Juli
Früchte			
Form	Hülse	Hülse schief, rautenförmig	flache Hülse, sichelförmig und gedreht
Länge	10–12 cm, viersamig	4 cm, mit nur 1(–2) Samen	bis 40 cm, vielsamig
Farbe	dunkel-rotbraun		glänzend, dunkel braun

Gleditsia x texana | 145

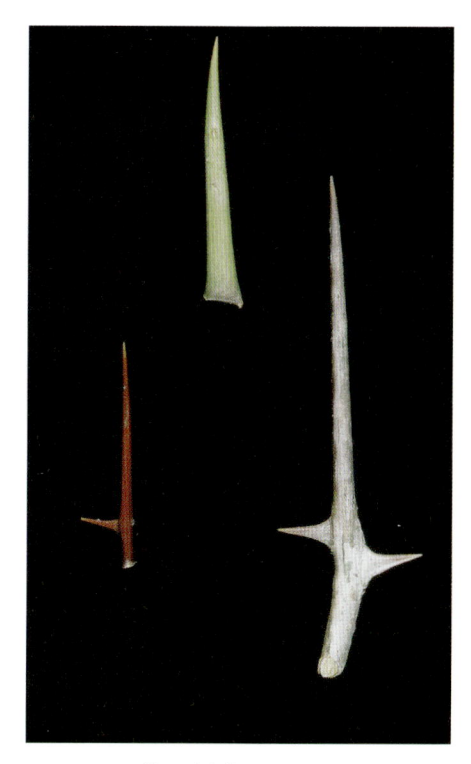

Kurztriebdornen von
Gleditsia x texana
Gleditsia aquatica   Gleditsia triacanthos

und an dem Stamm Kurztriebdornen, die in der Farbausprägung und Größe unterschiedlich ausfallen.

Während die von *G. aquatica* rötlich, vergleichsweise zarter und meist rundlich sind, werden die der Hybride mächtiger und sind zusammengedrückt, ein Erbe des *G. triacanthos*-Elter.

Die Blätter können einfach oder doppelt gefiedert sein. Die doppelt gefiederten finden sich meistens erst an erwachsenen Bäumen. Bei *G. triacanthos* finden sich neben der deutlich größeren Anzahl der Fiederpaare auch unpaarig gefiederte Blätter. Die oberen Fiederblättchen der Hybride haben wie *G. aquatica* abgerundete Spitzen. Sie sind, ganz im Gegensatz zu beiden Eltern leicht gestielt und die Fiederpaare

Gleditsia x texana
Gleditsia aquatica   Gleditsia triacanthos

sind wie beim *G. aquatica*-Elter gegeneinander leicht versetzt. Die feine Kerbung der Ränder ist fast nur lupenmäßig sichtbar. Die Blättchenpaare von *G. aquatica* klappen in der Mittagssonne zusammen und stehen dann aufrecht und entziehen dadurch ihre Spreiten einer zu intensiven Sonneneinstrahlung und Erwärmung.

Hamamelis x intermedia

Die Zaubernuss-Hybride *Hamamelis x intermedia* ist ein attraktiver Strauch

Aus der Kreuzung der **Japanischen Zaubernuss** (*Hamamelis japonica*) mit der **Chinesischen Zaubernuss** (*Hamamelis mollis*) ist mit der Hybride *Hamamelis x intermedia* ein starkwüchsiger, aufrechter, breiter Strauch von Höhen bis 4 m hervorgegangen, dessen Blätter sich nur wenig von den Eltern unterscheidet, aber bei den Blüten kleine Unterschiede aufweist. So sind die Kronblätter der Hybride nicht so stark „gelockt" und verdrillt wie beim *H. japonica*-Elter. Sie sind ferner an der Spitze abgebogen und wie beim *H. mollis*-Elter oft gespalten und nicht spitz wie beim *H. japonica*-Elter.

Insgesamt ist die Hybride durch ihre mittlere Höhe bis 4 m und der frühen Blühzeit ein für die gärtnerische Gestaltung attraktives Gehölz.

	Hamamelis x intermedia	**Hamamelis japonica** Japanische Zaubernuss	**Hamamelis mollis** Chinesische Zaubernuss
Herkunft	1953 in Dänemark gezüchtet	Japan	China
Sprossachse			
Wuchs	starkwüchsiger, aufrechter, breiter Strauch, bis 4 m	breiter Strauch bis 2,5 m	hoher Strauch bis 5 m
Blüten			
Kelchblätter	braun, rot	meist rötlich bis braunrot, zurückgekrümmt	außen braunfilzig, innen purpurn, nach außen gekrümmt
Kronblätter	wenig gelockt, nur an Spitze gekrümmt	gelockt und gedreht, spitz	gerade, an Spitze oft gespalten
Farbe	tiefgelb	lebhaft gelb	goldgelb, Kulturklone dunkler gelb
Blühzeit	Jan./März	Jan./März	Jan./März

Hamamelis x intermedia | 147

Hamamelis x intermedia
Hamamelis japonica   Hamamelis mollis

Juglans bixbyi

Blattausprägung bei *Juglans bixbyi*-Hybride von Eltern abweichend

Die Blätter beider Eltern unterscheiden sich in der Abfolge der Blättchengröße. Bei der **Japanischen Walnuss** (*Juglans ailantifolia*) vergrößern sich die Blättchenpaare zur Spitze hin, während bei der **Butternuss** (*Juglans cinerea*) die mittleren Blättchenpaare die größten sind. Dies zeigt sich ausgeprägter bei der Hybride, bei *Juglans x bixbyi*, wobei sich bei den oberen Blättchenpaaren ein Formwechsel von elliptisch zu mehr lanzettlich andeutet und außerdem sind sie gegeneinander leicht versetzt, während beide Eltern strenge Gegenständigkeit zeigen. Die Spindel des Fiederblattes ist dicht wollig behaart, was lediglich *J. cinerea* ansatzweise zeigt. Bei der Hybride sind die Blättchenspitzen kürzer und bei den oberen leicht eingelenkt.

	Juglans x bixbyi	Juglans cinerea Butternuss	Juglans ailantifolia Japanische Walnuss
Herkunft	1903 zuerst gefunden	östliches Nordamerika	Japan Sacchalin
Blätter			
Form der Blättchen (unpaarig gefiedert)	9–13 Fieder, obere lanzettlich, untere elliptisch	11–19 Fieder, länglich lanzettlich	11–17 Fieder, lanzettlich bis mehr elliptisch
Oberseite Unterseite	beidseits und Spindel dicht behaart	beidseits behaart	beidseits dicht sternfilzig, später verkahlend, Adern drüsig behaart
Länge	Gesamtblatt 25–40 cm Fieder 5–14 cm	Gesamtblatt 25–55 cm Fieder 6–16 cm	Gesamtblatt 40–50 cm Fieder 5–15 cm
Spitze	spitz, vereinzelt Spitze eingelenkt	kurz zugespitzt	kurz zugespitzt
Rand	angedrückt, gesägt	angedrückt, gesägt	dicht gesägt
Basis der Blättchen	ungleich gerundet bis gestutzt, Blättchenpaare leicht versetzt	ungleich gerundet bis gestutzt, Blättchenpaare gegenständig	schief rund, Blättchenpaare gegenständig
Stiel der Blättchen	ungestielt	ungestielt	ungestielt
Nüsse			
Form	mit 8 Rippen, rau, aber nur flach gefurcht	eilänglich mit 8 scharfkantigen Rippen	kugelig-eiförmig zugespitzt, 2 dicke Kanten, ziemlich glatt

Juglans bixbyi | 149

Juglans x bixbyi
Juglans cinerea   Juglans ailantifolia

Juglans x intermedia

Die Nusshybride *Juglans x intermedia* dient der Wertholzerzeugung

Die Nusshybride *Juglans x intermedia* ist ein Artbastard zwischen der **Schwarznuss** (*Juglans nigra*) als Mutterbaum und der **Walnuss** (*Juglans regia*) als Pollenspender, welche vor allem für die Wertholzerzeugung (Furniere) in der forstlichen Nutzung Bedeutung erlangt hat, denn sie vereint in sich die Winterfrosthärte und die Geradschaftigkeit der Schwarznuss mit den relativ geringen Standortansprüchen der Walnuss. Die Überlegenheit dieser Hybride bezüglich Höhen-, Durchmesser- und Wertleistung gegenüber den Elternarten resultiert aus dem Heterosiseffekt der F1-Generation. Eine Vermehrung kann daher

	Juglans x intermedia	Juglans nigra Schwarznuss	Juglans regia Walnuss
Herkunft		östliches Nordamerika	O-Europa, N-Asien
Blätter			
Form der Blättchen (unpaarig gefiedert)	11–15 Blättchen, elliptisch	15–25 Blättchen, lanzettlich, Endblättchen oft fehlend	5–9 Blättchen, elliptisch-eilänglich
Oberseite	dunkelgrün und kahl	kahl, etwas glänzend	kahl, matt grün
Unterseite	Haarbüschel in Aderwinkel	drüsig behaart	
Länge	Gesamtblatt 30–55 cm, Fieder 6–14 cm, 3–4 cm breit	Gesamtblatt 30–60 cm, Fieder 6–15 cm, 2–4 cm breit	Gesamtblatt 40–55 cm, Fieder 5–13 cm, 4–6 cm breit
Spitze	spitz, untere Spitzen umgelenkt	langzipfelig spitz	spitz bis stumpf, leicht umgelenkt
Rand	ganzrandig, schwach gewellt	unregelmäßig gesägt	fast ganzrandig
Basis der Blättchen	keilförmig, Blättchenpaare gegenständig	rund, Blättchenpaare versetzt an Spindel	rund, Blättchenpaare weitgehend gegenständig
Stiel	Endblättchen länger, sonst ungestielt	ungestielt	Endblättchen länger, sonst ungestielt
Sprossachse			
Habitus	Baum bis 30 m	Baum bis 50 m, rundkronig	Baum bis 30 m
Junge Triebe	schwärzlich behaart	behaart	kahl
Borke	netzartig gerippt	tiefrissig	silbergrau, gefurcht rissig
Früchte			
Form	kugelig	kugelig	kugelig
Schale	glatt	rau, sehr dick, zur Reife nicht platzend	glatt, zur Reife platzend
Anzahl	wenige Nüsse ansetzend		2–3 an einem Stiel
Nuss	tief gefurcht	dickschalig, unregelmäßig gefurcht, raue Rippen	zwei wulstige Kanten

nur vegetativ erfolgen. Die Fruktifikation ist eingeschränkt, was der Holzproduktion zum Vorteil gelangt.

Die Zahl der Fiederblättchen des unpaarigen Blattes der Hybride liegt mit neun bis dreizehn zwischen beiden Eltern, nämlich bei *J. regia* mit fünf bis neun und bei *J. nigra* mit dreizehn bis fünfundzwanzig.

Das Blatt von *J. nigra* lässt sich von allen Nussverwandten durch das häufigere Fehlen des Spitzenfiederblättchens bzw. durch eine nur verkümmerte Anlage unterscheiden. Die Hybride zeigt bezüglich der Blattanlage eine Mittelausprägung, d. h. die lanzettlichen Blättchen des Schwarznuss-Elter bleiben weitgehend erhalten, allerdings mit weniger ausgezogener Spitze, die bei den basalen Blättchen wie beim Walnuss-Elter etwas eingelenkt sein können. Bei der Hybride stehen die Blättchen alle gegenständig, während dieses Merkmal beide Eltern nur bei den basalen Blättchen-Paaren zeigen; die darüber stehenden Paare weichen davon ab.

Die jungen Triebe sind wie beim *J. regia*-Elter fein [schwärzlich] behaart, später dann teilweise kahl. In der Borkenausprägung unterscheidet sie sich mit einer netzartig gerippten Borke von beiden Eltern, die vielmehr eine gefurcht rissige Borke aufweisen.

In der Ausreifung der Nüsse ähnelt die Hybride mehr *J. regia*, wo die Fruchthülle mit der Reife aufreißt, während bei *J. nigra* die Nüsse mit geschlossener Fruchthülle zum Zeitpunkt der Blattseparation zu Boden fallen.

Lit.:
Schott, A., 1991: Vermehrung von Juglans spec. und der Hybride Juglans x intermedia, Allg. Forst-Zeitschrift 46, 611

Juglans x intermedia
Juglans nigra   Juglans regia

Juglans x sinensis

Die Chinesische Hybrid-Nuss zeigt Heterosis-Effekte

Hybridisierungsversuche werden oft in der Erwartung von Heterosis-Effekte unternommen, bei Nüssen insbesondere zur Erhöhung von Nusserträgen.

Die Nüsse von *Juglans x sinensis* sind zwar genau so groß wie die Auslesezüchtungen von *Juglans regia*, aber die tiefgrubige, dickwandige Steinfruchtschale von *Juglans mandshurica* hat sich vererbt, wobei allerdings die lang ausgezogene Spitze sich

	Juglans x sinensis	Juglans mandshurica Mandschurische Walnuss	Juglans regia Echte Walnuss
Herkunft	N- und O-China	Mandschurei, Amurgebiet	O-Europa, N-Asien
Blätter			
Form der Blättchen (unpaarig gefiedert)	7–9 Blättchen, eiförmig, nicht immer gegenständig	11–19 Blättchen, ungleichmäßig groß, eilänglich, gegenständig	5–9 Blättchen, elliptisch-eilänglich, weitgehend gegenständig
Oberseite	stumpfgrün	anfänglich behaart	kahl, matt grün
Unterseite	bräunlich grün	dicht drüsig behaart	
Länge	Gesamtblatt bis 50 cm, Fieder bis 18 cm, 8 cm breit	Gesamtblatt 75–90 cm, Fieder 7–14 cm, 3–6 cm breit	Gesamtblatt 40–55 cm, Fieder 5–13 cm, 4–6 cm breit
Spitze	spitz	ausgezogen zugespitzt	spitz bis stumpf, leicht ausgelenkt
Rand	ganzrandig, zur Spitze fein gesägt	fein gesägt	fast ganzrandig
Basis der Blättchen	rund, wenig gestielt	sitzend	wenig gestielt
Stiel	länger gestielt	länger gestielt	lang gestielt
Sprossachse			
Habitus	kleiner Baum	Baum bis 20 m	Baum bis 30 m
Junge Triebe	kahl, bräunlich	drüsig behaart, gelbgrünlich	kahl
Borke	silbergrau gefurcht	graubraun gefurcht	silbergrau gefurcht, rissig
Früchte			
Form	eiförmig bis kugelig	kugelig bis eiförmig, dickschalig	kugelig
Anzahl	1–2 an einem Stiel	6–12 an einem Stiel	2–3 an einem Stiel
Schale	glatt glänzend	klebrig behaart	glatt, zur Reife platzend
Nuss	tiefgrubig, spitzig, zwei wulstige Kanten	nur 3–4 cm lang, ausgezogene Spitze, (4) 8 scharfe, knotige Leisten	zwei wulstige Kanten, Oberfläche knittrig

Juglans x sinensis
Juglans mandshurica   Juglans regia

reduziert hat. Der Nussanteil ist vergleichsweise zu *J. regia* gering.

In der Blattausprägung sind erhebliche Blattvergrößerungen der Fiederblättchen festzuhalten. Dies gilt insbesondere für die zur Spitze hin größer werdenden Blättchenpaare und dem Spitzenblättchen. Allerdings reduziert sich die Fiederblattzahl. Während bei *J. mandshurica* die Blättchenpaare gegenständig stehen, sind sie bei der Hybride wie beim anderen Elter, der Walnuss, gegeneinander an der Blattspindel leicht versetzt und nur unmerklich gestielt. In der Blattspitzenausprägung ähnelt die Hybride ebenfalls dem *J. regia*-Elter, wobei deren Spitzen leicht ausgelenkt sind. Bei *J. mandshurica* sind die Blätter spitz ausgezogen.

154 | *Juglans x sinensis*

Juglans mandshurica Juglans x sinensis Juglans regia

Juglans mandshurica Juglans x sinensis Juglans regia

Laburnum x watereri

Goldregen-Hybride leuchtet goldgelb mit ihren Blütentrauben

Vieles Schöne hat oft auch eine andere Seite, so der Goldregen (*Laburnum* mit weltweit nur drei Arten), ein Gehölz, welches mit mehreren vom Boden ausgehenden Trieben wächst, entfaltet bei richtiger Platzierung Jahr für Jahr einen fast überbordenden Blütenbehang von goldgelben, hängenden Blütentrauben mit einem zudem oft angenehmen Duft. Der Goldregen ist durch das Alkaloid Cytisin aber mit allen seinen Teilen giftig; bei Verzehr z. B. der erbsengroßen Samen durch Kinder sogar tödlich. Das Gift wirkt auf das zentrale Nervensystem und führt zur Atemlähmung. Es wäre falsch, deshalb diesen herrlichen Zierstrauch aus unseren Gärten zu verbannen. Hier gilt es, heranwachsende Kinder aufzuklären.

In seinen Schmetterlingsblüten (= *Fabaceae*) sind die zehn Staubblätter zu einer Röhre verwachsen und vormännlich, d. h. die Staubblätter reifen zuerst und übertragen ihren Pollen auf Blütenbesucher; die Blüten sind dadurch selbststeril. Zu den Pollenüberträgern gehören Bienen und deren Verwandte, aber auch Käfer. Nektar wird nicht produziert. Die Insekten kommen wegen des Pollens, der ihnen in das Bauchhaarkleid gedrückt wird.

	Laburnum x watereri 'Vossii' Bastard-Goldregen	**Laburnum anagyroides** Gemeiner Goldregen	**Laburnum alpina** Alpen-Goldregen
Herkunft	in Überschneidungsgebieten gelegentlich wild gefunden	Gebirge im südlichen M-Europa, eingebürgert im gesamten Europa	Italien, W-Balkan, südliches M-Europa
Blättchen			
Form	elliptisch	elliptisch bis eiförmig	elliptisch-gestreckt
Oberseite	leicht glänzend	stumpf, kahl	glänzend, kahl
Unterseite	fast kahl, Blättchenansatz verstärkt behaart	fein seidenhaarig, daher graugrün, Rand bewimpert	fast kahl
Länge	2,5–7 cm	4–8 cm	4–7 cm
Breite	2–2,5 cm	um 2 cm	2,5–3 cm
Basis	sitzend	kurz gestielt	sitzend
Mittelader	abhebend, zerstreut anliegend behaart	abhebend, anliegend seidenhaarig	abhebend, zerstreut behaart
Blatt			
Blattstiel	bis 10 cm	3–5 cm	4–6 cm
Nebenblätter	hinfällig	bleibend, lang spitzig	hinfällig
Sprossachse			
Habitus	starkwüchsig, schmalkronig	bis 7 m, Seitentriebe überhängend	bis 5 m, Strauch bis Baum
Junge Triebe	zerstreut behaart, grünliche Rinde	anfangs dicht anliegend behaart, daher grauweiß	kahl, grünlichgrau

Blüten

Blütentrauben	50 cm, dichte Traube, deren Achse zerstreut seidig, hängend	10(–20) cm, mit 10–30 Blüten locker stehend, hängend	30 cm, mit 20–40 Blüten, dicht stehend, hängend
Blühzeit	wenig später als L. anagyroides-Elter	Mai-Juni	Juni
Farbtone	gelb	goldgelb, ausgerandete Fahne	hellgelb
Duft	duftend	nicht duftend	duftend
Blütenlänge	2,5 cm	2 cm	1,5 cm, gestielt
Kelch		vergrößerte Unterlippe	etwa gleichlang gezipfelt
Früchte	selten ausgebildet, wenig seidenhaarig, nur 1–2 Samen enthaltend	Hülse seidenhaarig, 4–6 cm, ungeflügelt wulstige Naht zur Spindelachse	Hülse 3–5 cm, kahl, glänzend, obere Naht leicht geflügelt
Samen	schwarz braun	schwarz, 4–5 mm giftig	braun, 3–4 mm

Laburnum x watereri 'Vossii'
Laburnum anagyroides   Laburnum alpina

Die Blüten, die durch das bogige Überhängen der Blütentraube mit ihrer Fahne nach unten weisen, gelangen erst durch Drehung in die für Insekten zugängliche waagerechte Lage. Sie besitzen einen fünfzähligen, leicht zygomorphen, grünen Kelch und die typisch für Schmetterlingsblütler gestellten fünf Kronblätter mit Fahne, zwei Flügel und das Schiffchen. Die abgeflachten, schwach eingeschnürten Hülsen, die von Kindern am ehesten mit den Hülsen der Erbsen verwechselt werden können, öffnen sich langsam und fallen oft zusammen mit den nierenförmigen Samen ab.

Verwiesen sei noch auf die charakteristischen dreizähligen, kleeblattähnlichen Blätter des Goldregens, an denen er sofort zu erkennen ist und wo es zwischen den Arten leichte Unterschiede gibt, wie zwischen **Laburnum anagyroides**, dessen Blättchen kurz gestielt sind und **Laburnum alpinum**, dessen Blättchen sitzend an der Blattspindel inseriert sind und außerdem einen bewimperten Rand aufweisen. Der Alpen-Goldregen besitzt zudem eine kräftige Kutikula, sodass seine Blattoberseite glänzt. Häufiger als die Arten ist jedoch die Hybride angepflanzt.

Hybridisierungen zwischen den beiden Arten *Laburnum anagyroides* und *L. alpinum* sind um 1856 in Tirol und S-Schweiz aufgefallen. Gezogene Hybriden sind dann nach 1864 von der Knap Hill Nursery in den Handel gebracht worden.

Der gärtnerisch heute meistgepflanzte Bastard ist **Laburnum x watereri 'Vossii'**, der um 1875 von C. de Voss in Hazerswonde (Holland) gefunden wurde und der sich einmal durch eine gute Wüchsigkeit und zum anderen durch eine bis 50 cm lange Blütentraube mit dicht gestellten, duftenden Einzelblüten auszeichnet. Wenige entstehende Hülsen enthalten oft nur 1(–2) Samen, deren Nachkommen in den Merkmalen wieder aufspalten, weshalb Stecklingsnachzucht notwendig ist.

Laburnum x watereri 'Vossii'
Laburnum anagyroides   Laburnum alpina

Laburnum x watereri 'Vossii'
Laburnum anagyroides   Laburnum alpina
oben: Blüten von vorn; unten Blüten in Aufsicht

Ligustrum x ibolium

Liguster-Hybride zeigt wechselnde Merkmale beider Eltern

1910 hat man in der Elm Cyti Baumschule (Connecticut) aus der Kreuzung mit den aus Japan stammenden **Stumpfblättrigen Liguster** (*Ligustrum obtusifolium*) und **Wintergrünen Liguster** (*Ligustrum ovalifolium*) die Hybride **Ligustrum x ibolium** gewonnen.

Sie besitzt eine aufrechte, lockere und längere Blütenstandsrispe als der *L. ovalifolium*-Elter, deren Blütenstand zwar ebenfalls aufrecht steht, aber kurzästiger gedrängt ist und gelblichweiße Blüten aufweist. Die rein weiße Blütenfarbe und vergrößerten Blüten stammen aus dem Erbanteil des *L. obtusifolium*-Elter mit allerdings nickenden Rispen. Die Blühzeit beider Eltern differiert um einen Monat: *L. obtusifolium* blüht bereits im Juni, *L. ovalifolium* erst im Juli. Die Antherenlänge ist bei der Hybride nicht ganz so lang wie die Krone, genau wie beim *L. obtusifolium*-Elter, während sie beim *L. ovalifolium*-Elter bis zu den Kronzipfeln reicht.

In der Fruchtbildung mit blaugrauen bis schwarzen Beeren ähnelt, vor allem in der Fruchtgröße, die Hybride mehr dem *L. ovalifolium*-Elter.

		Ligustrum x ibolium	Ligustrum obtusifolium Stumpfblättriger Liguster	Ligustrum ovalifolium Wintergrüner Liguster
Herkunft		1910 in Elm Cyti (Connecticut) gezogen	Japan	Japan
Blätter				
	Form	wintergrün, elliptisch	sommergrün, elliptisch bis länglich-eiförmig, 2–9 cm lang	sommer- bis wintergrün, elliptisch, 3–7 cm lang
	Oberseite	glänzend grün, gelbliche Mittelrippe	tief grün, kahl	glänzend grün, Rand gewellt
	Unterseite	behaart	ganz oder nur Mittelrippe behaart	gelblichgrün
Blütenstände				
		10–15 cm lange, lockere, aufrechte Rispe, Krone weiß, 6–8 mm lange Staubblätter, damit etwa so lang wie Krone	5 cm lange, walzenförmige nickende Rispe, Krone 8–10 mm lang, Staubblätter etwa so lang	5–10 cm lange, gedrängte, aufrechte Rispe, gelblich-weiß, Krone als auch Staubblätter 8 mm lang
	Blühzeit	Juni/Juli	Juni	Juli
Früchte				
		rundlich-eiförmig, schwarz, 10 mm	eiförmig, blaugrau bis schwarz, 6 mm	rundlich-eiförmig, blau-schwarz, 10 mm
Wuchs				
		Strauch, Zweige behaart	Strauch, 2–3 m, zottig behaart, bogig abgehend	Strauch, bis 5 m, Zweige rötlich behaart, straff aufrecht

Ligustrum x ibolium
Ligustrum obtusifolium   Ligustrum ovalifolium

Liriodendron-Hybride

Tulpenbaum-Hybride hat kräftig größere Blätter

Die *Liriodendron*-Hybride zwischen dem **Chinesischen Tulpenbaum** (*Liriodendron chinense*) und dem **Amerikanischen Tulpenbaum** (*Liriodendron tulipifera*) hat in der Blattausprägung von beiden Eltern Merkmale übernommen, aber auch typische eigene Charakteristika gebildet.

So sind die vier Lappen noch spitzer ausgezogen als beim *L. tulipifera*-Elter und zusätzlich aufgebogen. Die sattelförmige Einbuchtung der Spitzenlappen entspricht weitgehend dem *L. chinense*-Elter, ist aber noch kontinuierlicher ausgerandet und zeigt in der Mitte nur einen kleinen mittigen Einschnitt. Eine Taillenbildung fehlt. Die Blattbasis ist gestutzt und damit anders als bei beiden Eltern. Bezüglich der Blattgröße scheint eine Heterosis-Vergrößerung zu bestehen, was Rückwirkungen auch auf Wuchsleistung und Baumhöhe haben könnte.

	Liriodendron-Hybride	Liriodendron chinense Chinesischer Tulpenbaum	Liriodendron tulipifera Amerikanischer Tulpenbaum
Herkunft		Mittel-China	östl. Nordamerika
Blätter			
Form	4-lappig, Lappen ausgezogen spitz, aufgekrümmt, nicht tailliert	4-lappig, Lappen stumpf ausgezogen, stark tailliert	4-lappig, Lappen spitz, wenig tailliert
Oberseite	frischgrün	hellgrün	frischgrün
Unterseite	leicht bläulich	leicht bläulich	leicht bläulich
Größe	12–22 cm, breiter als lang	7–13 cm, breiter als lang	8–15 cm, so lang wie breit
Spitze	sattelförmige Einbuchtung	sattelförmige Einbuchtung	stumpfwinklige Einbuchtung
Rand	ganzrandig	ganzrandig	ganzrandig
Basis	gestutzt	leicht abgerundet	leicht herzförmig
Stiel	bis 10 cm	bis 10 cm	bis 10 cm
Wuchs	Baum, um 30 m	Baum, bis 15 m	großer Baum, 40(–60) m

Liriodendron-Hybride | 161

Liriodendron-Hybride
Liriodendron chinense   Liriodendron tulipifera

Lonicera x purpusii

Heckenkirschen-Hybride blüht im ausgehenden Winter

Noch vor den Forsythien blüht im zeitigen Frühjahr, bei günstigen Herbsttemperaturen sogar schon im Dezember, die Heckenkirschen-Hybride *Lonicera x purpusii*, die vor 1920 aus der Kreuzung von der **Wohlriechenden Heckenkirsche** (*Lonicera fragantissima*) und der **Stinkenden Heckenkirsche** (*Lonicera standishii*) im Botanischen Garten von Darmstadt hervorgegangen ist. Sie wurde vom Garteninspektor Joseph Purpus entdeckt und ihm zu Ehren auch benannt.

	Lonicera x purpusii	Lonicera fragantissima Wohlriechende Heckenkirsche	Lonicera standishii Stinkende Heckenkirsche
Herkunft	vor 1920 im Bot. Garten Darmstadt	China	China
Blättchen			
Form	wintergrün, eiförmig-elliptisch	elliptisch bis breit eiförmig	wintergrün, eiförmig bis lanzettlich
Oberseite	beidseits kahl,	dunkelgrün	beidseits rauhaarig, unterseits dichter
Unterseite	Adern unterseits behaart	blaugrün, Mittelrippe borstig, sonst kahl	
Länge	5–10 cm	3–7 cm	5–12 cm
Sprossachse			
Habitus	aufrechter Strauch, dicht verzweigt, 2–3 m	lockerer Strauch, bis 2 m, früh treibend	aufrechter Strauch, bis 2 m
Junge Triebe	an Langtrieben leicht borstig behaart	bereift, nicht borstig behaart	borstig behaart
Blüten			
Anordnung	zu 2–4 in achselständigen Büschel, aufgerichtet	zu 2, achselständig	achselständige Paare, lang gestielt
Farbe	rahmweiß	weiß, oft rosa überlaufen	rahmweiß oder blassrötlich
Duft	stark duftend	stark duftend	stark duftend
Blühzeit	Dez./April	Dez./April	März/April bei günstigem Wetter auch Dez.
Früchte			
	Beeren, rot	Beeren, rot, lang-rund	blutrot

Sie ist bei mitteleuropäischen Klimaten frostfest, während die aus China stammenden Eltern rückfrieren können. Außerdem legt die Hybride zwei bis vier achselständige, rahmweiße Blüten an, mehr als die Eltern, die nur die für Heckenkirschen üblichen zwei besitzen, welche zudem noch nacheinander aufblühen, woraus eine verlängerte Blühzeit resultiert. Die Hybride ist ein reich und nachhaltig blühender Strauch und einer der wenigen, die in der Winterzeit Blüten zeigen. Die Früchte reifen bereits im Mai.

Einzelblüten von
Lonicera x purpusii
Lonicera fragantissima   Lonicera standishii

Lonicera x purpusii
Lonicera fragantissima   Lonicera standishii

Magnolia x loebneri

Überaus reichblühende Magnolien-Kreuzung aus Dresden-Pillnitz

Max Loebner hat vor 1920 in Dresden-Pillnitz aus der Kreuzung der aus Japan stammenden **Kobushi-Magnolie** (*Magnolia kobus*) und der **Stern-Magnolie** (*Magnolia stellata*) die nach ihm benannte Hybride **Magnolia x loebneri** erzielt, eine überaus reich und vor Laubausbruch blühende

	Magnolia x loebneri	Magnolia kobus Kobushi-Magnolie	Magnolia stellata Stern-Magnolie
Herkunft	vor 1920 von Loebner in Dresden erzielt	Japan	Zentral-Japan
Blättchen			
Form	länglich verkehrt eiförmig	elliptisch bis eiförmig	verkehrt eiförmig bis elliptisch
Länge	7–18 cm	6–15 cm	4–10 cm
Breite	4–10 cm	3–11 cm	2–6 cm
Spitze	zipfelig spitz	kurz zugespitzt	stumpf oder zipfelig
Rand	stärker wellig, ganzrandig	schwach wellig, ganzrandig	leicht gewellt bis abgewölbt, ganzrandig
Basis	keilförmig	keilförmig bis gerundet	keilförmig
Stiel	0,8–1,5 cm	0,8–1,5 cm	0,4–1 cm
Sprossachse			
Habitus	breit-hoher Strauch, 6–8 m	breit-kegelförmiger Baum oder Strauch	Strauch, bis 3 m
Blüten			
Blühzeit	vor Laubausbruch, reichblühend	vor Laubausbruch	vor Laubausbruch, März/April
Blütenblätter	12 Kronblätter	3 spatelige Kronblätter, 6 Kelchblätter auf 2 Kreisen, größer als Kronblätter	12–15 Kronblätter
Farbe	weiß	weiß, mitunter außen leicht gerötet	weiß

Magnolie, welche die zwölf Kronblätter des *M. stellata*-Elter übernommen hat, während der *M. kobus*-Elter nur drei Kronblätter auf einem Kreis, aber sechs Kelchblätter auf zwei Kreisen besitzt. Das größere Höhenwachstum hat sie dagegen vom *M. stellata*-Elter übernommen wie auch die verkehrt-eiförmige Blattform mit einer zipfeligen Blattspitze, nur dass das Blatt größer ist.

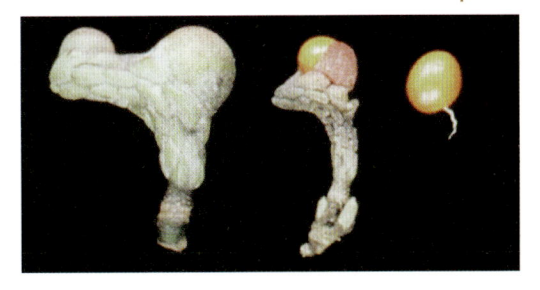

Früchte von
Magnolia x loebneri
Magnolia kobus   Magnolia stellata

Magnolia x loebneri
Magnolia kobus   Magnolia stellata

Magnolia x soulangiana

Die Tulpenmagnolie blüht vor Laubausbruch

Die Tulpenmagnolie (*Magnolia x soulangiana* 'Norbertii') ist eine weitverbreitete Hybride, die zu Beginn des vorigen Jahrhunderts aus Kreuzungen zwischen *M. denudata* x *M. liliiflora* hervorgegangen ist.

Die **Yulan-Magnolie** (*M. denudata*) wurde 1789 aus Ostasien in die Gärten Mitteleuropas eingeführt. Sie ist ein kleiner Baum mit schneeweißen Blüten, die anfangs glockig angelegt werden und deren neun gleichgroße Blütenblätter dann sich weitspreizend, schalenförmig öffnen und duften.

	Magnolia x soulangiana Tulpen-Gurkenmagnolie	Magnolia denudata Yulan-Magnolie	Magnolia liliiflora 'Nigra' Purpur-Magnolie
Herkunft	1820 in Fromont bei Paris entstanden	M-China	M-China
Blätter			
Form	verkehrt eiförmig bis mehr elliptisch	länglich verkehrt eiförmig	verkehrt eiförmig
Oberseite	frischgrün	beidseits etwas behaart	dunkelgrün, spärlich behaart
Unterseite	mehr oder minder behaart		heller, nur auf Adern behaart
Länge	11–15 cm	10–15 cm	10–18 cm
Spitze	kurz zugespitzt bis abgerundet	kurz zugespitzt	spitz oder kurz zugespitzt
Basis	oft schief	abgerundet bis keilförmig	breit keilförmig
Sprossachse			
Habitus	breit ausladender Strauch oder kurzstämmiger Baum, 3–6(–10) m	breit kegelförmiger Baum, bis 15 m	breiter Strauch, 3–5 m
Junge Triebe	purpurbraun	Triebe und Knospen behaart	

Blüten

Form	glockig angelegt, später breit schalenförmig	glockig angelegt, später breit schalenförmig	trichterförmig, nicht spreizend
Breite	15–18 cm	12–15 cm	10–18 cm
Blattzahl	8–10, äußere etwas kleiner und schmaler, alle dickfleischig	alle 9 gleichförmig und dickfleischig	3 äußere lanzettlich, 3 cm lang, 6 innere 8–10 cm lang
Farbe	außen rosa bis purpurn, innen weiß, selten ganz weiß	rein weiß	außen dunkel purpurn, innen weiß
Duft		duftend	
Blühzeit	April/Mai bis Juni nachblühend	März/April	Mai/Juni

Anders bei dem Großstrauch der **Purpur-Magnolie** (*M. liliiflora 'Nigra'*), die ein Jahr später, nämlich 1790 aus Japan folgte. Deren Blütenblätter sind innen weißrosa und außen dunkelpurpurrot. Die Blüten öffnen sich vasenförmig, wobei einzelne Blütenblätter mit ihrer oberen Hälfte nach außen abbiegen. Die 'Nigra'-Sorte hat die dunkelste Blütenfarbe aller Magnolien.

Beide Eltern-Magnolien, die schon 1.300 Jahre in Ostasien in Kultur waren, blühen erst nach Laubentfaltung, die Yulan-Magnolie im April–Mai, die Purpur-Magnolie etwas später im Mai–Juni. Beide wurden in

Magnolia x soulangiana
Magnolia denudata   Magnolia liliiflora 'Nigra'

der Baumschule Soulange-Bodin in Fromont bei Paris systematisch gekreuzt, von wo dann die Tulpenmagnolie ihren Siegeszug in unsere Gärten antrat.

Die Hybride hat von beiden Elternteilen Vorzüge aufzuweisen. Die großen Blüten sind glockig-tulpenförmig, innen weiß mit rötlichem Anflug und außen, je nach Sorte, mehr oder weniger rosa bis purpurn. Die Blüten fallen nicht sofort auseinander. Die Tulpenmagnolie wächst zu einem Großstrauch von 3 bis 6 m Höhe und Breite heran, der mit dichter Blütenfülle ein prachtvolles Gartengehölz bildet, vor allem auch deshalb weil er vor Laubausbruch im Frühjahr im April–Mai blüht und die Blüten wie Kerzen an diesem Gehölz prangen.

Von der Tulpenmagnolie gibt es inzwischen viele, insbesondere in der Blütenfarbe und im Wuchsverhalten variierende Sorten.

Magnolien sind bezüglich der Standortansprüche recht diffizil, denn sie wurzeln oft flach und brauchen daher gepflegte Gartenböden, welche humushaltig, anlehmig und leicht alkalisch sind. Ihr Standplatz sollte nach Möglichkeit wind- und frostgeschützt sein.

Früchte von Magnolia x soulangiana mit einzelnen Samenanlagen

Mahonia x media

Bis in den Winter hinein blühende Mahonia x media-Hybride

Das Kreuzungsergebnis zwischen der in Japan beheimateten **Japanischen Mahonie** (*Mahonia japonica*) und der ursprünglich in Burma bis NW-Yunnan vorkommenden *Mahonia lomarifolia* hat mit *Mahonia x media* eine Hybride hervorgebracht, welche um 1955 in Großbritannien zufällig gefunden wurde und im Spätherbst bis in den Winter blüht.

	Mahonia x media 'Charity'	Mahonia japonica Japanische Mahonia	Mahonia lomarifolia
Herkunft	um 1955 als Zufallssämling in GB gefunden	Japan, nur in Gartenkultur	NW-Yunnan, Burma
Blätter			
Form	Fiederblätter, 13–19 Blättchen, hart, starr, eiförmig-lanzettlich	Fiederblätter, 7–13 Blättchen, sehr hart, starr, eiförmig-lanzettlich	Fiederblätter, 11–21 Blättchen, lederartig, starr, linealisch lanzettlich
Oberseite	hellgrün	dunkelgrün, glänzend	hellgrün, glänzend
Unterseite	heller grün	grün	heller grün
Länge	Fiederblatt bis 50 cm, Blättchen 8–15 cm, Endblättchen wenig größer	Fiederblatt 30–40 cm, Blättchen 5–12 cm, Endblättchen breiter und größer	Fiederblatt 30–70 cm, Blättchen 3–10 cm, Endblättchen deutlich größer
Spitze	spitz, stechend	spitz, stechend	spitz, stechend
Rand	an jeder Seite der Blättchen 2–3 Stachelzähne	an jeder Seite der Blättchen 2–3 Stachelzähne	an jeder Seite der Blättchen 2–3 Stachelzähne
Basis	schief, Nebenblättchen	schief, unterstes Blättchenpaar fast an Spindel sitzend, Nebenblättchen	schief, unterstes Blättchenpaar fast an Spindel sitzend, Nebenblättchen
Stiel	Blättchen ungestielt	Blättchen ungestielt	Blättchen ungestielt
Sprossachse			
Habitus	2–4 m, hoher, vieltriebiger Strauch	bis 3 m, steif, aufrechte Triebe	2–3 m, in Heimat 7–10 m, vieltriebiger Strauch
Blütenstände			
Form	lockere, 30 cm lange, teils aufrechte Trauben, zu mehreren in Büscheln	sehr lockere, 10–20 cm lange, nickende bis abstehende Trauben	aufrechte, kerzenartige, 10–20 cm lange Ähren, terminal büschelig
Blühzeit	Spätherbst bis Winter	Winter bis Mai	Nov.–März
Blütenfarben	hellgelb	schwefelgelb, duftend	hellgelb, duftend
Früchte			
Farbe		dunkelpurpurn, bereift	blauschwarz
Form		ellipsoid	eiförmig, 1 cm lang

Die Eltern zeigen ähnliche Blühzeiten, wobei die Japanische Mahonie mehr im frühen Frühjahr und *M. lomarifolia* aufgrund ihrer subtropischen Herkunft im Vorwinter Blühansätze zeigt.

Bei den Blättern sind deutliche Heterosis-Effekte zu erkennen, d. h. sie sind größer, die Blättchen breiter und verteilen sich über die Triebe, während sie bei den Eltern mehr schopfartig stehen. Die Zahl der Blättchenpaare liegt zwischen denen der Eltern.

Mahonia x media
Mahonia japonica Mahonia lomarifolia

Mahonia x wagneri

Mahonia x *wagneri*-Hybride ohne glänzende Blättchenoberfläche

Der Mahonien-Hybride *Mahonia* x *wagneri* fehlt, im Gegensatz zu ihren Eltern, der **Gewöhnlichen Mahonie** (*Mahonia aquifo-* *lium*) und der **Fiederblättrigen Mahonie** (*Mahonia pinnata*) eine glänzende Blättchenoberseite, d. h. eine kräftige Kutikula, was sie für Dürreerscheinungen anfälliger machen könnte. Die Blättchen sind nicht so starr wie bei *M. pinnata*, allerdings zur

	Mahonia x wagneri	**Mahonia aquifolium** Gewöhnliche Mahonie	**Mahonia pinnata** Fiederblättrige Mahonie
Herkunft	vor 1863 bei S.L. Freres in Metz, Frankreich	W-USA: Britisch Columbien bis N-Kalifornien	Kalifornien bis N-Mexiko
Blätter			
Form	Fiederblätter, 7–11 Blättchen, eilänglich	Fiederblätter, 7–13 Blättchen, eiförmig-eilänglich	Fiederblätter, 7–11(–13) Blättchen, eiförmig bis lanzettlich
Oberseite	im Austrieb rötlich, schwach glänzend	im Austrieb meist gerötet, dunkelgrün	glänzend
Unterseite	unten heller	grünlich	grün
Länge	bis 20 cm, Blättchen 3–9 cm	bis 20 cm, Blättchen 4–8 cm	5–12 cm, Blättchen 3–5 cm
Spitze	stachelspitzig	stachelspitzig	stachelspitzig
Rand	an jeder Seite 5–8 Stachelzähne	an jeder Seite 5–11 Stachelzähne, Blättchenteile weggerollt	an jeder Seite bis 10 Stachelzähne, gewellt
Basis	ungleich, sitzend	abgerundet	Blättchen sich meist überdeckend
Stiel	ungestielt	Blättchen leicht gestielt	Blättchen wenig gestielt
Sprossachse			
Habitus	aufrechter Strauch, bis 2,5 m	aufrechter Strauch, weniger als 1 m	aufrechter Strauch, über 1 m
Blütenstände			
Form	Trauben mit 5 zusammenstehenden Blüten, an Zweigen verteilt	rispenförmige, aufrechte Trauben an Zweigenden	Trauben mit 5 zusammenstehenden Blüten, an Zweigen verteilt
Blühzeit	April bis Mai	April bis Mai	April bis Mai
Blütenfarben	hellgelb	gelb	hellgelb
Früchte			
Farbe	bläulich, bereift	schwarz-purpurn, bereift	bläulich, bereift
Form	eirund, 6 mm	elliptisch, um 8 mm	eirund, 6 mm

Blättchenspitze hin abgewölbt, mehr ein Erbe von *M. aquifolium*.

Anders als die Eltern, besitzt sie auch nur einen kurzen Blattstiel sowie fast sitzende Blättchen. Die Zahl und die Ausprägung der Stachelzähne an den Blättchenrändern ist mehr denen des *M. pinnata*-Elter angenähert.

Bezüglich der Blüten- und Fruchtausprägung ähnelt die Hybride der *M. pinnata*.

Mahonia x wagneri
Mahonia aquifolia   Mahonia pinnata

Malus x micromalus

Malus x micromalus-Hybride übernimmt Blütenfüllung

In der Blütengröße liegt die Hybride **Malus x micromalus** zwischen ihren beiden Eltern **Malus baccata** und **Malus spectabilis**, aber die Füllung hat sie vom *M. spectabilis*-Elter übernommen, denn *M. baccata* besitzt nur eine einfache Blüte. Die Blütenfarbe der Kronblätter ist anfänglich zartrosa, verblasst aber nach weiß.

Die Früchte des *M. spectabilis*-Elter sind reif gelb, die der Hybride ebenfalls, während die des *M. baccata*-Elter purpurn sind. Der lange Stiel des Apfels des *M. spectabilis*-Elter ist im Übergang zur Frucht angeschwollen. Der Apfel der Hybride ist oft am Kelchende erhöht.

		Malus x micromalus	Malus baccata	Malus spectabilis
Herkunft		1856 aus Japan eingeführt	NO-Asien bis China	China
Blätter				
Form		elliptisch, länglich zugespitzt, 5–10 cm, fein gesägt	elliptisch bis eiförmig, zugespitzt, fein scharf gesägt	elliptisch bis länglich, 5–8 cm, kurz zugespitzt
Oberseite		glänzend	glänzend hellgrün	glänzend dunkelgrün
Unterseite		zuletzt kahl	kahl	behaart
Blüten				
Form		rosa, weiß gefüllt	rahmweiß, Krone und Kelch langzipfelig	hellrosa bis weiß, halbgefüllt, Kelchzipfel dreieckig
Blühzeit		Mai	April/Mai	
Blütendurchmesser		4,5 cm	3–3,5 cm	4–5 cm
Früchte				
Form		kugelig bis ellipsoid, Kelchende erhöht	kugelig	kugelig bis ellipsoid, Stiel am Apfel verdickt
Größe		1,5–3 cm	um 1 cm	2–3 cm
Farbe		reif gelb	gelb mit rotem Überhauch	reif gelb
Wuchsform				
		kleiner Baum oder Strauch, bis 4 m	Baum oder Strauch, bis 5 m	hoher Strauch bis kleiner Baum, bis 8 m

Blütentriebe von
Malus x micromalus
Malus baccata   Malus spectabilis

Einzelblüten von
Malus x micromalus
Malus baccata   Malus spectabilis

Malus x micromalus
Malus baccata   Malus spectabilis

Malus x moerlandsii

***Malus* x *moerlandsii*-Hybride, ein überreich blühendes Ziergehölz**

Die von Doorenbos in Den Haag vor 1938 durchgeführten Kreuzungen zwischen *Malus sieboldii* und *Malus* x *zumi* haben zu reichblühenden *Malus* x *moerlandsii*-Hybriden geführt, die zudem noch eine glänzend braungrüne Belaubung zeigen, also ein wertvolles Frühjahrs-Ziergehölz bilden, welches später dann noch durch den Apfelbehang mit dunkel purpurnen Früchten erfreut.

	Malus x moerlandsii	Malus sieboldii	Malus x zumi
Herkunft	vor 1938 von Doorenbos (Den Haag) erzielt	Japan	vor 1938 von Doorenbos (Den Haag) erzielt
Blätter			
Form	eiförmig-elliptisch	eiförmig-elliptisch, zugespitzt	eiförmig-elliptisch
Oberseite	glänzend braungrün	grün	glänzend grün
Unterseite		beidseits behaart	
Blüten			
Form	dunkelrot bis rosa, reich blühend	hell rosa, abblühend fast weiß	dunkelrot bis rosa, reich blühend
Blütendurchmesser	3–4 cm	2 cm	3–4 cm
Früchte			
Form	kugelig	kugelig, bis Dezember haftend	kugelig
Größe	1–1,5 cm	erbsengroß, 0,5–1 cm	1–1,5 cm
Farbe	reif purpurn	reif rot bis gelbbraun	reif purpurn
Wuchsform			
	hoch wachsender Strauch	großer Strauch	hoch wachsender Strauch

Das Purpurrot der Kronblätter des *M. x zumi*-Elter wurde durch Einkreuzung der hell rosa Blüten des *M. sieboldii*-Elter nach hell rosa bei der Hybride verschoben. Der Durchmesser der Blüten hat sich minimal verringert.

Malus x moerlandsii
Malus sieboldii   Malus x zumi

Malus x moerlandsii
Malus sieboldii   Malus x zumi

Die Zieräpfel (hier *Malus* x *moerlandsii*) sind durch ihre überreiche Blühfähigkeit im Frühjahr ein Blickfang.

Malus x robusta

Malus x robusta-Hybride zeigt leichte Heterosis-Effekte

Die Eltern *Malus prunifolia var. flava* und *Malus baccata var mandshurica* als auch die Hybride *Malus x robusta* bilden große, aufrechte Sträucher bzw. einen Kleinbaum mit etwas hängenden Astspitzen.

Die Blüten sind bei allen weiß. Beim *M. prunifolia*-Elter sind die Blütenknospen rötlich überhaucht. Die Kelchblätter sind zipfelig, beim *M. baccata*-Elter auch die Kronblätter lanzettlich-zipfelig. Sowohl Blüten als auch die Apfelfrüchte sind bei der Hybride leicht größer, zeigen also schwache Heterosis-Effekte. Die Kronblätter sind auffällig genagelt und mit der Spreite eiförmig rund.

	Malus x robusta	Malus prunifolia var. flava	Malus baccata var. mandshurica
Herkunft		NO-Asien	NO-Asien bis China
Blätter			
Form	elliptisch, spitz gekerbt, 8–10 cm	elliptisch bis eiförmig, kerbig gesägt, Spitze zipfelig, 5–10 cm	elliptisch bis eiförmig, zugespitzt, fein scharf gesägt, 8–12 cm
Oberseite	grün		glänzend hellgrün, kahl
Unterseite		zerstreut behaart	
Blüten			
Form	weiß, vereinzelt etwas rosa	rein weiß, Blütenknospen rötlich, Kelch zipfelig	rahmweiß, Krone und Kelch lang zipfelig
Blühzeit	April/Mai	Mai	April/Mai
Blütendurchmesser	3–4 cm	3 cm	3–3,5 cm
Blütenanzahl je Doldentraube	3–8	6–10	3–5
Früchte			
Form	kugelig bis ellipsoid	eiförmig, bleibender Kelch	kugelig
Größe	2–4 cm	2 cm	um 1 cm
Farbe	gelb oder rot, bis zur Reife bläulich bereift	gelbgrün bis rot	gelb mit rotem Überhauch
Wuchsform			
	aufrechter, kegelförmiger kleiner Baum	kleiner Baum, 5(–10) m	Baum oder Strauch, bis 5 m

Blütenstände von
Malus x robusta
Malus prunifolia   Malus baccata

Einzelblüten von
Malus x robusta
Malus prunifolia   Malus baccata

Malus x robusta
Malus prunifolia   Malus baccata

Malus x soulardii

Bei der *Malus* x *soulardii*-Hybride hat sich der Filz-Apfel mehr durchgesetzt

Aus der Kreuzung des aus der mittleren USA stammenden und mehr weißblütigen (mit einem rosa Anflug) **Prärie-Apfels** (*Malus ionensis*) mit dem rötlichen bis dunkelroten, aus Kleinasien stammenden **Filz-Apfel** (*Malus pumila* 'Niedzwetzkyana') ist die Hybride ***Malus* x *soulardii*** mit rosa überlaufenen Blüten hervorgegangen.

Die Kronblätter sind alle genagelt, wobei die des *M. pumila*-Elter auffällig weiß genagelt sind, ein Resterbe der ursprünglichen Form mit mehr weißen Kronblättern.

Die Apfelfrucht hat sich bei der Hybride durch Heterosis-Effekte vergrößert. Die flachkugelige Form ist an beiden Enden vertieft. Die rötliche Backe des reifen Apfels ist ein Erbe des *M. pumila*-Elter, denn der Apfel des *M. ionensis*-Elter bleibt mehr oder minder gelblichgrün mit wachsigem Überzug.

	Malus x soulardii	**Malus ionensis** Prärie-Apfel	**Malus pumila** 'Niedzwetzkyana' Filz-Apfel
Herkunft		mittlere USA	SW-Sibirien, Kleinasien (Kaukasus bis Turkestan)
Blätter			
Form	breit elliptisch, 5–8 cm, unregelmäßig kerbig gesägt, etwas gelappt	länglich eiförmig, 5–10 cm, spitz, gesägt	elliptisch bis eiförmig, spitz bis stumpf, Basis keilförmig, 4–10 cm, kerbig gesägt, Stiel 3 cm
Oberseite	runzelig	dunkelgrün	beidseits behaart, später oben verkahlend
Unterseite	dicht behaart	gelbgrün, filzig	
Blüten			
Farbe	weiß, rosa überlaufen	weiß mit zartrosa Anflug	dunkelrot, weiß genagelt, Kelch und Blütenstiele behaart
Blühzeit		Mai/Juni	Mai
Blütendurchmesser	5–6 cm, genagelt	4–6 cm	4–5 cm
Früchte			
Form	flach kugelig, an beiden Enden vertieft	kugelig bis breit elliptisch, mit bleibendem Kelch	etwas gestreckt rund
Größe	3–5 cm	3–4 cm	2–3 cm
Farbe	gelbgrün mit rötlicher Backe	grün, wachsig überzogen	rötlich, Samen rosa
Wuchsform			
	hoher Strauch	kleiner Baum mit lockerer Krone	Strauch, bis 4 m oder kleiner, rundkroniger Baum 5–7(–15) m

180 *Malus x soulardii*

Blütenstände von
Malus x soulardii
Malus ionensis   Malus pumila

Einzelblüten von
Malus x soulardii
Malus ionensis   Malus pumila

Malus x zumii

***Malus x zumii*-Hybride intermediär geprägt**

Aus der Kreuzung der kleinblütigen *Malus sieboldii* und der großblütigen *Malus baccata var. mandshurica* sind bei der Hybride *Malus x zumii* mittelgroße Blüten geworden. Die so auffällige lange und schmale Nagelung der Kronblätter des *M. baccata*-Elter wiederholt sich bei der Hybride nicht so ausgeprägt. Die Fruchtgröße liegt zwischen beiden Eltern, wobei die Gelbfärbung vom *M. sieboldii*-Elter übernommen wurde, denn Früchte des *M. baccata*-Elter sind rot.

		Malus x zumi	Malus baccata	Malus sieboldii
Herkunft		vor 1938 von Doorenbos (Den Haag) erzielt	NO-Asien bis China	Japan
Blätter				
Form		eiförmig-elliptisch	elliptisch bis eiförmig, zugespitzt, fein scharf gesägt	eiförmig-elliptisch, zugespitzt
Oberseite		glänzend grün	glänzend hellgrün	grün
Unterseite			kahl	beidseits behaart
Blüten				
Farbe		dunkelrot bis rosa, reich blühend	rahmweiß, Krone und Kelch lang zipfelig	hellrosa, abblühend fast weiß
Blühzeit			April/Mai	
Blütendurchmesser		3–4 cm	3–3,5 cm	2 cm
Früchte				
Form		kugelig	kugelig	kugelig, bis Dezember haftend
Größe		1–1,5 cm	um 1 cm	erbsengroß, 0,5–1 cm
Farbe		reif purpurn	gelb mit rotem Überhauch	reif rot bis gelbbraun
Wuchsform				
		hoch wachsender Strauch	Baum oder Strauch, bis 5 m	großer Strauch

Blütenstände von
Malus x zumii
Malus baccata var. mandshurica   Malus sieboldii

Einzelblüten von
Malus x zumii
Malus baccata var. mandshurica   Malus sieboldii

Malus x zumii
Malus baccata var. mandshurica   Malus sieboldii

Nothofagus x leonii

Südbuchen-Hybride bildet größere Blätter

Aus der Kreuzung der in Chile und den Anden beheimateten Südbuchen *Nothofagus glauca* und *Nothofagus obliqua* ist die Hybride *Nothofagus x leonii* hervorgegangen, die eindeutig Heterosis-Effekte zeigt, denn die Blätter sind sogar noch gegenüber denen des *N. glauca*-Elter größer. Sie sind aber ebenfalls wechselständig und nicht zweizeilig angeordnet wie beim *N. obliqua*-Elter. Einzelne Basisblätter an den Trieben sind relativ klein und erinnern noch an die Blattgrößen des *N. obliqua*-Elter.

	Nothofagus x leonii	Nothofagus glauca	Nothofagus obliqua
Herkunft	Chile, Anden	Chile, Anden	Chile
Blätter			
Form	breit eiförmig	eiförmig bis mehr elliptisch	eiförmig, zweizeilig angeordnet
Oberseite	dunkelgrün	beidseits blaugrün	hellgrün
Unterseite	blaugrün, behaart		blaugrün, kahl
Länge	3–12 cm	3–8 cm	3–4 cm
Breite	2–4 cm	3–5 cm	1,5–3 cm
Spitze	stumpf	stumpf	stumpf, vereinzelt spitz
Rand	klein gezähnt	wellig, kerbig	unregelmäßig fein gesägt
Basis	breit herzförmig	gerundet	keilförmig
Stiel	2–5 mm	2–3 mm	sitzend
Wuchs			
	Baum, junge Triebe behaart	Baum, sehr rauer Stamm, junge Triebe bläulich bereift, rauhaarig	raschwüchsiger Baum, bis 30 m

Nothofagus x leonii
Nothofagus glauca   Nothofagus obliqua

Osmanthus x fortunei

Die *Osmanthus*-Hybride ist ein schöner Zierstrauch für milde Klimate

Die Hybride zwischen der **Duftblüte** (*Osmanthus fragans*) und der **Stachelblättrigen Duftblüte** (*Osmanthus heterophylla*), welche beide in Fernost beheimatet sind, ist in Japan gezogen und nur kultiviert bekannt, kultiviert als 1,5 bis 3 m hoher Strauch mit immergrünem Laub und erst im Herbst aufblühenden weißen, intensiv duftenden Blüten.

Sowohl die Hybride **Fortunes Duftblüte** (*Osmanthus x fortunei*) als auch *O. heterophylla* besitzen Blätter, die der Stechpalme (*Ilex aquifolium*) ähneln, d. h. ihr Blattrand ist dornig besetzt, bei *O. heterophylla* stärker als bei der Hybride, wo dieser mehr zähnelig ausfällt, resultierend aus der Einkreuzung des nur feingezähnelten Blattrandes des *O. fragans*-Elter. Die untere Hälfte des Blattrandes des *O. heterophylla*-Elter ist glattrandig; bei der Hybride ist es nur etwa ein Drittel. Die Blätter der Hybride sind auffällig größer als die des *O. heterophylla*-Elter, wahrscheinlich ein Heterosiseffekt.

	Osmanthus x fortunei Fortunes Duftblüte	**Osmanthus fragans** Duftblüte	**Osmanthus heterophylla** Stachelblättrige Duftblüte
Herkunft	Japan, nur in Kultur bekannt	Himalaja, Japan, China	Japan
Blätter			
Form	elliptisch-eiförmig	umgekehrt eiförmig	länglich-elliptisch, ledrig
Oberseite	glänzend grün	glänzend hellgrün	glänzend tiefgrün
Unterseite		abgehoben geadert	hellgrün
Länge	6–10 cm	6–10 cm	2–6 cm
Spitze	dornig zugespitzt	abgerundet bis zipfelig zugespitzt	abgerundet bis dornig zugespitzt
Rand	beidseits gezähnte Dornen, unteres Drittel ganzrandig	glatt bis wenig fein gezähnt	beidseits 2–4 Ilex-artige, dreieckige Dornen, untere Hälfte ganzrandig
Basis	keilförmig	keilförmig	keilförmig
Stiel	3–4 mm	5–7 mm	4–8 mm
Blüten			
	8–10 weiße, duftende Blüten in blattachselständigen Büscheln	einzelne bis wenige, stark duftende, weiße Blüten in gestielten Büscheln	weiße, duftende Blüten in achselständigen Büscheln
Blühzeit	September		Sept./Okt.
Wuchsform			
	breiter Strauch, 1,5–3 m	großer Strauch, 5 m	rundlicher Strauch, 2,5–5 m

Osmanthus x fortunei
Osmanthus fragans   Osmanthus heterophylla

Platanus x hispanica

Hybrid-Platane ist ein geschätzter Alleebaum

Die **Ahornblättrige Platane** (*Platanus x hispanica*) gilt als ein wahrscheinlicher erbkonstanter Bastard, hervorgegangen aus der europäisch südländischen **Morgenländischen Platane** (*Platanus orientalis*) und der abendländischen **Amerikanischen Platane** (*Platanus occidentalis*), d. h. die gebildeten Samen sind fortpflanzungsfähig (= fertil). Das ist darauf zurückzuführen, dass nach der Bastardisierung offensichtlich eine natürliche Polyploidisierung eingetreten ist und dadurch die für die generative Fortpflanzung notwendigen Chromosomenallele der sehr hohen Chromosomenzahl von 2n = 42 vorhanden sind. Die Hybride ist, so wird vermutet, im 17. Jahrhundert in England entstanden.

Der europäische Kreuzungspartner mit *Platanus orientalis* ist ein Eiszeitrelikt und sehr frostempfindlich. Sie bildet in ihrer südeuropäischen Heimat in Flussauen verbreitete Galeriewälder, in denen die ältesten bekannten Bäume über 2000 Jahre alt sind und die dicksten Bäume Durchmesser bis 15,4 m erreichen (nur die Sumpfzypresse erreicht ähnliche Durchmesser).

	Platanus x hispanica Ahornblättrige Platane	Platanus orientalis Morgenländische Platane	Platanus occidentalis Amerikanische Platane
Herkunft	weiter nach Norden gehend, da frostfest,	Balkan bis Himalaja	N.-Amerika
Blätter			
Form	3–5-lappig, schwache Einbuchtungen	5–7-lappig, tief gebuchtet	3-lappig, dreieckig, flach stumpfwinklig
Breite	15–25 cm	15–30 cm	10–22 cm
Rand	wenig gezähnt	gezähnt	glatt
Basis des Blattes	gestutzt	leicht ausgezogen	leicht ausgezogen
Basis des Stieles	bildet an Basis Höhle für Knospe	bildet an Basis Höhle für Knospe	bildet an Basis Höhle für Knospe
Sprossachse			
Höhe	35 m	30 m	40 m
Borke	größere Platten ablösend	größere Platten ablösend	kleine Platten ablösend
Früchte (Platane ist einhäusig)			
Anzahl der Fruchtkugeln	2–3	3–6	1, selten 2
Spitze der einsamigen Nüsschen	spitz dreieckig, polyploid, daher fortpflanzungsfähig (= fertil)	stumpf rundlich	gestutzt stumpf
Wuchsort			
	Alleebaum, da trockenresistent	Flussauen und Galeriewälder	Stromtäler

Platanus x hispanica
Platanus orientalis	Platanus occidentalis

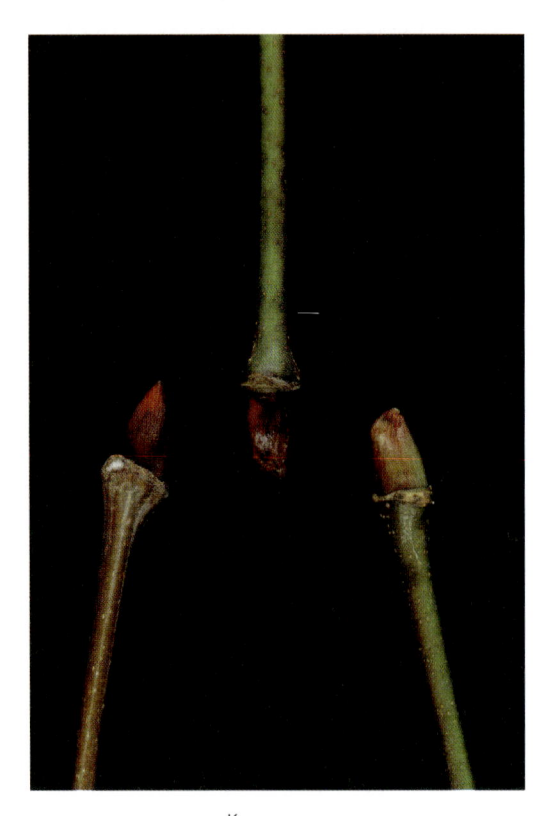

Knospen von
Platanus x hispanica
Platanus orientalis	Platanus occidentalis

Bei nur einer Höhe von 30 bis 40 m wirken sie gegenüber den in Nordamerika beheimateten höheren Mammutbäumen allerdings untersetzt. Auch der nordamerikanische Kreuzungspartner wächst am natürlichen Standort entlang von Flüssen und Bächen.

Die Hybridplatane ist dagegen trockenresistent und auch wesentlich frostfester und konnte sich daher gegenüber den Ausgangsformen weiter nördlich gelegene Wuchsräume erschließen, wo sie uns ein vertrauter und vielgenutzter Park-, Allee- und Straßenbaum ist. Sie gehört mit zu den robustesten Stadtgehölzen und verträgt auch eine Asphaltüberdeckung. Mit ihrer breiten, ausladenden Krone ist sie ein hervorragender Schattenspender über Parkplätzen. Gelegentlich werden Alleebäume rückgestutzt, was sie gut verträgt, weil aus ruhenden Knospen viele neue Äste austreiben. Mit ihrem flachen Wurzelsystem können sie auch Wurzelbrut bilden.

Die Blätter der Hybridplatane nimmt in der Blattausprägung etwa eine Mittelstellung zwischen den beiden Ausgangsarten ein. Während die Blätter der Morgenländischen Platane 5- bis 7-lappig sind, die Einbuchtungen bis fast zur Blattmitte reichen und der Blattrand grob buchtig gezähnt ist, sind die der Amerikanischen Platane nur meist 3-lappig, die Buchten sind flach stumpfwinklig und die einzelnen Lappen breit dreieckig angelegt. Die Hybridplatane besitzt 3- bis 5-lappige Blätter, die Einbuchtungen reichen nicht ganz so tief in die Spreite hinein und die Lappen sind wenig gezähnt.

Die kräftige Blattstielbasis bildet am Zweigansatz eine Höhle. Sie schützt die in ihrer Achsel angelegte Knospe, die erst nach dem Blattfall, unter Umständen erst nach Abstoßen des sitzengebliebenen Blattstieles mit dem Austrieb im Frühjahr sichtbar wird. Die Knospe wird äußerlich von einer einzigen, kaputzenförmigen Knospenschuppe überdeckt.

Die jungen Triebe werden neuerdings sehr häufig von dem Pilz *Gloeosporium nervisequum* befallen, welcher die gerade austreibenden Blätter absterben lässt. Die Ersatzblätter des unmittelbar darauffolgenden Wachstumsschubes bleiben dagegen gesund.

Die Bäume sind einhäusig, d. h. weibliche und männliche Blüten finden sich auf ein und demselben Baum. Sie sind daher in eingeschlechtigen, hängenden, kugeligen Blütenköpfchen untergebracht. Die weiblichen Köpfchen sind durch die Narben rot gefärbt und in der Regel zu zwei bis drei an einem Stiel angelegt, während die an vorjährigen Zweigen angelegten männlichen Köpfchen meist einzeln stehen. Eine Blütenhülle ist vorhanden, aber unauffällig, bei den männlichen Blüten ist sie reduziert. Der Pollen wird vom Wind übertragen.

Die Fruchtstände weisen bei der Morgenländischen Platane drei bis sechs Fruchtkugeln an einem gestreckten Fruchtstiel auf, die der Amerikanischen Platane nur ein, selten zwei Fruchtkugeln, die zudem dicker (3 cm gegenüber 2 bis 2,5 cm) sind. Die Hybridplatane besitzt meist zwei, gelegentlich drei Fruchtkugeln am gestielten Fruchtstand.

In den vielen Fruchtknoten entwickeln sich einsamige Nüsschen, mit einem für die Verbreitung wichtigen hakigen Griffelrest und einem basalen Haarkranz, welcher als Flugeinrichtung mit zur Verbreitung beiträgt. Die einsamigen Nüsschen stehen in den kugeligen, bommelartigen Fruchtständen, die erst im Verlaufe des Winters vermorschen, dann zerfallen und die Einzelfrüchte als Schirmflieger mit geringer Flugweite freigeben. Die Vermehrung der Hybridplatane erfolgt vegetativ durch Stecklinge.

Das Auffallende der Platane ist ihre typische Borkenerneuerung. Die Schuppenborke wird jedes Jahr in großen Platten bis auf die letzte Peridermschicht abgelöst.

Fruchtstände von
Platanus x hispanica
Platanus orientalis   Platanus occidentalis

Dies liegt daran, dass die Peridermschichten innenseitig sklerotisch, d. h. dickwandiger und weniger flexibel sind. Die Ablösung der Borkenschuppen erfolgt meist bei trockenem Wetter im Sommer, wenn durch erhöhte Transpiration und möglichem Wassermangel im Stamm ein Unterdruck entsteht, welcher zu einer, für unser Auge nicht wahrnehmbaren Abnahme des Stammumfanges führt. Die sklerotisierten Schichten der Borke können dieser Schrumpfung nicht folgen und lösen sich vom Stamm ab. Sie geben dabei die hellere gelblich grüne Rinde frei, in der jetzt eine neue Periderm-Borkenschicht gebildet wird. Da diese Bildung großflächig unterschiedlich weit fortgeschritten ist, sind die Stämme bräunlich-grau gescheckt. An älteren, dicken Stämmen sind regelmäßig knollenförmige Wucherungen zu sehen.

Populus x berolinensis

Berliner Lorbeerpappel als Park- und Alleebaum geeignet

Diese um 1870 im Botanischen Garten von Berlin entstandene Hybride (*Populus x berolinensis*), zwischen der aus dem Fernen Osten mit NO-Sibirien, NW-Indien und Japan stammenden **Lorbeerblättrigen Pappel** (*Populus laurifolia*), und der **Pyramidenform der Schwarzpappel** (*Populus nigra* 'Italica') ist mit seiner breitsäulenförmigen Krone, d. h. abstehenden, aber ansteigenden Ästen, als Erbteil der Pyramidenpappel, ein durchaus geeigneter Park- und Alleebaum. Sie kann Höhen um 30 m erreichen und war eine weibliche Hybride. Später ist in Frankreich eine männliche Hybride entstanden, welche in Europa und Nordamerika häufig als Windschutzgehölz eingesetzt wurde. Sie erträgt trockene Sommer und strenge Winter, ist allerdings für Blattfallkrankheiten anfällig und dadurch selten geworden.

Die jungen Triebe sind auffällig graugelb, ein Erbteil von P. *laurifolia*, während die etwas kantige Ausformung dieser ein intermediäres Merkmal der scharfkantigen von P. *laurifolia* und der stielrunden von P. *nigra* ist. Ein weiteres charakteristisches Merkmal der Hybride sind grüne und klebrige Knospen im Winterzustand. Sie sind bei P. *laurifolia* gestreckt, aufrecht und nicht dem Zweig angedrückt, während sie bei P. *nigra* an der Spitze nach auswärts, d. h. vom Zweig weg gebogen und glänzend gelbbraun sind.

	Populus x berolinensis Berliner Lorbeerpappel (nur männliche Bäume)	Populus laurifolia Lorbeerblättrige Pappel	Populus nigra 'Italica' Pyramiden-Pappel (nur männliche Bäume)
Herkunft	um 1870 in Botanischen Garten Berlin entstanden	NO-Sibirien, NW-Indien, Japan	Vorderasien
Blätter			
Form	spitz eiförmig	eiförmig-lanzettlich	dreieckig rhombisch-eiförmig
Länge	8–12 cm	13 cm an Langtrieben	
Unterseite	weißlich-grün	weißlich-grün	
Rand	gesägt	kerbig gesägt	gesägt
Basis	keilförmig bis abgerundet	abgerundet	gestutzt
Stiel	im Querschnitt eiförmig, zerstreut behaart	rund, leicht behaart	seitlich abgeflacht
Spross			
Zweige	grau gelb, abstehend, ansteigend	kantig gerippt	stielrund
Knospen			
Form		gestreckt aufrecht	Spitze auswärts gebogen
Farbe	grün, klebrig		gelbbraun

Die spitz-eiförmig bis rhombisch-eiförmigen, 8 bis 12 cm langen Blätter der Hybride sind damit in Annäherung an den *P. nigra*-Elter etwas kürzer als die des *P. laurifolia*-Elter mit bis 13 cm Länge bei den Langtriebblättern, während die der Kurztriebe auch kürzer sind. Die Blätter von *P. laurifolia* sind zumindest an den Langtrieben eiförmig-lanzettlich gestreckt, während die der Kurztriebe elliptisch-eiförmig und nicht lanzettlich, aber länger gestielt sind. Die Blätter von *P. nigra* sind durch die gestutzte Basis mehr dreieckig bis rhombisch-eiförmig. Der kerbig gesägte Rand ist ihnen allen gemein. Die zerstreute Behaarung auf der Blattunterseite, die dadurch weißlich grün erscheint, ist ererbt von *P. laurifolia*. Die Blattbasis ist intermediär, d. h. nicht so stumpf wie bei *P. nigra* aber auch nicht so abgerundet wie bei *P. laurifolia*, sondern keilförmig bis abgerundet. Auch der Blattstiel folgt einer intermediären Ausformung. Er ist bei *P. nigra* abgeflacht, bei *P. laurifolia* rund und leicht behaart und bei *P.* x *berolinensis* eiförmig bis rund und zerstreut behaart.

Populus x berolinensis
Populus laurifolia   Populus nigra 'Italica'

Populus x canadensis

Schwarzpappel-Hybriden werden in Pappelkulturen gepflanzt

Aus den Kreuzungen von **Kanadischer Schwarz-Pappel** (*Populus deltoides*) und der **Schwarz-Pappel** (*Populus nigra*) aus Europa bis Vorderasien ist eine Gruppe von Hybriden hervorgegangen, die als Kanadische Pappel (***Populus x canadensis***) geführt werden. Die Form 'Serotina', eine schon im April frühaustreibende Sorte, um 1700 in Frankreich gefunden, ebenso dort die Form 'Regenerata' um 1815 oder die 'Robusta'-Form, welche später im Mai austreibt und 1895 bei Simon-Louis in Plantiéres bei Metz ausgelesen wurde. Sie werden, da sie in allen Triebteilen über Wurzelprimordien verfügen, über Stecklingsvermehrung als ausgewählte, geprüfte Klone noch oft in Pappelkulturen zur Erzeugung von schnellwachsendem Industrieholz angebaut, heute oft als nachwachsender Rohstoff deklariert, obwohl gar nicht so leicht absetzbar.

Man kreuze diese Altsorten weiter, zum Teil mit reinen Arten, aber auch mit Bastarden, sodass die genaue Abstammung nicht in allen Fällen gesichert angegeben werden kann. In neuerer Zeit wurde gezielter gekreuzt und die vegetativ nachge-

	Populus x canadensis Kanadische Pappel	Populus deltoides Kanadische Schwarz-Pappel	Populus nigra Schwarz-Pappel
Herkunft	schon um 1700 in Frankreich	Nordamerika	Europa bis Vorderasien
Blätter			
Form	dreieckig	dreieckig bis breit-eiförmig	dreieckig bis rautenförmig
Länge	7–11 cm	8–12 cm	5–10 cm
Spitze	lang zipfelig zugespitzt	plötzlich zugespitzt, dort glatter Rand	lang zugespitzt
Rand	kerbig gesägt	grob kerbig gesägt bewimpert	fein kerbig gesägt
Basis	gestutzt leicht keilförmig	gestutzt	gestutzt bis keilförmig
Stiel	3–8 cm, rötlich, abgeflacht	3–10 cm, seitlich abgeflacht, rötlich	2–6 cm, seitlich abgeflacht
Sprossachse			
Höhe	30 m	30 m	30 m
Triebe	stielrund, leicht kantig	stielrund, kantig gerippt	stielrund
Rinde		grüngelb	graubraun
Knospen	die Knospen aller 3 Pappeln sind klebrig und verströmen einen balsamischen Duft		
Farbe		braun	glänzend gelbbraun
Form		lang scharf zugespitzt	Spitze gebogen

zogenen Klone einem Anerkennungsverfahren unterzogen. Erst danach werden sie für den Anbau freigegeben

Die Hybrid-Pappeln sind, wie auch der kanadische Elter raschwüchsige, breitkronige Bäume. Sie haben alle drei klebrige Knospen, die bei Entfaltung der Blätter einen charakteristischen, angenehmen balsamischen Duft verbreiten. Die beiden Eltern lassen sich schon an der Knospenform unterscheiden, die bei *P. deltoides* braun, lang und scharf zugespitzt, bei *P. nigra* dagegen gelbbraun und an der Spitze gebogen sind.

Zwar unterscheiden sich auch die Blätter recht deutlich, nämlich breit-eiförmig bis dreieckig bei *P. deltoides*, gegenüber rautenförmig bis dreieckig-eiförmig bei *P. nigra*. Die Blätter sind also von Art zu Art, aber auch innerhalb der Art unterschiedlich geformt, was auch für die Hybride gilt, die intermediär ausgeformte Blätter aufweist. Es gibt für die Blätter der Ausgangsarten noch weitere Unterscheidungsmerkmale: So besitzt *P. deltoides* eine ausgezogene Spitze, die wie die gestutzte Blattbasis ganzrandig ist, während der Rand der Spreite grobkerbig gesägt ist. Die ausgezogene Blattspitze kann zudem leicht verdrillt sein. Der Blattrand ist dicht bewimpert, ansonsten sind die Spreiten kahl und glänzend dunkelgrün. Am rötlich getönten Blattstiel befinden sich am Blattansatz zwei bis drei Drüsen, bei der Hybride nur noch ein bis zwei, während solche bei *P. nigra* nicht existieren. Bei *P. nigra* ist das Blatt lang zugespitzt und der Rand nur feinkerbig gesägt, wobei die leicht ausgezogenen Zähnchen dem Blatt zugewendet sind. Die Blattstiele sind bei allen drei etwas seitlich abgeflacht.

Alle drei Pappeln wachsen zweihäusig, zunächst mit Frühblättern, welche schon in der Knospe angelegt sind und dann mit Spätblättern bis in den Herbst hinein, deren Primordien schon an der Triebspitze in der Knospe angelegt sind. Früh- und Spätblätter, die am Spross schraubig ste-

beblätterte Triebe von
Populus x canadensis
Populus deltoides   Populus nigra

hen, unterscheiden sich in Form und Struktur. Die Frühblätter sind kleiner, dünner, haben ein dichteres Adernetz und eine mehr keilförmige Blattbasis.

Die Schnellwüchsigkeit der Hybriden ist nur auf geeigneten Standorten mit Wasserführung und einem hohen Nährelementangebot gewährleistet, was an Flussläufen und deren Überschwemmungsbereichen sowie im Auwald gegeben ist. Hier erreichen sie auch Höhen von 35 m und haben mit einer Umtriebszeit zwischen 30 bis 40 Jahren die ursprüngliche *P. nigra* verdrängt. Sie wachsen mit einem weitgehend durchlaufenden Stamm, deren Äste spitzwinklig abgehen, die in Lang- und Kurztriebe gegliedert sind. Die Kurztriebe, welche die Hauptmasse der Blätter tragen, werden schon nach zwei bis drei Vegetationsperioden separiert, sodass die Krone recht locker erscheint. Da es sich um Klone handelt, sehen die meistens in Reihen angebauten Bestandsmitglieder im Kronenhabitus recht gleichförmig aus.

Populus x canadensis
Populus deltoides   Populus nigra

Populus x canadensis
Populus deltoides   Populus nigra

Populus x canescens

Graupappel ist das intermediäre Abbild der Merkmale beider Eltern

Sowohl die Verbreitungsareale als auch die Standorte der Eltern der Graupappelhybride (*Populus x canescens*) sind in Europa und Asien die gleichen. Sie können also nebeneinander vorkommen und bastardisieren. Folglich ist die Graupappel auch seit alters hier vertreten, zumal sie sich, wie der Zitterpappel-Elter (*Populus tremula*), vegetativ über üppige Wurzelbrut verbreiten kann. Der Silberpappel-Elter (*Populus alba*), ist heute selten geworden, oft verdrängt von immer mehr angebauten Schwarzpappel-Hybriden.

Die Silber-Pappel, der eine Elter der Graupappel, hat ihre ursprüngliche natürliche Verbreitung am Oberrhein und der Donau.

Die Graupappel-Hybride geht darüber hinaus und ist sogar an Ost- und Nordseeküste und in England zu finden, und sie ist sogar noch anspruchsloser als der andere Elternteil, die Zitterpappel. Die Graupappel kann daher auf Dünensanden als Windschutz angepflanzt werden, da sturmfest. Sie benötigt allerdings Anschluss an das Grundwasser. Da sie in der Jugend eine Überschirmung verträgt, kann sie in Mischbestände eingefügt werden, wo sie Höhen zwischen 35 bis 40 m erreichen kann. Im Freistand bildet sie eine breite, weitreichende Krone mit kräftigen Ästen, im Bestand aber auch schmalkronige, astreine und gerade Stämme.

	Populus x canescens Graupappel (seit Alters bekannt)	**Populus alba** Silberpappel	**Populus tremula** Zitterpappel
Herkunft	Europa bis W-Asien, in USA eingebürgert	Europa bis M-Asien	Europa bis Sibirien u. China
Blätter			
Form	breit eiförmig, schwach gelappt	3–5-lappig	rundlich
Länge	6–12 cm	6–12 cm	3–8 cm
Unterseite	graufilzig	weiß, graufilzig	blaugrün
Spitze	kurz spitz	spitz	abgerundet
Rand	unregelmäßig gezähnt	grob gezähnt	stumpf gezähnt
Basis	seicht herzförmig	gestutzt bis herzförmig	gestutzt
Stiel	7–10 cm, rundlich abgeflacht	1,2–3 cm, fast rund	3–7 cm, stark abgeflacht
Sprossachse			
Höhe	35 m	25–30 m	10–30 m
Triebe	graufilzig	weißfilzig	
Rinde	gelb-grau, waagerechte Lentizellen	weißlich-grau	gelbbraun glatt
Ausbreitung	über Wurzelbrut		über Wurzelbrut

Beide Pappel-Eltern sind recht markante Bäume. Die **Silberpappel** besitzt eine lange grauweiß bleibende Rinde, die erst spät borkig wird. Die Knospen und auch die jungen Zweige sind dicht weißfilzig von Haaren umstellt. Dies gilt auch für die Blätter, die aber oberseitig mit der Zeit verkahlen und dunkelgrün werden, während die Unterseite weißfilzig bleibt. Die 6 bis 12 cm langen Blätter der Langtriebe sind 3- bis 5-lappig und grob gezähnt, die der Kurztriebe dagegen kleiner, eiförmig bis elliptisch und buchtig gezähnt. Der Blattrand ist unregelmäßig wellig. Im Gegensatz zum zweiten Elter ist der 1,2 bis 3 cm lange Blattstiel fast rund.

Anders bei der **Zitterpappel**. Hier ist der Blattstiel seitlich zusammengedrückt und dadurch abgeflacht, was das Hin- und Herwedeln der Blätter im Wind ermöglicht und zur Namensgebung beigetragen hat. Die Blattform ist rundlich bis breit-eiförmig, schwach gebuchtet und stumpf gezähnt mit einer stumpfwinkligen oder schwach herzförmigen Basis. Im Austrieb sind die Blätter zwar noch filzig, verkahlen jedoch bald und sind dann oberseitig grün, unterseits jedoch gräulich-grün.

Die Blätter der **Graupappelhybriden** stehen in ihren Merkmalen zwischen beiden Eltern. Die Behaarung der Blattunterseite ist nicht so dicht wie beim Silberpappel-Elter, wodurch sie, wie es der Name sagt, graufilzig erscheinen, was auch für die Triebe gilt, welche aber später völlig verkahlen. Die Blätter sind dreieckig bis eiförmig und an Langtrieben schwach gelappt. Die Blattoberseite ist glänzend dunkelgrün. Der Blattrand ist leicht wellig und anfänglich bewimpert. Die Blattbasis ist seicht herzförmig und der mit bis zu 7,5 cm recht lange Blattstiel ist an der Blattbasis noch seitlich abgeflacht, wird aber zum Blattansatz hin mehr rundlich, d. h. ist eine klassische mittlere Ausprägung zwischen beiden Eltern.

Populus x canescens
Populus alba   Populus tremula

Die Eltern als auch die Hybride sind wie alle Pappeln zweihäusig, blühen vor Laubaustrieb und sind windblütig. Die zweiklappig sich öffnende, ledrige Kapsel entlässt bereits im Juni/Juli die mit 1 bis 1,5 mm recht kleinen Samen, die am Grunde mit einem wolligen Haarschopf versehen sind und damit durch den Wind weitergetragen werden. Da sie aufgrund ihrer Kleinheit nur wenige Nahrungsvorräte mitbekommen, ist ihre Keimfähigkeit zeitlich begrenzt. Samen der Hybride können fruchtbar sein.

Die Graupappel zeigt wie viele Pappelhybriden einen Heterosiseffekt, was sich auch in der erreichbaren Baumhöhe mit bis zu 35 m zeigt, womit sie selbst die Silberpappel mit 25 bis 30 m Höhe übertrifft. Ihr stark astiger Stamm ist holzwertmäßig nicht so geschätzt. Sie ist auch in Nordamerika eingebürgert, wo sie sich, wie in Europa, durch Wurzelbrut vegetativ äußerst schnell und großflächig ausgebreitet hat. Besonders auffällig sind auf ihrer gelbgrauen Rinde die rhombisch angelegten, mit der Zeit mächtig werdenden Lentizellen, über die der Gaswechsel der Sprossachsen erfolgt. Die später aufreißende Borke lässt dieses deutliche Merkmal verschwinden. Die Blätter an den Wurzelbruttrieben sind aufgrund einer wurzelnahen Versorgung mit Cytokinin, einem Pflanzenhormon, meist ganz anders, mehr lanzettlich geformt.

Populus x generosa

***Populus* x *generosa* ist eine robuste Pappel-Hybride**

Unter die interamerikanische Pappelhybride *Populus* x *generosa* fallen alle natürlichen und künstlichen Hybriden, die aus der **Kanadischen Schwarz-Pappel** (*Populus deltoides*) und der **Westlichen Balsam-Pappel** (*Populus trichocarpa*) entstanden sind, einschließlich Rückkreuzungen und Hybriden der Folgegenerationen. Erstmals erfolgte 1912 in Kew Garden in London eine Kreuzung zwischen beiden Eltern. Die erzielte Hybride zeigte mit bis zu 4 m langen Jahrestrieben eine erstaunliche Wuchsleistung. Später stellte sich heraus, dass sie leider für Pappelkrebs anfällig war.

Nachfolgend in Belgien selektierte Klone waren nicht mehr so wüchsig, aber weitgehend krebsresistent. Später folgten noch Einkreuzungen von *Populus* x *acuminata* und *Populus* x *jackii*.

	Populus x generosa	Populus deltoides Kanadische Schwarz-Pappel	Populus trichocarpa Westliche Balsam-Pappel
Herkunft		N-Amerika	Alaska bis S-Kalifornien
Blätter			
Form	dreieckig bis breit eiförmig, am breitesten unterhalb Mitte	dreieckig bis breit eiförmig	eiförmig, derb lederig, Drüsen am Übergang zum Blattstiel
Länge	9–13 cm	8–12 cm	9–12 cm
Breite	6–8 cm	6–8 cm	4–6 cm
Oberseite	glänzend dunkelgrün mit gelblicher Aderung	grün mit roter Aderung	dunkelgrün mit heller Hauptader
Spitze	plötzlich zugespitzt, dort glatter Rand	plötzlich zugespitzt, dort glatter Rand	spitz
Rand	feinkerbig, zur Basis hin etwas grober gesägt	grob kerbig gesägt, bewimpert	fein kerbig gesägt
Basis	gerundet bis leicht herzförmig	gestutzt bis leicht herzförmig	gestutzt
Stiel	6–12 cm	3–8 cm seitlich abgeflacht, rötlich	5–10 cm, gelblich
Wuchs			
	Baum	offenkroniger Baum bis 30 m	Baum bis 60 m

Populus x generosa

Populus x generosa
Populus deltoides   Populus trichocarpa

Populus x rasumowskiana

Pappelhybride *Populus x rasumowskiana* hat größeres Blatt

Die Kreuzung der **Lorbeerblättrigen Pappel** (*Populus laurifolia*) mit der **Schwarz-Pappel** (*Populus nigra*) hat die wüchsigere Hybride *Populus* x *rasumowskiana* ergeben, die mit ihren deutlich vergrößerten und zudem dunkelgrünen, d.h. chlorophyllhaltigeren Blättern einen Heterosiseffekt erbracht hat.

In der Blattform haben sich jedoch beide Eltern nicht vererbt, denn das Blatt ist eindeutig eiförmig, während die Blätter der Schwarz-Pappel oft rautenförmig und die der Lorbeerblättrigen Pappel manchmal lanzettlich sind; allerdings gibt es auch bei beiden Eltern annähernd eiförmige Blätter. Der seitlich abgeflachte Blattstiel der Schwarz-Pappel hat sich bei der Hybride nicht durchgesetzt.

	Populus x rasumowskiana	Populus laurifolia Lorbeerblättrige Pappel	Populus nigra Schwarz-Pappel
Herkunft		S-Sibirien	Europa, N-Afrika, W-Sibirien, Vorderasien
Blätter			
Form	eiförmig	eiförmig-lanzettlich	rautenförmig bis eiförmig-dreieckig
Länge	12–17 cm	5–12 cm	5–9 cm
Breite	7–10 cm	4–7 cm	4–7 cm
Oberseite	glänzend dunkelgrün	dunkelgrün, kahl	beidseits grün, kahl
Unterseite	graugrün	graugrün, ausgeprägt netzadrig	
Spitze	leicht ausgezogen spitz	zugespitzt	spitz
Rand	drüsig gesägt	drüsig gesägt	fein kerbig gesägt
Basis	leicht herzförmig bis gestutzt	keilförmig bis gerundet	keilförmig bis gestutzt
Stiel	5–8 cm, stielrund	5–6 cm, stielrund	2–3 cm, abgeflacht
Wuchs			
	Baum bis 30 m	Baum, bis 15 m, kantige Triebe	breitkroniger Baum, bis 30 m, stielrunde Triebe

Populus x rasumowskiana | 201

Populus x rasumowskiana
Populus laurifolia   Populus nigra

Populus x rouleauiana

Intermediäre Pappel-Hybride von Silberpappel und der Großzähnigen Pappel

Die Pappel-Hybride *Populus x rouleauiana* zeigt zumindest in der Blattgröße intermediäre Merkmale zu den Eltern von **Silberpappel** (*Populus alba*) und der **Großzähnigen Pappel** (*Populus grandidentata*). In der Blattrandgestaltung und den Blattoberflächen hat sie mehr die Anlagen von *P. grandidentata* übernommen, denn ihr Blattrand ist zwar nicht gezähnt, aber noch grobbuchtig gesägt. In der Blattbasisgestaltung zeigt die Hybride wiederum eine intermediäre Ausprägung, denn sie zeigt sich gerundet, statt gestutzt wie bei *P. alba* und keilförmig wie bei *P. grandidentata*. Der filzige Besatz der jungen Triebe und insbesondere der Blattunterseiten von *P. alba* ist verloren gegangen. Die seitliche Abflachung des Blattstieles ist von *P. grandidentata* übernommen worden, ebenso die Stiellänge.

	Populus x rouleauiana	Populus alba Silberpappel	Populus grandidentata Großzähnige Pappel
Herkunft		Europa, N-Afrika, W-Sibirien	östl. N-Amerika
Blätter			
Form	eirund	lanzettlich, 3-lappig	eiförmig
Oberseite	dunkelgrün	graugrün, sternhaarig,	dunkelgrün
Unterseite		weißsilbrig, dicht sternhaarig	blaugrün, zuerst graufilzig, später kahler
Länge	5–6 cm	3–5 cm	7–10 cm
Spitze	abgerundet spitz	zugespitzt	zugespitzt
Rand	grobbuchtig, gesägt	grob gesägt	grobbuchtig, gezähnt
Basis	gerundet	gestutzt	leicht keilförmig
Stiel	4–6 cm, seitlich abgeflacht	2–3 cm, graufilzig	5–8 cm, seitlich abgeflacht
Sprossachse			
Wuchs	Baum 20–30 m	Baum 20–30 m, kurzschäftig	Baum bis 20 m
Junge Triebe	braun	graufilzig	anfangs wie Knospen graufilzig, danach glänzend braun

Populus x rouleauiana
Populus alba   Populus grandidentata

Populus x wilsocarpa

Pappelhybride *Populus* x *wilsocarpa* mit intermediären Blättern

Aus der Kreuzung der **Wilsons Großblatt-Pappel** (*Populus wilsonii*) und der **Großblatt-Pappel** (*Populus lasiocarpa*) ist die Hybride ***Populus* x *wilsocarpa*** hervorgegangen, die im Wuchs und der Blattausbildung eine intermediäre Ausprägung zwischen beiden Eltern zeigt.

Das Blatt ist etwas größer als das der Wilsons-Pappel und kleiner als die mit bis zu 30 cm Blattflächenlänge des *P. lasiocarpa*-Elter. Merkwürdigerweise ist die Blattstiellänge bei allen drei fast gleich lang. Der seitlich abgeflachte Blattstiel des *P. wilsonii*-Elter wiederholt sich bei der Hybride, während er beim *P. lasiocarpa*-Elter stielrund ist. Die Hybride zeigt allerdings einen vom *P. lasiocarpa*-Elter übernommenen rötlichen Überhauch des Blattstieles.

	Populus x wilsocarpa	Populus wilsonii Wilsons Großblatt-Pappel	Populus lasiocarpa Großblatt-Pappel
Herkunft		SW-China	China
Blätter			
Form	herzeiförmig	breit herzeiförmig	herzeiförmig
Oberseite	graugrün	stumpfgrün, kahl	graugrün
Unterseite		graugrün, kahl	heller, behaart
Länge	12–20 cm	8–18 cm	20–30 cm
Breite	8–15 cm	7–12 cm	15–20 cm
Spitze	zugespitzt, aber abgerundet	abgestumpft	spitz
Rand	feinkerbig gesägt	feinkerbig gesägt	feinkerbig gesägt
Basis	flach herzförmig	herzförmig	ausgeprägt herzförmig
Stiel	8–12 cm, seitlich abgeflacht	8–12 cm, seitlich abgeflacht	8–12 cm, rundlich, rötlich
Wuchs			
	kegelförmiger Baum bis 25 m	Kegelförmiger Baum bis 25 m	rundkroniger Baum bis 20 m

Populus x wilsocarpa
Populus wilsonii   Populus lasiocarpa

Hybridaspe

Heterosis-Effekte bei Hybridaspe

Pappelzüchter haben es geschafft, die **europäische Zitterpappel** (*Populus tremula*) mit der **amerikanischen Zitterpappel** (*Populus tremuloides*) zu kreuzen. Herausgekommen ist eine Hybride, die deutliche Heterosis-Effekte zeigt, d. h. ein in der Ausprägung ähnliches, aber größeres Blatt, welches eine größere Photosynthesegrundleistung bringt, die sich auch im verstärkten Sprosswachstum zeigt. Der Bastard erreicht die Zielstärke dadurch wesentlich früher. Die europäische Zitterpappel war bisher nur ein geduldetes Mischgehölz ohne wirtschaftliche Bedeutung.

		Populus tremula x tremuloides Hybrid-Aspe	**Populus tremula** Europ. Zitterpappel	**Populus tremuloides** Amerik. Zitterpappel
	Herkunft	mehrfache Kreuzungen in Europa	Europa, N-Afrika, Kleinasien, Sibirien	N-Amerika: Kanada bis Mexiko
Blätter				
	Form	Jugendblatt leicht verkehrt herzförmig, Altersblatt eirund	Jugendblatt wie links, Altersblatt eirund bis fast kreisrund	Jugendblatt wie links, Altersblatt eirundlich
	Oberseite	kahl	Austrieb filzig, sonst kahl	kahl
	Unterseite	bläulich	bläulich	bläulich
	Länge	5–12 cm, Jugendblatt bis 19 cm	3–8 cm, Jugendblatt bis 15 cm	3–7 cm, Jugendblatt bis 14 cm
	Spitze	länger zugespitzt	kurz zugespitzt	leicht zugespitzt
	Rand	fein gekerbt bis schwach gebuchtet	kerbig gezähnt	fein gesägt
	Basis	gestutzt	gestutzt	gestutzt bis breit keilförmig
	Stiel	zusammengedrückt, 5–10 cm	zusammengedrückt, 3–9 cm	zusammengedrückt, 3–9 cm
Sprossachse				
	Habitus	Baum bis 30 m	Baum bis 30 m	Baum bis 30 m
	Junge Triebe	kahl	ganz kahl	kahl
	Rinde/Borke	glatt, silbrig grau	glatt, gelblichgrau, später rissig, schwarzgrau	glatt, silbrig
Blüten				
	Form	Kätzchen	Kätzchen	Kätzchen
	Größe		8–10 cm lang	5–8 cm, schlanker
Knospen im Winter				
		nicht klebrig	klebrig	etwas klebrig

Das ist bei der amerikanischen Zitterpappel anders. Von ihr gibt es nutzbare Bestände.

Erste Hybridisierungen mit beiden Aspen sind schon in den vierziger Jahren des 20. Jahrhunderts in Schweden erfolgt und erst etwas später mit ausgewählten, anerkannt standortgemäßen Aspen im übrigen Europa nachvollzogen worden. Herausgekommen sind triploide (3n) Hybriden, welche selbst auf Grenzertragsstandorten (wechselfeucht, verdichtet und nährelementarm) erstaunliche Wuchsleistungen und günstige Holzeigenschaften, insbesondere für Industrieholz zeigen. Es sind aber auch Polyploidisierungsversuche, d. h. Mutationszüchtungen gelaufen, deren tetra- und mixoploide Nachkommenschaften wechselnde Erfolge zeitigten. Für die Kreuzung wurden weibliche *P. tremula*-Partner und Pollen von *P. tremuloides* benutzt.

Mit den Hybriden lässt sich im Plantagenbetrieb lohnend Industrieholz innerhalb von 25 Jahren erzeugen. Mit der reichlich freiwillig gebildeten Wurzelbrut ließe sich sogar anschließend erneut auf gleicher Fläche ein Bestand aufbauen.

Die Zitterpappeln haben den Nachteil, dass sie sich nicht über Stecklinge vermehren lassen. Sie, die fern von Gewässern wachsen, besitzen in ihren Sprossachsen keine Wurzelprimordien wie alle anderen Pappeln. Sie lassen sich nur mikrovegetativ im Labor nachziehen und müssen daher bei Neubegründung von entsprechenden Erzeugern gekauft werden. Diese Pflanzen sind leider nicht ganz billig. Später selbstgewonnene, abgestochene Wurzelbrut kann an den Trennflächen von Wurzelpilzen befallen werden, d. h. die Nachzucht ist nicht garantiert.

Hybrid-Aspe
Populus tremula   x   Populus tremuloides

Prunus x amygdalo-persica

Mandel-Pfirsich-Hybride mit größeren Blüten

Die Hybride zwischen **Mandelbaum** (*Prunus dulcis*) und **Pfirsich** (*Prunus persica*), nämlich ***Prunus x amygdalo-persica*** war schon vor 1623 bekannt. Es ist ein Strauch bis Baum, der einen üppigen Blütenschmuck zeigt, deren Blüten im Durchmesser größer als die der Eltern sind, in der Nagelung und Ausrandung mehr dem *P. dulcis*-Elter denn dem Pfirsich ähneln.

	Prunus x amygdalo-persica	**Prunus dulcis** Mandelbaum	**Prunus persica** Pfirsich
Herkunft	vor 1623, zuerst aus der Schweiz bekannt	Syrien bis N-Afrika, alte Kulturpflanze	China, alte Kulturpflanze
Blätter			
Form	lanzettlich	länglich lanzettlich	breit lanzettlich
Länge		12 cm	8–15 cm
Spitze		lang zugespitzt	lang zugespitzt
Rand	scharf gesägt	gesägt	
Basis		breit keilförmig bis rund	
Stiel		2,5 cm	1–1,5 cm, mit Drüsen (!)
Sprossachse			
Habitus	Strauch bis Baum	aufrechter, breitkroniger Baum, bis 10 m	baumartiger Strauch bis 8 m
Junge Triebe	vereinzelt mit verdornenden Kurztrieben	kahl	kahl, auf Sonnenseite rötlich, sonst vielfach grün
Blüten			
Blütenblätter	länger genagelt, ausgerandet	länger genagelt, tief ausgerandet, Kelchzipfel länglich, Rand behaart	gering genagelt, abgerundet, Kelch glockig
Farbe	hellrosa mit dunkler Mitte	weiß bis blassrosa	rosa oder rot
Breite der Blüte	4–5 cm	2–3 cm	2–3,5 cm
Früchte			
	pfirsichartig, trocken, Schale platzend, Stein hartschalig gefurcht	eiförmig flach, Schale samtig behaart, trocken, Stein glatt	mehr oder minder kugelig, sehr saftig, Fleisch am Stein haftend oder sich lösend, Stein hart, tief gefurcht und gelöchert

Prunus x amygdalo-persica | **209**

Einzelblüten von
Prunus x amygdalo-persica
Prunus dulcis   Prunus persica

Blütenstände von
Prunus x amygdalo-persica
Prunus dulcis   Prunus persica

Die Früchte, welche pfirsichartig sind, haben aber kein nutzbares Fruchtfleisch, bleiben trocken, wobei die Schale später platzt. Der Same ist, wie der Pfirsich von einer harten Schale umgeben und nicht wie die Mandel nutzbar.

Die Hybride besitzt letztlich nur einen Zierwert, hat aber als Ziergehölz nicht unbedingt eine große Verbreitung gefunden.

Prunus x cistena

Eine geschätzte Hybride ist Prunus x cistena

Aus der Kreuzung der **Kirsch-Pflaume** (*Prunus cerasifera* 'Atropurpurea') mit der **Sand-Kirsche** (*Prunus pumila*) von Hansen (USA) um 1910 ist mit *Prunus x cistena* eine geschätzte und verbreitete Hybride hervorgegangen, die sich einmal durch ihre für Gärten gut geeignete Schwachwüchsigkeit auszeichnet und trotzdem 2,5 m Höhe

	Prunus x cistena	Prunus cerasifera 'Atropurpurea' Kirsch-Pflaume	Prunus pumila Sand-Pflaume
Herkunft	um 1910 von Hansen (USA) erzielt	Persien, um 1880 nach Frankreich eingeführt	östliches N-Amerika
Blätter			
Form	lanzettlich bis eiförmig	elliptisch bis eiförmig	eilanzettlich bis schmal eiförmig
Oberseite	glänzend dunkel braun-rot	trüb-purpurn	stumpfgrün
Unterseite	Mittelrippe etwas behaart		grauweiß
Länge	3–6 cm	3–9 cm	3–5 cm
Spitze	zugespitzt	zugespitzt	spitz bis stumpf
Rand	gesägt	fein stumpf gesägt	in oberer Hälfte dicht gesägt
Basis	keilförmig	keilförmig	keilförmig
Stiel	1–1,5 cm	1 cm	1 cm
Sprossachse			
	schwachwüchsiger Strauch bis 2,5 m	baumartiger Strauch, 4–8 m	Strauch um 1 m, Zweige niederliegend
Blüten			
Verteilung	zu 1–2 auf Kurztrieb	einzeln auf Kurztrieben, vor Blattaustrieb	zu 2–4 auf Kurztrieb
Blütenblätter	eilänglich gerundet, kurz genagelt, Kelch und Stiel violett	elliptisch, zipfelig spitz bis gerundet, kurz genagelt, Kelch und Stiel violett	schmal eiförmig, länger genagelt, gerundet bis ausgerandet, Kelch und Stiel gelblich-weiß
Farbe	weiß	weiß mit rosa Tönung	weiß
Früchte			
	schwärzlich-purpurn	purpurrot, saftig, süß, leicht bereift	eirundlich, schwarzpurpurn, herb

erreichen, aber jederzeit auch gestutzt werden kann, und sie bildet im Frühjahrsaspekt ein blütenreiches Gehölz mit im Vergleich zu den Eltern großen Blüten, welche mit dem violetten Kelch und Blütenstiel den weißen Kronblättern einen rosa Hauch verleihen, zwar nicht so intensiv wie beim *P. cerasifera*-Elter, aber auch nicht rein weiß wie beim *P. pumila*-Elter.

Prunus x cistena
Prunus cerasifera 'Atropurpurea'   Prunus pumila

Prunus x fontanesiana

Prunus x fontanesiana-Hybride ohne Nutzeffekt

Kreuzungen mit potentiellen Obstarten und -Sorten sind viele versucht worden, mit dem Ziel Nutzvorteile bzw. Resistenz gegen Krankheiten zu erzielen.

Ein Nutzeffekt ist jedoch bei der Einkreuzung von der vielblütigen **Steinweichsel oder Weichselkirsche** (*Prunus mahaleb*) in die wenigerblütige **Vogel-Kirsche** (*Prunus avium*) unter Bildung der Hybride *Prunus x fontanesiana* nicht herausgekommen. Gewöhnlich werden bei ihr, die zwar

	Prunus x fontanesiana	Prunus avium Vogel-Kirsche	Prunus mahaleb Steinweichsel
Herkunft		Europa bis Kleinasien, Kaukasus bis W-Sibirien	Europa, Kleinasien
Blätter			
Form	eilänglich	eilänglich	breit-eiförmig, nach Zerreiben nach Bittermandel riechend
Länge	6–8 cm	6–15 cm	3–9 cm
Breite	4–6 cm	8–10 cm	3–4 cm
Spitze	zugespitzt	zugespitzt	kurz zugespitzt
Rand	kerbig gesägt	grob unregelmäßig gesägt	kerbig gesägt
Basis	rund bis etwas herzförmig	keilförmig	abgerundet bis leicht herzförmig
Stiel	3 cm lang	5 cm lang mit 2 Nektardrüsen	1–1,5 cm lang mit 2 Nektardrüsen
Sprossachse			
Habitus	Baum 14–18 m	breiter Baum mit kegelförmiger Krone, 15–20(–30) m	breiter, rundkroniger Baum 5–7(–10) m, oft Veredelungsunterlage
Junge Triebe	weich behaart	dicklich, kahl, mit vielen Kurztrieben	sparrig, überhängend, fein behaart
Blüten			
Blütenstände	8–12 Blüten in Doldentrauben	2–3-blütige, sitzende Dolden, Kelchblätter rückgeschlagen	4–10 Blüten in Trugdolden, wohlriechend
Farbe	weiß	weiß	weiß
Breite	bis 2 cm	2,5–3,5 cm	1,5 cm
Früchte			
Form	gewöhnlich nur wenige Früchte	kugelig 1,5–2,5 cm, Steinkern glatt	eiförmig, 0,6–0,8 cm Steinkern glatt
Farbe	tiefrot	schwarz-rot	schwarz
Geschmack	etwas bitter	süß, aromatisch, wilde Form etwas bittersüß	etwas bitter

vielblütige Doldentrauben mit gegenüber der Steinweichsel breiteren Blüten aufweist, letztlich nur wenige Früchte gebildet, die zudem – ähnlich wie beim Steinweichsel-Elter – etwas bitter schmecken und damit nur von Vögeln gefressen werden; also im Hinblick auf Früchte keine Bereicherung bilden.

Die Blühzeit von *Prunus mahaleb* liegt später im Jahr (Mai) als bei *Prunus avium* (April/Mai), d. h. zeitlich erst nach gelegentlich auftretenden Spätfrösten, was bei *P. avium* zu Ernteausfällen führen kann. Eine Blühzeitverschiebung wäre also von Vorteil gewesen.

Prunus x fontanesiana
Prunus avium   Prunus mahaleb

Pterocarya x rhederiana

Heterosis-Effekte bei Flügelnuss-Hybride *Pterocarya x rhederiana*

Die Hybride *Pterocarya x rhederiana* zwischen der **Kaukasischen Flügelnuss** (*Pterocarya fraxinifolia*) und der **Chinesischen Flügelnuss** (*Pterocarya stenoptera*) zeigt sowohl im Wuchs als auch in Blatt- und Fruchtstandausprägung deutliche Heterosis-Effekte. Während die Eltern nur Höhen um 25 m erreichen, wächst die Hybride bis auf 30 m Höhe und zwar ebenso raschwüchsig wie der *P. fraxinifolia*-Elter.

	Pterocarya x rhederiana Rheders Flügelnuss	Pterocarya fraxinifolia Kaukasische Flügelnuss	Pterocarya stenoptera Chinesische Flügelnuss
Herkunft	1879 in Boston (USA)	Kaukasus, N-Iran	China
Blättchen des unpaarigen Fiederblattes			
Form	11–23 paarige bis versetzte Fieder, schmal länglich	11–21 paarige Fieder, eiförmig bis lanzettlich	11–14 paarige bis versetzte Fieder, Endblättchen oft fehlend, schmal länglich, Fiederblattstiel (Rhachis) mit Flügelleisten
Oberseite	frischgrün	dunkelgrün, kahl	hellgrün
Unterseite	auf Adern behaart	heller grün, mit Sternhaaren	entlang Adern behaart, Achselbärte
Länge des Blattes	30–50(–60) cm	20–45 cm	20–30 cm
Länge der Fieder	6–10 cm	8–12 cm	5–7 cm
Spitze	zugespitzt	zugespitzt	spitz
Rand	fein gesägt	gesägt	gesägt
Sprossachse			
Habitus	raschwüchsiger Baum, bis 30 m, mit Wurzelbrut	raschwüchsiger, breitkroniger, mehrstämmiger Baum, 20–30 m, mit Wurzelbrut	Baum, bis 25 m, keine Wurzelbrut
Junge Triebe	rotbraun	leicht schülfrig behaart, verkahlend	dicht braungelb behaart
Knospen	nackt, d. h. ohne Knospenschuppen, rostbraun	nackt	nackt
Einsamige Nussfrüchte			
Hängende Fruchtstände	30–40 cm lange Ähre	20–35 cm lange Ähre	12–15 cm lange Ähre
Form	2 breite, gestreifte, nach vorn gerichtete, ledrigholzige, ausgerandete Flügel	2 halbkreisförmige, ledrige Flügel	2 schmal lanzettliche, nach vorn gerichtete Flügel
Größe	2–2,5 cm breit	1,5–2 cm breit	1–1,5 cm breit

Von ihm hat sie auch die Bildung von Wurzelschösslingen übernommen, denn *P. stenoptera* ist dazu nicht befähigt. Die Hybride entstand 1879 im Arnold-Arboretum von Boston (USA).

Die Fiederblätter der Hybride sind in der Regel größer als die beider Eltern und besitzen meistens mehr Fieder, die wie beim *P. stenoptera*-Elter in der Spitzenregion versetzt am Fiederblattstiel stehen, während sie beim *P. fraxinifolia*-Elter gegenständig angeordnet sind. Beim *P. stenoptera*-Elter ist der Fiederblattstiel (Rhachis) geflügelt, beim *P. fraxinifolia*-Elter nicht und die Hybride zeigt nur ansatzweise diese Flügelung. Das oft fehlende Spitzenblättchen des *P. stenoptera*-Elter wiederholt sich bei der Hybride nicht.

Die überhängenden Fruchtstandähren sind bei der Hybride länger und die

Pterocarya x rhederiana
Pterocarya fraxinifolia   Pterocarya stenoptera

216 | *Pterocarya x rhederiana*

Pterocarya x rhederiana
Pterocarya fraxinifolia   Pterocarya stenoptera

geflügelten, einsamigen Nüsse größer. Sie haben allerdings die nach vorn gerichteten Flügel des *P. stenoptera*-Elter übernommen, die aber breiter, streifig und ausgerandet sind, d.h. eine intermediäre Mischung zwischen beiden Eltern.

20 cm
Pterocarya x rhederiana
Pterocarya   Pterocarya
fraxinifolia   stenoptera

Quercus x deamii

***Quercus x deamii*-Hybride im Blattrand intermediär**

Die Blattgestalt beider Eltern der **Quercus x deamii**-Hybride ist unterschiedlich. Während der Oberteil des Blattes der **Großfrüchtigen Eiche** (*Quercus macrocarpa*) breit angelegt ist, also mehr verkehrt eiförmig geformt ist, wobei die breit gestellte, geringtiefe Buchtung erst ab der Blattmitte beginnt, zeigt der **Gelb-Eichen**-Elter (*Quercus muehlenbergii*) mehr ein normal gelapptes Blatt, mit beidseits 8–10 abgerundeten Lappen und eine sich verschmälernde Basis.

Bei der Hybride hat sich ein fast elliptisches Blatt eingestellt, welches sich zur Spitze und zur Basis hin verschmälert. Die keilförmige Blattbasis entspricht der von *Qu. macrocarpa*. Die Verjüngung der Blattspitze entspricht mehr dem *Qu. muehlenbergii*-Elter, ist nur weiter ausgezogen gestreckt. Die geringtiefe Buchtung ist weitergestellt und vereinzelt winklig zulaufend.

	Quercus x deamii	Quercus macrocarpa Großfrüchtige Eiche	Quercus muehlenbergii Gelb-Eiche
Herkunft		N- bis M-USA	O-USA
Blätter			
Form	elliptisch mit jedseits 6–8 Lappen	sehr variabel, jedseits 4–7 Lappen, zur Basis keilförmig verjüngt	jedseits 8–10 Lappen, zur Basis verschmälert
Oberseite	glänzend grün	glänzend grün	graugrün
Unterseite	graugrün	graugrün mit Sternhaaren	weißseidig behaart
Länge	10–12 cm	10–30 cm	10–16 cm
Breite	5–7 cm		
Spitze	breit spitz ausgezogen	breit abgerundet	zipfelig abgerundet
Rand	abgerundet bis breit spitz gelappt mit geringer, teilweise winkliger Buchtung	breit abgerundet gelappt mit tiefer Buchtung in der Blattmitte	abgerundet gelappt mit geringer Buchtung
Basis	keilförmig	keilförmig	abgerundet bis geöhrt
Stiel	5–10 mm	10–20 mm	2–4 mm
Wuchs			
	Baum um 30 m	Baum bis 25 m, Triebe leicht behaart	Baum bis 20 m

218 | *Quercus x deamii*

Quercus x deamii
Quercus macrocarpa   Quercus muehlenbergii

Quercus x heterophylla

Verschiedenblättrige Eiche zeigt bei Blättern Anlagen beider Eltern

In der Ausformung der Blätter der **Verschiedenblättrigen Eiche** (*Quercus x heterophylla*) zeigen sich im Jahrestrieb die Blattanlagen beider Eltern, nämlich zuerst die keilförmigen Blätter mit fünf Lappen auf jeder Seite des **Rot-Eichen-Elter** (*Quercus rubra*), wobei die unteren gezähnt, die mittleren fast rechtwinklig gebuchtet sind. Zu den schmal-lanzettlichen, ganzrandigen Blättern im Spitzenbereich, wie sie der **Weiden-Eichen-Elter** (*Quercus phellos*) zeigt, gibt es Übergangsblätter, die noch eine angedeutete Zähnelung aufweisen.

In dieser Hybride dominieren die Elter-Anlagen in verschiedenen Abschnitten. Es ist keine typische Mischform entstanden. Wie das genetisch funktioniert, ist noch nicht geklärt.

Es ist allerdings insofern ein Heterosiseffekt festzustellen, als die schmal-lanzettlichen Blätter der Hybride deutlich größer als die des *Qu. phellos*-Elter sind.

Die Hybride kann in Amerika, wo beide Eltern nebeneinander vorkommen, natürlich neu entstehen. Sie wurde 1812 von F. Michaux erstmals beschrieben.

	Quercus x heterophylla Verschiedenblättrige Eiche	Quercus rubra Rot-Eiche	Quercus phellos Weiden-Eiche
Herkunft		N-Amerika	O-USA
Blätter			
Form	sehr variabel, jedseits 1–4 Lappen oder elliptisch	jedseits 3–6 schräg aufwärts gerichtete, gezähnte Lappen	schmal lanzettlich, weidenartig
Oberseite	glänzend grün	leicht glänzend dunkelgrün	glänzend dunkelgrün
Unterseite	braune Haarbüschel in Aderwinkel	heller, bräunliche Achselbärte	
Länge	10–18 cm	12–22 cm	7–12 cm
Breite	3–7 cm	6–11 cm	1,5–2 cm
Spitze	spitz	gezähnt zugespitzt	zugespitzt, Mittelrippe in Grannenspitze auslaufend
Rand	dreieckig gelappt mit aufgesetzten Spitzchen bis glattrandig	bis Mitte der Spreitenhälfte gebuchtet	ganzrandig, leicht gewellt
Basis	keilförmig	keilförmig	keilförmig
Stiel	2–3 mm	40–50 mm	2–4 mm
Wuchs	Baum bis 20 m	Baum 20–25(–40) m	Baum bis 25(–40) m

Quercus x heterophylla
Quercus rubra   Quercus phellos

Quercus x hickelii

Quercus x hickelii-Hybride hat neues Blattmuster gebildet

Die *Quercus x hickeli*-Hybride übernimmt von beiden Eltern, der **Pontischen Eiche** (*Quercus pontica*) und der **Stiel-Eiche** (*Quercus robur*), jeweils etwas. So wächst sie nicht mehr so strauchförmig, aber auch noch nicht baumförmig. Es wird ein halbhoher Baum von 6–10 m gebildet.

Gleiches gilt auch für das Blatt, welches immerhin fast die Größe der Pontischen Eiche erreicht, zeigt aber in der Blattrandgestaltung alle Übergänge zu den Eltern. So ist es nicht elliptisch ausgelegt wie der *Qu. pontica*-Elter, sondern im oberen Teil breiter wie der *Qu. robur*-Elter, aber hier nicht gelappt wie dieser, sondern gesägt bis ansatzweise gezähnt. Erst im sich verschmälernden unteren Teil begegnet man wieder der Lappung des *Qu. robur*-Elter wie auch der angedeuteten Basis-Öhrung. Der Stiel hat eine Länge, welche zwischen beiden Eltern liegt. Die Hauptader wird erst in unteren Bereichen gelbgrün.

Sie ist 1922 in Frankreich entstanden.

	Quercus x hickelii	Quercus pontica Pontische Eiche	Quercus robur Stiel-Eiche
Herkunft	1922 in Frankreich entstanden	Armenien, Kaukasus	Europa bis Kaukasus
Blätter			
Form	verkehrt eiförmig, an Basis verschmälert	breit oval bis verkehrt eiförmig, jedseits 16–17 parallele Seitenadern	länglich bis verkehrt eiförmig, Seitenadern bis in die Buchten ziehend
Oberseite	glänzend tief grün	glänzend grün mit gelblicher Mittelrippe	glänzend tief grün
Unterseite	hell blaugrün, kahl	blaugrün, Mittelader behaart	hell blaugrün, kahl
Länge	bis 15 cm	10–16 cm	5–15 cm
Spitze	zu alleroberst wenig gerundet bis gesägt	kurz zugespitzt	gerundet
Rand	oberer Teil grob gezähnt, unten gelappt	nicht ganz und scharf gezähnt	unregelmäßig tief gelappt, jedseits 3–6 rundliche Lappen
Basis	schwach geöhrt	breit keilförmig, etwas schief	mehr oder minder geöhrt
Stiel	kurz, 7–10 mm	5–15 mm, gelbgrün	kurz gestielt, 2–3 mm
Wuchs			
	hoher Strauch bis halbhoher Baum	mehr strauchig, bis 6 m	Baum, 20–30 m

Quercus x hickelii
Quercus pontica   Quercus robur

Quercus x hispanica

Hybrideiche *Quercus* x *hispanica* ist wintergrün

Die Kreuzung zwischen **Kork-Eiche** (*Quercus suber*) und **Zerr-Eiche** (*Quercus cerris*) kann in den sich überlappenden Verbreitungsgebieten in Süd-Frankreich, Spanien, Portugal, Italien und dem Balkan sporadisch auftreten, wobei die Merkmale entsprechend der Elternanteile im Genom variieren. Aus dem Hybridschwarm sind verschiedene Formen ausgelesen worden, die nur durch vegetative Vermehrung weitergegeben werden können.

Das wichtigste Erbe von den Eltern ist einmal die Wintergrüne von der mediterranen, allerdings immergrünen Korkeiche und zum anderen die relative Frostresistenz von der Zerreiche. Mit dem Austrieb der neuen Blätter im Frühjahr vergilben vorjährige Blätter; deshalb ist diese Hybride nicht immergrün. Bei immergrünen Eichen werden die Blätter nach und nach später separiert.

Die Form '**Lucombeana**' ist 1765 von William Lucombe in seiner Baumschule in St. Thomas in Exeter (England) gefunden worden. Sie bildet in den Blattmerkmalen etwa die Mitte zwischen beiden Ausgangseltern mit leichter Tendenz hin zur Zerreiche. Sie besitzt wintergrüne Blätter, die im Umriss länglich, zur Spitze und an der Basis verschmälert und bis 15 cm lang sind. Sie besitzen einen 3 bis 20 mm langen Stiel,

	Quercus x hispanica	Quercus suber Kork-Eiche	Quercus cerris Zerreiche
Herkunft	1765 in Exeter	S-Europa, N-Afrika	S-Europa, Kleinasien, Libanon
Blätter			
Form	**winterfest**, eilänglich	**immergrün**, eiförmig bis eilänglich, sehr variabel	sehr variabel jedseits 4–9 teilweise zueinander versetzte Lappen
Oberseite		glänzend dunkelgrün, kahl	glänzend dunkelgrün, anfangs sternhaarig
Unterseite	weißgrau	weißgrün, filzig	graugrün, da bleibend behaart
Länge	6–12 cm	3–7 cm	6–12 cm
Spitze	rund gelappt	spitz bis rund	rund bis spitz mit Stachelspitzchen
Rand	fiederförmig flach buchtig	jedseits 4–7 kurze Zähne	unregelmäßig tief buchtig gelappt mit aufgesetzten Stachelspitzchen
Basis	rund	meist rund bis leicht herzförmig	gerundet oder keilförmig
Stiel	5–10 mm	8–15 mm	10–20 mm
Wuchs			
	Baum, 30 m	Rundkroniger Baum, 6–10(–20) m, mit 15 cm korkiger Borke	Baum, bis 35 m

sind grob gezähnt, wobei die Zähne dreieckig und spitz zulaufend ausgelegt oder schwach gelappt sind. Die Oberseite ist dunkelgrün, die Unterseite matt hellgrün und schwach behaart.

Die xeromorphen Blätter des Kork-Eichen-Elter sind dagegen erheblich kleiner, höchstens bis 7 cm lang, eiförmig, an der Basis meist rund bis leicht herzförmig und nach oben spitz zulaufend. Die Blattoberseite ist glänzend dunkelgrün, unterseits durch einen dichten Haarfilz als Verdunstungsschutz weißgrau, welcher auch teilweise an die Hybride weitergereicht wird. Die Blattränder zeigen vier bis fünf kurze Zähne; die Blattstiele sind 8 bis 15 mm lang.

Das beim Zerr-Eichen-Elter so charakteristische Merkmal der fadenförmig verlängerten Knospenschuppen ist in der Hybride nicht realisiert, jedoch das weitere typische Merkmal der Beschuppung des Fruchtbechers (Cupula), welche bei der Zerr-Eiche vollständig, bei der Hybride im unteren Bereich zurückgeschlagen, bei der Korkeiche jedoch im oberen Bereich aufrecht und abstehend sind. Die Cupula umgibt die an der Spitze nicht eingedrückte Eichel zu etwas mehr als die Hälfte.

Die sehr mächtige und permanent nachwachsende Borke der Korkeiche und die schwärzlich-dickwulstige, kleinfeldrige Borke der Zerr-Eiche ist in dieser Hybride nicht wiederzufinden, deren Borke zwar dicker als bei Eichen üblich ist, jedoch nur wenige Korkzellen aufweist und daher für eine Korkgewinnung nicht genutzt werden kann, zumal der Stamm gelegentlich Abholzigkeit zeigt.

In der Form 'Lucombeana' kann die Hispanica-Hybride zu einem bis 30 m hohen Baum heranwachsen. Der Kork-Eichen-Elter erreicht Höhen zwischen 6 bis 10 m, bei guten Standortbedingungen gelegentlich bis 20 m, der Zerreichen-Elter

Quercus x hispanica
Quercus suber   Quercus cerris

bis 35 m. Es gibt jedoch im Hybridschwarm auch Nachkommen, die strauchförmig bleiben, so die 1909 in Mlynany (Slowakei) gefundene Form 'Ambrozyana' oder die gedrungenere Baumform 'Diversifolia'.

Darüber hinaus gibt es noch Variationen in der Blattform mit den Kultivaren 'Crispa', 'Dentata', 'Diversifolia', 'Heterophylla' und 'Fulhamensis Latifolia'.

Eine Hybridform aus Zerreiche (*Quercus cerris*) und Korkeiche (*Quercus suber*) ist die wintergrüne *Quercus x hispanica* 'Lucombeana' hier mit einem etwa 80 Jahre alten Exemplar im Botanischen Garten Berlin-Dahlem.

Quercus x libanerris

Blattlappung verschwindet bei *Quercus x libanerris*-Hybride

Während die Lappung mit der tiefen Buchtung des **Zerr-Eichen**-Elter (*Quercus cerris*) in der Hybride *Quercus x libanerris* verschwindet, ist die Ausbildung der fadenförmigen Nebenblattschuppen der Knospen und der pfriemeligen Schuppen auf dem Fruchtbecher (Cupula) erhalten geblieben, nur dass diese Becherschuppen bei der Hybride zurückgeschlagen sind.

Ansonsten ist die linealisch-lanzettliche Blattform der **Libanon-Eiche** (*Quercus libani*) übernommen worden, wobei sich lediglich der gesägte Rand weiter vergröbert, die Distanz zwischen den Sägezähnen vergrößert und dadurch die Einbuchtung leicht vertieft hat. Die aufgesetzten Stachelspitzchen sind erhalten geblieben. Das Blatt der Hybride ist im Vergleich zum *Qu. libani*-Elter größer. Die Blattstiele haben sich erheblich verlängert. Der flaumhaarige Besatz der Triebe von *Qu. cerris* hat sich bei der Hybride erhalten.

	Quercus x libanerris	**Quercus cerris** Zerreiche	**Quercus libani** Libanon-Eiche
Herkunft		S-Europa, Kleinasien, Libanon	Syrien, Kaukasus, SW-Asien
Blätter			
Form	linealisch-lanzettlich	sehr variabel, jedseits 4–9, teilweise zueinander versetzte Lappen	eilänglich bis lanzettlich
Oberseite	glänzend dunkelgrün, verkahlend	stumpflich dunkelgrün, anfangs sternhaarig	dunkelgrün, kahl
Unterseite	graugrün, verkahlend	graugrün, da bleibend behaart	hellgrün, fast kahl, bis fein kurzhaarig
Länge	8–13 cm	6–12 cm	5–10 cm
Breite	1,5–4 cm	2–5 cm	1,5–3 cm
Spitze	lang und schlank zugespitzt	rund bis spitz, mit Stachelspitzchen	lang zugespitzt
Rand	mit weiten Abständen grob gesägt und aufgesetzten Stachelspitzchen	unregelmäßig tief buchtig gelappt mit aufgesetzten Stachelspitzchen	grob gesägt
Basis	gerundet oder keilförmig	gerundet oder keilförmig	rund
Stiel	12–20 mm	10–15 mm	15–20 mm
Wuchs			
	Baum, bis 35 m, Triebe flaumhaarig, wüchsiger	Baum, bis 35 m, Triebe flaumhaarig	zierlicher Baum, 7–8(–10) m

Quercus x libanerris
Quercus cerris   Quercus libani

Quercus x ludoviciana

Quercus x ludoviciana-Hybride mit buntgemischten Blattformen

Bei der Hybride *Quercus x ludoviciana* sind in der Blattausprägung am gleichen Jahrestrieb alle Mischformen der Blätter der Eltern von der **Sumpf-Rot-Eiche** (*Quercus falcata var. pagodifolia*) mit fast rechtwinklig gelappten, mitteltief gebuchteten Blättern und der **Weiden-Eiche** (*Quercus phellos*) mit ihren elliptischen, ganzrandigen Blättern zu beobachten. Das kann von ganzrandigen Blättern bis zu unregelmäßig gelappten Blättern reichen, deren Lappen sichelförmig nach vorn gerichtet und eckig sind. Dann gibt es aber auch intermittierende Blätter wie das abgebildete, wo sich die Lappen des *Quercus falcata*-Elter nur noch als kleine Sägezähnchen und/oder kleine Lappen andeuten.

	Quercus x ludoviciana	Quercus falcata var. pagodifolia Sumpf-Rot-Eiche	Quercus phellos Weiden-Eiche
Herkunft	um 1880 in USA kultiviert	östliches N-Amerika	O-USA
Blätter			
Form	sehr variabel am gleichen Jahrestrieb: es reicht von ganzrandig bzw. aufsteigende, spitze Sägezähne mit Grannen im oberen Drittel und unregelmäßige, sichelförmige und eckige Lappen in der unteren Hälfte	jedseits 2–3, fast eckige Lappen mit 1–2 Grannen	schmal lanzettlich, weidenartig
Rand		fast rechtwinklig, mitteltief gebuchtet, zur Basis verjüngender Teil ganzrandig	ganzrandig, leicht gewellt
Oberseite	glänzend dunkelgrün	glänzend dunkelgrün	glänzend dunkelgrün
Unterseite	leicht behaart	weißfilzig, mitunter gerötet	
Länge	12–15 cm	15–20 cm	7–12 cm
Breite	5–8 cm	12–15 cm	1,5–2 cm
Spitze	spitz mit Granne	spitz mit 2 flankierenden Grannen	zugespitzt, Mittelrippe in Grannenspitze auslaufend
Basis	gerundet bis geöhrt	keilförmig	keilförmig
Stiel	20–25 mm	20–25 mm	2–4 mm
Wuchs			
	großer Baum, bis 30 m	Baum mit lockerer Krone, bis 25 m	Baum, bis 25(–40) m

Quercus x ludoviciana | **229**

Quercus x ludoviciana
Quercus falcata   Quercus phellos

Quercus x richteri

Der Rot-Eiche ähnliche Hybride *Quercus x richteri* ist wüchsiger

Die ***Quercus x richteri***-Hybride zwischen der **Sumpf-Eiche** (*Quercus palustris*) und der **Rot-Eiche** (*Quercus rubra*), die schon vor 1900 in Schlesien gefunden wurde, aber als Naturhybride auch später in den USA, wo beide Eltern heimisch sind, bemerkt wurde, ist wüchsiger, zeigt also Heterosis-Effekte. Dies deutet sich schon in der Blattgröße an. Das Blatt ähnelt mehr dem Rot-Eichenblatt, wobei die unregelmäßig gezähnelten Lappen weniger, d. h. nur zu einem Drittel der Spreitenhälften gebuchtet sind. Bei der Rot-Eiche ziehen sie dagegen bis zur Mitte der Spreitenhälfte. Außerdem sind sie noch ein wenig steiler gestellt. Von den Blattmerkmalen der Sumpf-Eiche mit waagerecht und tief gebuchteten Lappen hat sich in der Hybride nichts markiert, auch nicht die unteren hängenden Äste beim Kronenhabitus. Die Blattstiellänge liegt zwischen beiden Eltern.

	Quercus x richteri	Quercus palustris Sumpf-Eiche	Quercus rubra Rot-Eiche
Herkunft	Naturhybride in USA, vor 1900 in Schlesien gefunden	O-USA	N-Amerika
Blätter			
Form	jedseits 4–6 schräg aufwärts weisende, unregelmäßig gezähnte Lappen	jedseits 2–4 fast waagerechte, spitze Lappen	jedseits 3–6 schräg aufwärts gerichtete, gezähnte Lappen
Oberseite	stumpf dunkelgrün	beidseits glänzend grün	leicht glänzend dunkelgrün
Unterseite	graugrün	graue Achselbärte	heller, bräunliche Achselbärte
Länge	18–25 cm	8–15 cm	12–22 cm
Breite		6–14 cm	
Spitze	gezähnt zugespitzt	gezähnt zugespitzt	gezähnt zugespitzt
Rand	bis zum Drittel der Spreitenhälfte gebuchtet	tief gebuchtet, an Lappenspitzen gezähnt	bis Mitte der Spreitenhälfte gebuchtet
Basis	keilförmig	keilförmig	keilförmig
Stiel	50 mm	50–60 mm	40–50 mm
Wuchs	Baum, 25(–30) m	geradschäftiger Baum, 25(–40) m, untere Äste hängend, abgestorben lange haftend	Baum, 20–25(–40) m

Quercus x richteri | 231

Quercus x richteri
Quercus palustris   Quercus rubra

Quercus 'Pondaim'

***Quercus* 'Pondaim'-Hybride zeigt intermediären Blattrand**

Erst 1960 wurde die Hybride *Quercus* **'Pondaim'** von Hoey Smith im Arboretum Rotterdam gezogen: Eine baumartig wachsende Kreuzung zwischen der japanischen **Kaiser-Eiche** (*Quercus dentata*) und der strauchartig wachsenden **Pontischen Eiche** (*Quercus pontica*).

In der Blattrandgestaltung, der zwischen 14–30 cm großen, verkehrt eiförmigen Blätter ist ein intermediärer Rand entstanden. Der Rand der Kaiser-Eiche zeigt eine leichte, wenig tief gebuchtete Lappung, deren Spitzen abgerundet sind, der der Pontischen Eiche ist dagegen leicht gezähnelt. Herausgekommen ist bei der Hybride ein Rand mit groben, dreieckigen Zähnen mit aufgesetztem Spitzchen. Die Basis des Blattes hat sich gegenüber des *Qu. dentata*-Elter weiter verschmälert und bleibt dort ganzrandig. Das Blatt läuft zum ebenfalls kurzen Stiel leicht abgerundet aus.

	Quercus 'Pondaim'	Quercus dentata Jap. Kaiser-Eiche	Quercus pontica Pontische Eiche
Herkunft	um 1960 von Hoey Smith in Rotterdam gezogen	Japan, Korea, NW-China	Armenien, Kaukasus
Blätter			
Form	verkehrt eiförmig, Basis verschmälert	verkehrt eiförmig, Basis verschmälert	breit oval bis verkehrt eiförmig, jedseits 16–17 parallele Seitenadern
Oberseite	grün	dunkelgrün	glänzend grün mit gelblicher Mittelrippe
Unterseite	anfangs behaart	anfangs grau-filzig, später gelbgrün, weichhaarig	blaugrün, Mittelader behaart
Länge	14–20 cm	15–30(–50) cm	10–16 cm
Spitze	zugespitzt	abgerundet	kurz zugespitzt
Rand	dreieckige grobe Zähne mit aufgesetztem Spitzchen	jedseits 5–9 abgerundete, etwas gebuchtete Lappen	nicht vollständig scharf gezähnt
Basis	leicht abgerundet	abgerundet oder herzförmig	breit keilförmig, etwas schief
Stiel	3–5 mm	2–5 mm	5–15 mm, gelb-grün
Wuchs	baumartig	Baum, 20–25 m, Triebe anfangs dicht behaart	mehr strauchig, bis 6 m

Quercus 'Pondaim'
Quercus dentata x Quercus pontica

Quercus x rosacea

Die Gewöhnliche Bastard-Eiche zeigt intermediäre Blattmerkmale

Die **Gewöhnliche Bastardeiche** (*Quercus x rosacea*) kann dort, wo Eltern, nämlich die **Stiel-Eiche** (*Quercus robur*) und die **Trauben-Eiche** (*Quercus petraea*) relativ nahe beieinander vorkommen, als Naturhybride entstehen und fällt, da sie gleiche Wuchshöhen erreichen, selten auf. Nur bei genauer Betrachtung des Blattes ist festzuhalten, dass dieses in der Ausprägung von allen Merkmalen eine Mittelstellung einnimmt, d. h. der Stiel ist nur mittellang, die Blattbasis ist, anders als bei beiden Eltern, nur leicht geöhrt bzw. herzförmig, die beidseitigen Lappen sind in der oberen Blatthälfte, ähnlich dem Trauben-Eichen-Elter, gleichmäßig gelappt und flach gebuchtet, während die Buchtung im unteren Teil, wie beim Stiel-Eichen-Elter zunimmt. Insgesamt ist das Blatt mehr verkehrt eiförmig bis elliptisch. Die Blätter variieren aber insgesamt stärker, für diese Hybride mit einer Mittelausprägung erwartungsgemäß.

Es muss jedoch angemerkt werden, dass die Blattausprägung der Arten selbst variieren kann, ja sogar auf dem gleichen Baum morphologische Abweichungen existieren, bedingt durch differierende Konzentrationen an Phytohormonen. Es gibt sogar die Ansicht, dass Stiel- und Traubeneiche nur eine Art mit variierender Ausprägung ist. Endgültige Aufklärung können erst detaillierte genetische Untersuchungen bringen.

	Quercus x rosacea	**Quercus petraea** Trauben-Eiche	**Quercus robur** Stiel-Eiche
Herkunft	Naturhybride	Europa bis Kleinasien	Europa bis Kaukasus
Blätter			
Form	variabel, verkehrt eiförmig bis elliptisch	schwach verkehrt eiförmig, abgerundet	länglich bis verkehrt eiförmig, Seitenadern bis in die Buchten
Oberseite	glänzend tief grün	glänzend tief grün	glänzend tief grün
Unterseite	hell blaugrün, kahl	hell blaugrün, auf Adern büschelig behaart, rostrote Achselbärte	hell blaugrün, kahl
Länge	5–16 cm	6–17 cm	5–15 cm
Spitze	gerundet	gerundet	gerundet
Rand	unregelmäßig gelappt, an Spitze flach, weiter unten tiefer gebuchtet	jedseits 4–6 gleichmäßige, abgerundete Lappen, wenig gebuchtet	unregelmäßig tief gelappt, jedseits 3–6 rundliche Lappen
Basis	leicht geöhrt bis herzförmig	breit keilförmig	mehr oder minder geöhrt
Stiel	mittellang, 12–14 mm	lang gestielt 10–30 mm	kurz gestielt 2–3 mm
Wuchs			
	Baum, bis 35 m	Baum, 20–30(–40) m	Baum, 20–30 m

Quercus x rosacea
Quercus petraea   Quercus robur

Quercus x tabathiana

***Quercus* x *tabathiana*-Hybride übernimmt Flaumbehaarung**

Die noch weithin wenig bekannte Eichen-Hybride ***Quercus* x *tabathiana*** ist hervorgegangen aus einer Kreuzung der **Trauben-Eiche** (*Quercus petraea*) und der **Flaum-Eiche** (*Quercus pubescens*), deren nördlichste Verbreitung in M-Europa an das Verbreitungsareal der Trauben-Eiche heranreicht, woraus Kreuzungsmöglichkeiten resultieren können.

Die Bäume und Blätter sind größer als die der Flaum-Eiche. Die Blätter sind zudem länger als bei beiden Eltern, allerdings in der Breite dazwischen liegend. Die beidseitige anfängliche Flaum-Behaarung des Flaum-Eichen-Elter wurde beibehalten. Die Verkahlung der Oberseite beginnt von der Basis fortschreitend. Die Basis zeigt, anders als bei beiden Eltern, eine Auszipfelung des gerundeten bis herzförmigen Übergangs zum Blattstiel. Dieser ist länger als beim Flaum-Eichen-Elter. Die Blattrandgestaltung differiert zu beiden Eltern, denn die beidseitigen Lappen enden leicht eckig bis abgerundet und sind schwach und weit gestellt buchtig. Ihre Blattspitzen zeigen oft kleine, gerundete Zipfel, flankiert von angedeuteter Zähnelung.

	Quercus x tabathiana	Quercus petraea Trauben-Eiche	Quercus pubescens Flaumeiche
Herkunft		Europa bis Kleinasien	W- bis S-Europa, Kaukasus, Kleinasien
Blätter			
Form	eilänglich, jedseits 6–9 abgewölbte Lappen	schwach verkehrt eiförmig	variabel, jedseits 4–8 Lappen mit Seitenlappen
Oberseite Unterseite	beidseits silbrig grau, von Basis beginnend verkahlend	glänzend tief grün hell blaugrün, auf Adern büschelig behaart, rostrote Achselbärte	anfangs beidseits flaumig behaart, später oberseitig verkahlend, dann stumpfgrün
Länge	12–17 cm	6–17 cm	4–9 cm
Breite	2–3,5 cm	2–4 cm	2–3 cm
Spitze	mehr rundliche, kleine Zipfel	gerundet	spitz bis abgerundet
Rand	mehr dreieckig als abgerundet gelappt mit weitgestellter Buchtung	jedseits 4–6 gleichmäßige, abgerundete Lappen, wenig gebuchtet	abgerundet gelappt mit geringer Einbuchtung
Basis	schief auslaufend, zipfelig geöhrt bis gerundet	breit keilförmig	abgerundet bis keilförmig
Stiel	15–25 mm	lang gestielt, 10–30 mm	6–19 mm
Wuchs			
	Baum, bis 25 m	Baum, 20–30(–40) m	Baum, 12–16(–20) m, Triebe flaumfilzig

Quercus x tabathiana
Quercus petraea   Quercus pubescens

Quercus x turneri
Quercus x turneri 'Pseudoturneri'

Die Stein-Eiche hat *Quercus x turneri* wintergrünes Laub beschert

Aus der Einkreuzung der immergrünen **Stein-Eiche** (*Quercus ilex*) in die **Stiel-Eiche** (*Quercus robur*) in den Jahren nach 1780 in Turners Baumschule in Essex sind die Hybriden *Quercus x turneri* und *Quercus x turneri* 'Pseudoturneri' schon kurz vor 1800 entstanden, die ihnen ein wintergrünes Laub beschert hat, ein Erbe von *Quercus ilex*, welches erst mit dem Frühjahrsaustrieb separiert wird.

Die Blätter der Hybriden haben die deutliche Lappung des Stiel-Eichen-Elters weitgehend verloren. Übrig geblieben ist ein mehr oder minder gesägter bis entfernt buchtiger gezähnter Rand, also eine intermediäre Ausprägung der Blattrandanlagen beider Eltern, denn die ledrigen Blätter des Stein-Eichen-Elter variieren in der Blattrandgestaltung von ganzrandig bis hin zu

	Quercus x turneri bzw. 'Pseudoturneri'	Quercus ilex Stein-Eiche	Quercus robur Stiel-Eiche
Herkunft	1780 in Turners Baumschule in Essex (GB) entstanden, die variierende Hybride erst um 1800	Südeuropa bis Pakistan	Europa bis Kaukasus
Blätter			
Form	wintergrün, ledrig, verkehrt eiförmig bis elliptisch	immergrün, ledrig, sehr variabel, elliptisch bis eilanzettlich	länglich bis verkehrt eiförmig, Seitenadern bis in die Buchten
Oberseite	matt glänzend, dunkelgrün	glänzend dunkelgrün	glänzend tief grün
Unterseite	auf Adern behaart	graufilzig	hell blaugrün, kahl
Länge	bei Pseudoturneri bis 12 cm, sonst etwas kürzer	3–7 cm	5–15 cm
Spitze	spitz oder stumpf mit Grannenspitzchen	spitz oder stumpf	gerundet
Rand	entfernt buchtig gezähnt	weitläufig grannig gezähnt oder ganzrandig	unregelmäßig tief gelappt, jedseits 3–6 rundliche Lappen
Basis	rund, etwas geöhrt	breitrund oder keilförmig	mehr oder minder geöhrt
Stiel	4–8 mm	sehr unterschiedlich lang, 8–15 mm	kurz gestielt, 2–3 mm
Wuchs	kleiner Baum, bis 15 m	Baum, bis 20 m, Äste älterer Bäume hängend	Baum, 20–30 m

ausgesprochen gezähnt. Die Blätter der 'Pseudoturneri'-Hybride sind gegenüber der Qu. x *turneri*-Hybride länger (7–12 cm zu 6–8 cm) und schmaler. In der Gestaltung der Blattspitze ist die gerundete Spitze des Qu. *robur*-Elter verloren gegangen; in der Basisgestaltung hat sich dagegen eine angedeutete Öhrung erhalten.

Quercus x turneri 'Pseudoturneri'
Quercus ilex   Quercus robur

Ribes x gordonianum

Die Gordons-Johannisbeer-Hybride zeigt eine Blütenmischfarbe

Die Eltern der Johannisbeer-Hybride *Ribes x gordonianum* zeigen mit einem klaren Gelb der Kronblätter der **Wohlriechenden Johannisbeere** (*Ribes odoratum*) und einem kräftigen Purpurrot der **Blutjohannisbeere** (*Ribes sanguineum*) satte Farben. Die **Gordons-Hybride** zeigt eine Mischung der Farbausprägungen beider Eltern und zwar das Purpurrot als Rosarot auf der äußeren Unterseite der noch geschlossenen Blüte mit der Blütenröhre, wobei sich der Rotschimmer im aufgeblühten Zustand noch im Kronblattsaum findet, während die

	Ribes x gordonianum Gordons Johannisbeere	**Ribes odoratum** Wohlriechende Johannisbeere	**Ribes sanguineum** Blutjohannisbeere
Herkunft	von Beaton 1837 in Ipswich in England gefunden	mittlere bis südliche USA	westliches Nordamerika
Blätter			
Form	gebuchtet mit 5 Lappen	tief eingebuchtet mit 5–7 Lappen	schwach gebuchtet mit 3–5 Lappen
Oberseite	glänzend, dunkelgrün	matt, dunkelgrün	runzelig, Drüsenhaare, unangenehm riechend
Größe	7–8 cm breit	um 7 cm breit	6–7 cm breit
Rand	gezähnt	grob gesägt	gesägt
Basis	herzförmig bis gestutzt	keilförmig bis gestutzt	herzförmig bis gestutzt
Stiel	5–6 cm lang	um 3 cm lang	3–4 cm lang
Sprossachse			
Habitus	Strauch, bis 2 m	Strauch, bis 2,5 m	Strauch, 2–4 m
Triebe		unbewehrt, jung behaart	unbewehrt, rotbraun, behaart, wenige Drüsenhaare
Blüten			
Blütenrispe		5–10 Blüten nickend, duftend	10–20 Blüten, meist ansteigend
Kronblätter	purpurrot bis rosarot	gelb	purpurrot
Kelch		meist zurückgerollt, halb so lang wie Blütenröhre	
Staubblätter	von cremgelb nach blassrot umfärbend	von gelb nach rot umfärbend	weißlich
Früchte			
Form	keine, steril	rundlich bis elliptisch	
Größe		8–10 mm	7–9 mm
Farbe		schwarz	schwarz bereift, lange haltend

Oberseite der schalenförmig entfalteten Kronblätter das Gelb des anderen Elternteiles, der Wohlriechenden Johannisbeere zeigt.

Diese Kronblätter besitzen eine ovale Form, während die Kronblattzipfel des Odoratum-Elters schmal und zurückgerollt, aber nur halb so lang wie die Blütenröhre sind. Das letztere Merkmal verliert sich bei der Hybride. Aber auch beim Sanguineum-Elter sind die Kronblattzipfel nur unwesentlich breiter.

Die an der Blütenröhre ansetzenden Staubblätter sind bei der Wohlriechenden Johannisbeere gelb, färben nach der Bestäubung nach rot um. Bei der Blutjohannisbeere sind sie weißlich und die überragende Narbe blassgelb. Bei der Hybride sind die Staubblätter vor dem Erblühen cremegelb, nach der Bestäubung blass rot. Die Blüten sind etwas größer und dickfleischiger als bei beiden Eltern. Die Hybride wie auch die Eltern blühen zwischen April und Mai.

Wie die Blüten, zeigen auch die Blätter der Hybride eine Mischung der Anlagen beider Eltern. Während das Blatt der Wohlriechenden Johannisbeere eine glänzend glatte Oberfläche besitzt, hat der Blutjohannisbeer-Elter eine raue stumpfe Oberfläche. Die Hybride hat eine glatte, aber raue Oberfläche. Ihre Adern sind nicht so tief eingesenkt wie beim Blutjohannisbeer-Elter, während sie bei der Wohlriechenden Johannisbeere auf der Oberflächenebene liegen und sich weiß vom Interkostalgewebe abheben. Die Einbuchtungen der 3- bis 5-lappig eingeschnittenen Blätter sind bei *R. odoratum* besonders tief, bei der Hybride liegen diese mittig zwischen beiden Eltern. Der Blattrand ist mit eingeschnittener Zähnelung ebenfalls ein Mittel zwischen dem grob gesägten Rand von *R. odoratum* und der feinen Zähnelung von *R. sanguineum*. Das Blatt von *R. sanguineum* riecht unangenehm.

Die beiden Eltern stammen aus Nordamerika, wobei *R. odoratum* ihre Herkunft

Ribes x gordonianum
Ribes odoratum Ribes sanguineum

242 | Ribes x gordonianum

in den mittleren USA, *R. sanguineum* in N-Kalifornien bis Britisch-Columbia haben.

Dieser Bastard, der um 1837 von dem englischen Gärtner Beaton in Ipswich gefunden wurde, ist eine klassische Hybride, die in ihren Merkmalen genau zwischen beiden Ausgangsarten liegt.

Der Strauch wächst etwas sperrig und kann 2 m erreichen. Als Ziergehölz müsste er daher gestutzt werden, um Fülle zu halten.

Ribes x gordonianum
Ribes sanguineum   Ribes odoratum

Ribes x gordonianum
Ribes odoratum   Ribes sanguineum

Ribes x succirubrum

In *Ribes x succirubrum* haben beide Eltern Merkmale eingebracht

Die Stachelbeerhybride *Ribes x succirubrum* ist seit 1888 aus den beiden nordamerikanischen Stachelbeerarten **Oregon-Stachelbeere** (*Ribes divaricatum*), welche mehltauresistent ist und der **Schnee-Stachelbeere** (*Ribes niveum*) hervorgegangen. Sie besitzen zwar alle gelappte Blätter, wobei die der Schnee-Stachelbeere nur dreilappig sind und einen geschlossenen Rand aufweisen. Diese Merkmale sind durch den *R. divaricatum*-Elter hin zur Mehrlappigkeit und einer kerbigen Einbuchtung bei den drei bis fünf Lappen der Hybride verändert. Das weiße Blütenmerkmal der Schnee-Stachelbeere ist weitgehend auf die Hybride übergegangen. Die leichte Fruchtbereifung stammt dagegen vom *R. divaricatum*-Elter, denn *R. niveum* ist diesbezüglich kahl.

	Ribes x succirubrum	**Ribes divaricatum** Oregon-Stachelbeere	**Ribes niveum** Schnee-Stachelbeere
Herkunft	seit 1888 bekannt	N-Amerika	NW-Nordamerika
Blätter			
Form	3–5 lappig, kerbig eingeschnitten	5-lappig, kerbig eingeschnitten	3-lappig, Rand geschlossen
Breite	3 cm	2–6 cm	3 cm
Spitze	stumpf	stumpf	stumpf
Sprossachse			
Wuchs	sehr starkwüchsiger Strauch	Strauch, bis 3 m, mehltauresistent	Strauch, 1–3 m
Stacheln	an den Nodien, 2 cm	steif, kräftig, hakig	stark stachelig, 1–3 Stacheln
Blüten			
Stand	zu 2–4 in hängenden Trauben	zu 2–4 an dünnen Stielen	zu 1–3, nickend, da an dünnen Stielen
Farbe	weiß	weiß-grünlich	weiß
Merkmale	Staubblätter weit vorstehend	Kelch glockig	Kelch glockig
Früchte			
Form	schwarz, etwas bereift, Saft stark färbend	kugelig, dunkelrot bis schwarz, deutlich bereift	blauschwarz, kahl

Ribes x succirubrum

Ribes x succirubrum
Ribes divaricatum   Ribes niveum

Robinia x ambigua

Robinien-Hybride mit vielen intermediären Merkmalen

Die um 1860 in Holland aus der **Gemeinen Robinie** (*Robinia pseudoacacia*) und der **Klebrigen Robinie** (*Robinia viscosa*) entstandene ***Robinia x ambigua*** 'Bella rosa' realisiert viele intermediäre Merkmale, so in der Blütenfarbe, die hell rosa ausfällt und damit eine Ausmischung durch die weiße Blütenfarbe des *R. pseudoacacia*-Elter gegenüber den rosa Blüten des *R. viscosa*-Elter erfahren hat.

	Robinia x ambigua 'Bella rosa'	Robinia pseudoacacia Gemeine Robinie	Robinia viscosa Klebrige Robinie
Herkunft	um 1860 in Holland entstanden	Appalachen der USA	Pennsylvania bis W-Virginia der USA
Blätter			
Form	unpaarig gefiedert, 15–21 Blättchen, länglich elliptisch, streng gegenständig	unpaarig gefiedert, 9–19 Blättchen, länglich elliptisch, gegen- bis wechselständig	unpaarig gefiedert, 13–25 Blättchen, eiförmig, gegen- bis wechselständig
Unterseite	etwas behaart	anfangs etwas behaart	kräftig behaart, auch auf Mittelrippe
Länge	um 25 cm, Blättchen 2,5–5 cm	20–30 cm, Blättchen 3–6 cm	bis 30 cm, Blättchen 2,5–5 cm
Spitze	vereinzelt stachelspitzig oder ausgerandet	vereinzelt stachelspitzig oder ausgerandet	stumpf gerundet
Rand	ganzrandig	ganzrandig	ganzrandig
Basis	keilförmig	abgerundet bis keilförmig	abgerundet bis keilförmig
Stiel	kurz gestielt 3–4 mm	kurz gestielt 3–4 mm	kurz gestielt 3–4 mm
Sprossachse			
Habitus	Baum, um 15 m	Baum, 20–25 m	Baum, bis 12 m
Junge Triebe	kleine Nebenblattdornen, nur schwach oder fehlend, stark klebrig, rötlich	kräftige Nebenblattdornen, Triebe kahl, grünlich	kleine Nebenblattdornen, dicht drüsig-klebrig, dunkel rotbraun
Blüten			
Form	lockere Traube mit 9–12 Blüten	dichte Traube mit 10–25 Blüten	dichte Traube mit 6–16 Blüten
Farbe	hell rosa mit gelbem Fleck auf Fahnengrund	weiß mit gelbem Fleck auf Fahnengrund	rosa mit hellgelbem Fleck auf Fahnengrund, Kelch gerötet
Früchte			
Form		Hülsen, 5–10 cm lang, glatt	Hülsen, spärlich drüsig-borstig

Die Zweige und Blütenstiele sind nicht mehr so dunkelrotbraun wie bei R. *viscosa*. Die Blättchen fallen etwas zarter aus und sind mehr länglich elliptisch wie beim *R. pseudoacacia*-Elter, aber sie behalten die leichte Behaarung der Blattunterseite bei, darin mehr dem *R. viscosa*-Elter ähnelnd, während diese beim *R. pseudoacacia*-Elter später verschwindet. Die Blättchen scheinen streng gegenständig an der Blattspindel inseriert zu sein.

Robinia x ambigua
Robinia pseudoacacia   Robinia viscosa

Salix x calliantha

Salix x calliantha besitzt gegenüber Eltern deutliche Nebenblättchen

Die Weidenhybride *Salix x calliantha*, welche um 1865 in der Nähe von Wien spontan aus der **Reif-Weide** (*Salix daphnoides*) und der **Purpur-Weide** (*Salix purpurea*) entstanden und aufgefallen ist, unterscheidet sich beträchtlich von ihren Eltern.

	Salix x calliantha	Salix daphnoides Reif-Weide	Salix purpurea Purpur-Weide
Herkunft	um 1865 bei Wien wild gefunden	Europa bis M-Asien und Himalaja	Europa bis N-Afrika, in Flussniederungen des Tieflandes
Blätter			
Form	lanzettlich, kleine Nebenblätter	länglich bis oval lanzettlich, Nebenblätter mit Blattstiel verwachsen	schmal elliptisch, ohne Nebenblätter
Oberseite	stumpf, jung seidenhaarig	jung behaart, glänzend grün	kahl, bläulichgrün mit gelber Mittelader
Unterseite	bläulichgrün	graugrün	graugrün
Länge	6–10 cm	5–10 cm	5–8 cm
Spitze	ausgezogen spitz	scharf zugespitzt	spitz
Rand	gesägt	feindrüsig gezähnt	zur Spitze hin gezähnt, sonst ganzrandig
Basis	keilförmig	allmählich verschmälert	keilförmig
Stiel	10–12 mm	6–10 mm	2–3 mm
Sprossachse			
Habitus	Strauch, bis 3 m	Baum, breitkronig, 10(–15) m	Strauch, 1–6 m
Junge Triebe	gelbgrün bis braungelb, nicht bereift, kahl	rotbraun, blau bereift, anfangs behaart	gelblichbraun, kahl
Blüten			
Blühzeit	vor Blattaustrieb	vor Blattaustrieb, März	mit Blattaustrieb, März/April
Kätzchen	schlank länglich	zylindrisch, aufrecht, sitzend, wenig gebogen	schlank, sitzend, etwas gekrümmt
Größe	2–3,5 cm	3 cm	1,5–3 cm
Staubblattzahl	2, an Basis verwachsen, etwas behaart	2, frei, kahl	2 bis 4 Antheren verwachsen, daher scheinbar nur eine
Antheren	zuerst gelb, später gerötet		zuerst purpurn (Name!), später schwarz
Fruchtknoten	fast sitzend	eikegelförmig, kahl, gestielt	gedrungen eiförmig, filzig behaart, Narbe fast sitzend

Die Blattgröße erreicht zwar die des *S. daphnoides*-Elter, hat aber die größte Breite oberhalb der Mitte wie der *S. purpurea*-Elter. Die Blattoberseite ist genau so stumpf dunkelgrün wie beim Purpur-Weiden-Elter. Bei den Nebenblättern unterscheidet sie sich gänzlich. Sie besitzt zipfelige bis leicht geöhrte Nebenblättchen, während diese beim Purpur-Elter fehlen und beim Reif-Weiden-Elter mit dem Blattstiel weitgehend verwachsen erscheinen. Bezüglich der Blattlänge scheint ein kleiner Heterosis-Längeneffekt vorzuliegen. Die Wuchshöhe der Hybride ist allerdings strauchig ausgefallen; es liegt kein Wuchshöhengewinn vor.

Salix x calliantha
Salix daphnoides Salix purpurea

Salix x dichroa

Hybrid-Weide *Salix x dichroa* mit verschmälerten Blättern

Die Blätter der Weiden-Hybride ***Salix x dichroa*** haben sich im Vergleich zu den Eltern der **Ohr-Weide** (*Salix aurita*) und der **Purpur-Weide** (*Salix purpurea*) intermediär verschmälert. Der *S. aurita*-Elter besitzt breite, verkehrt-eiförmige Blätter und große, nierenförmige Nebenblätter, der *S. purpurea*-Elter dagegen schmal-lanzettliche Blätter ohne Nebenblätter und eine gelbliche Mittelader. Daraus ist bei der Hybride ein elliptisch-lanzettliches Blatt geworden, deren farbliche Aspekte des *S. aurita*-Elter (roter Trieb und rötlicher Blattstiel) und gelbliche Mittelader des *S. purpurea*-Elter bei der Hybride verloren gegangen sind. Die Nebenblättchen haben sich im Vergleich zum *S. aurita*-Elter verkleinert.

	Salix x dichroa	Salix aurita Ohr-Weide	Salix purpurea Purpur-Weide
Herkunft		Europa bis Eismeer, Asien bis Altei, Bruchwald, Niedermoore	Europa bis N-Afrika
Blätter			
Form	schmal elliptisch bis lanzettlich, ohne Nebenblätter	verkehrt eiförmig, große, nierenförmige Nebenblätter	schmal elliptisch, ohne Nebenblätter
Oberseite	stumpf hellgrün	stumpf grün, sehr runzelig	kahl, bläulichgrün mit gelber Mittelader
Unterseite		graugrün, kraus behaart, besonders auf hervortretendem Adernetz, später verkahlend	graugrün
Länge	8–12 cm	2,5–5 cm	5–8 cm
Spitze	spitz, etwas abgewinkelt	kurz spitz, schwach verdreht oder abgerundet	spitz
Rand	obere Hälfte leicht unregelmäßig gezähnt, sonst ganzrandig	ausgeknipst gezähnt, dazwischen abgewölbt	zur Spitze hin gezähnt, sonst ganzrandig
Basis	keilförmig	keilförmig bis leicht gerundet	keilförmig
Stiel	2–3 mm	3–5 mm, rötlich	2–3 mm

Salix x dichroa
Salix aurita   Salix purpurea

Salix x finmarchia

Kleinblättrige Weiden haben heidelbeerähnliche Kreuzung ergeben

In Dünen, wo die **Kriech-Weide** (*Salix repens*) heimisch ist, sind eingestreute Moore und damit die **Moor-** oder **Heidelbeer-Weide** (*Salix myrtilloides*) nicht weit, woraus Kreuzungen wie die *Salix x finmarchia* entstanden ist, welche schon seit 1800 kultiviert wird.

Diese Hybride besitzt zugespitzte Blätter wie der *S. repens*-Elter, dessen Spitze sich abnickend überwölbt. Hierin weicht der *S. myrtilloides*-Elter ab, denn seine Spitzen bleiben gerade, zumal die meisten, vor allem die basalen Blätter an der Spitze gerundet stumpf bleiben. Die geringe Blattstiellänge stammt von *S. repens*-Elter, denn die der Heidelbeer-Weide sind überwiegend sitzend.

	Salix x finmarchia	**Salix myrtilloides** Heidelbeer-Weide, Moor-Weide	**Salix repens** Kriech-Weide
Herkunft	ab 1800 in Berlin kultiviert	Europa bis O-Asien	N- und M-Europa
Blätter			
Form	breit elliptisch	rundlich, netzadrig	elliptisch bis lanzettlich
Oberseite	blaugrün	sattgrün	schwach glänzend,
Unterseite	heller, behaart	blaugrün	blaugrün, da anliegend behaart
Länge	2,5–3,5 cm	2–3(–4) cm	2–3,5 cm
Spitze	überwölbend spitz	gerade spitz	kurz zugespitzt
Rand	fein gezähnelt	ganzrandig	wenig nach unten gewölbt, einzelne zerstreute Zähnchen
Basis	schief keilförmig	schief rundlich	keilförmig
Stiel	1–3 mm	sitzend	1–2 mm
Sprossachse			
Habitus	kleiner Strauch, bis 0,5 m	sparrig verästelter kleiner Strauch, bis 0,5 cm	kleiner Strauch, 0,2–1,5 cm, teilweise unterirdischer Kriechstamm
Junge Triebe	dünn, kahl aufsteigend	dünn, aufrecht, braunrot mit weißer transparenter Epidermis, kurz behaart	dunkelrot bis gelblichgrün, verkahlend
Blüten			
Blühzeit	kurz vor Blattaustrieb	mit Blattaustrieb, Mai/Juni	mit Blattaustrieb, April/Mai
Kätzchen	dicht gedrängt	zylindrisch, gestielt	kurzkugelig bis oval
Größe	bis 2,5 cm	1–2,5 cm	bis 2 cm

Salix x finmarchia
Salix myrtilloides   Salix repens

Salix x friesiana

Deutlich vergrößerte Blätter bei *Salix x friesiana*-Hybride

Das Auffällige der *Salix x friesiana*-Hybride sind die gegenüber der **Korbweide** (*Salix viminalis*) deutlich verbreiterten Blätter, ein übernommenes Erbe des anderen Elter, der **Kriech-Weide** (*Salix repens*) mit vergleichsweise kleinen elliptischen bis lanzettlichen Blättern.

	Salix x friesiana	Salix repens Kriech-Weide	Salix viminalis Korb-Weide
Herkunft		N- und M-Europa	M-,O-,NO-Europa, Himalaja, China
Blätter			
Form	schmal bis länglich lanzettlich	elliptisch bis lanzettlich	schmal lanzettlich bis linealisch, Nebenblätter hinfällig
Oberseite	trüb grün, kurz samtig behaart, verkahlend	schwach glänzend,	dunkelgrün, schwach glänzend
Unterseite	graugrün bis silbergrün, seidig behaart	blaugrün, da anliegend behaart	metallisch glänzend, dichtseidig behaart, Mittelader hervortretend
Länge	4–15 cm	2–3,5 cm	6–20 cm
Spitze	zugespitzt	kurz zugespitzt	allmählich zugespitzt
Rand	etwas nach unten abgewölbt, unauffällige Drüsenzähnchen	wenig nach unten gewölbt, einzelne zerstreute Zähnchen	nach unten eingerollt, wellig mit einzelnen drüsigen Zähnen
Basis	keilförmig	keilförmig	keilförmig
Stiel	3–4 mm	1–2 mm	7–8 mm
Sprossachse			
Habitus	niedriger Strauch mit aufstrebenden, dünnen Ästen	kleiner Strauch, 0,2–1,5 m, teilweise unterirdischer Kriechstamm	aufrechter Strauch bis kleiner Baum, 2–10 m, oft als Korbweide gezogen
Junge Triebe	gelblichgrün bis rötlichbraun, kurz samtig behaart, verkahlend	dunkelrot bis gelblichgrün, verkahlend	olivgrün bis gelbbraun, bleibend behaart
Blüten			
Blühzeit		mit Blattaustrieb, April/Mai	vor Blattaustrieb, März/April
Kätzchen		kurzkugelig bis oval	mehr oder minder gedrungen, kurz gestielt
Fruchtknoten			eiförmig, Griffel sehr lang (5 mm), Narben fadenförmig

Die trübgrüne Oberseite dagegen ist ein Erbe des *S. viminalis*-Elter, welcher unterseits dicht seidig behaart ist, ebenso die leichte Abwölbung der Blattoberseite. Die samtige Behaarung zeigen auch die jungen Triebe, während die der Eltern verkahlen (*S. repens*) bzw. nur leicht behaart (*S. viminalis*) sind. Beide Eltern leuchten mit ihren Trieben gelblichgrün. Die Hybride bildet einen niedrigen Strauch mit aufstrebenden, dünnen Ästen.

Salix x friesiana
Salix repens   Salix viminalis

Salix x holoseriacea

Blätter von *Salix x holoseriacea* sind mittelbreit

Aus den breiten Blättern der **Grau-Weide** (*Salix cinerea*) und den fast linealischen Blättern der **Korb-Weide** (*Salix viminalis*) ist aus der Kreuzung die Hybridweide ***Salix x holoseriacea*** mit eilänglichen Blättern im Basisbereich der Jahrestriebe und elliptisch-lanzettlichen Blättern im Spitzenbereich der Jahrestriebe hervorgegangen. Die Blätter sind mit seidigen Härchen besetzt, was zur Bezeichnung Seidenblatt-Weide geführt hat. Nebenblätter sind wie beim S. viminalis-Elter früh hinfällig.

	Salix x holoseriacea Seidenblatt-Weide	**Salix cinerea** Grau-Weide, Asch-Weide	**Salix viminalis** Korb-Weide
Herkunft		Europa bis O-Asien, N-Afrika	M-,O-,NO-Europa Himalaja, China
Blätter			
Form	länglich elliptisch, Nebenblätter früh separiert	verkehrt eiförmig, kleine nierenförmige Nebenblätter	schmal lanzettlich bis linealisch, Nebenblätter hinfällig
Oberseite	dunkelgrün, matt, kurz behaart	mattgrün, leicht runzelig	dunkelgrün, schwach glänzend
Unterseite	graugrün, kurz samtig	dicht grau behaart	metallisch glänzend, dichtseidig behaart, Mittelader hervortretend
Länge	6–10 cm	4–11 cm	6–20 cm
Spitze	zugespitzt	kurze, gerade Spitze	allmählich zugespitzt
Rand	zerstreut drüsig gezähnt, wenig abgewölbt	schwach wellig, unregelmäßig gesägt bis gezähnt, unterste Basis glattrandig	nach unten eingerollt, wellig mit einzelnen drüsigen Zähnen
Basis	keilförmig	keilförmig bis abgerundet	keilförmig
Stiel	3–5 mm	10–15 mm	8–12 mm
Sprossachse			
Habitus	hoher Strauch, dickastig	breitwüchsiger, dichter Strauch, 3–4(–6) m	aufrechter Strauch bis kleiner Baum, 2–10 m, oft als Korbweide gezogen
Junge Triebe	rötlich bis rötlichgelb, samtig-filzig, später verkahlend	graubraun, kantig, bleibend dicht samtig behaart	olivgrün bis gelbbraun, bleibend behaart

Salix x holoseriacea

Salix x holoseriacea
Salix cinerea   Salix viminalis

Salix x laurina

Salweide dominiert bei *Salix x laurina*-Hybride

In der Blattausprägung der *Salix x laurina*-Hybride hat sich die **Sal-Weide** (*Salix caprea*) mehr durchgesetzt, denn die Blätter sind wie bei dieser mehr eiförmig, wobei die Streckung bis hin zu lanzettlich dem Einfluss der **Teeblättrigen Weide** (*Salix phylicifolia*) entstammen dürfte. In der glänzenden Blattoberfläche sollte sich auch dieser Elternteil durchgesetzt haben. Die Nebenblätter sind bei der Hybride schnell hinfällig. Die Blattspitzen beider Eltern finden sich in der Hybride nicht wieder. Relikt ist ein kleines aufgesetztes Spitzchen.

	Salix x laurina	**Salix caprea** Sal-Weide	**Salix phylicifolia** Teeblättrige Weide
Herkunft	1809 entstanden, nur in Kultur	Europa, M-O-Asien, Kleinasien bis Iran	Europa bis NO-Asien
Blätter			
Form	verkehrt bis länglich eiförmig, zipfelige Nebenblätter, sich verlierend	rundlich eiförmig, unscheinbare Nebenblätter	elliptisch bis lanzettlich, derb, herzförmige Nebenblätter
Oberseite	glänzend dunkelgrün	dunkelgrün, schwach glänzend, etwas runzelig	frischgrün, glänzend
Unterseite	blaugrün	dicht graufilzig	blaugrün bis graugrün, kahl
Länge	4–8 cm	3–10 cm	3–5(–8) cm
Spitze	stumpf mit aufgesetztem Spitzchen	kurz zugespitzt	spitz
Rand	in oberer Hälfte leicht gezähnt, sonst glatt	gewellt und unregelmäßig ausgeknipst gezähnt	ganzrandig
Basis	keilförmig	abgerundet bis leicht herzförmig	keilförmig
Stiel	8–24 mm	10–18 mm, grüngelb	5–10 mm
Sprossachse			
Habitus	großer Strauch bis kleiner, breitkroniger Baum	hoher Strauch oder kurzstämmiger Baum, bis 10 m	aufrechter, buschiger Strauch, 1–2 m
Junge Triebe	hellgrün, schwach behaart	kurz behaart, später kahl, graugrün	gelbgrün, anfänglich behaart, dann kahl-glänzend
Blüten			
Blühzeit	vor Blattaustrieb	vor Blattaustrieb, März/April	vor/mit Blattaustrieb
Fruchtknoten	Narbe dick, nicht geteilt, so lang wie Griffel	filzig, flaschenförmig, gestielt, Narbe sitzend	eikegelförmig, behaart

Salix x laurina
Salix caprea   Salix phylicifolia

Salix x reichhardtii

Salix x reichhardtii-Hybride mit welligen Blatträndern

Was Wüchsigkeit mit sparrigen, dickastigen Zweigen anlangt, hat die Weidenhybride **Salix x reichhardtii** aus Heterosis-Effekten gewonnen, denn der **Grau-Weiden**-Elter (*Salix cinerea*) ist nur ein breitwüchsiger Strauch und die **Sal-Weide** (*Salix caprea*) ist nur ein hoher Strauch bis kurzstämmiger Baum, der allerdings gelegentlich auch größere Höhen als die Hybride erreichen kann.

Die dunkelgrünen Blätter der Hybride sind ähnlich groß wie die der Eltern. Den welligen, ungleichmäßig drüsig gezähnten Rand hat sie vor allem vom *S. cinerea*-Elter übernommen. Die Nebenblätter verlieren sich frühzeitig. Die zeitig angelegten, großen Knospen sind ebenfalls ein Erbe von der Grau-Weide. Die Sprossen sind anfänglich filzig überzogen und reifen und ergrünen dann erst später.

	Salix x reichhardtii	**Salix caprea** Sal-Weide	**Salix cinerea** Grau-Weide, Asch-Weide
Herkunft		Europa, M-O-Asien, Kleinasien bis Iran	Europa bis O-Asien, N-Afrika
Blätter			
Form	eilänglich bis elliptisch, halbrunde Nebenblätter	rundlich eiförmig, unscheinbare Nebenblätter	verkehrt eiförmig, kleine nierenförmige Nebenblätter
Oberseite	dunkelgrün, kraussamtig behaart, verkahlend	dunkelgrün, schwach glänzend, etwas runzelig	matt grün, leicht runzelig
Unterseite	graugrün, filzig bis samtig behaart	dicht graufilzig	dicht grau behaart
Länge	3–10 cm	3–10 cm	4–11 cm
Spitze	zugespitzt bis gerundet	kurz zugespitzt	kurze, gerade Spitze
Rand	ungleichmäßig drüsig gezähnt, wellig	gewellt und unregelmäßig ausgeknipst gezähnt	schwach wellig, unregelmäßig gesägt bis gezähnt, unterste Basis glattrandig
Basis	keilförmig bis ansatzweise gerundet	abgerundet bis leicht herzförmig	keilförmig bis abgerundet
Stiel	5–8 mm, hellgelb	10–18 mm, grüngelb	10–15 mm
Sprossachse			
Habitus	aufrechter Baum mit dickastigen, sparrigen Zweigen, 7–10 m	hoher Strauch oder kurzstämmiger Baum, bis 10 m	breitwüchsiger, dichter Strauch, 3–4(–6) m
Junge Triebe	gelblichgrün, schwach behaart	kurz behaart, später kahl, graugrün	graubraun, kantig, bleibend dicht samtig behaart

Salix × reichhardtii
Salix caprea   Salix cinerea

Salix x rubens

Seidige Behaarung bei *Salix x rubens*, ein Erbe von der Silber-Weide

Bei der Hybride *Salix x rubens* sind die jungen Blätter und Triebe anfänglich seidig behaart, verkahlen aber bald wieder, ein Erbe vor allem von der **Silber-Weide** (*Salix alba*) und auch der **Bruch-Weide** (*Salix fragilis*), woraus auch der Name Fahl-Weide resultiert.

	Salix x rubens Fahl-Weide, Hohe Weide	Salix alba Silber-Weide	Salix fragilis Bruch-Weide, Knack-Weide
Herkunft	Mitteleuropa	Europa (außer N-Europa), W- u. N-Asien	Europa, Orient
Blätter			
Form	lanzettlich, etwas steif	lanzettlich, zur Spitze und Basis verschmälert	länglich lanzettlich, Nebenblätter früh separiert
Oberseite	frischgrün, anfangs seidenhaarig, bald kahl	mattgrün, beidseits angedrückt seidig behaart	glänzend dunkelgrün, anfangs seidig behaart
Unterseite	bläulichgrün	silbrigweiß	hellgrün bis bläulich
Länge	8–15 cm	6–10 cm	5–15 cm
Spitze	etwas schief zugespitzt	zugespitzt	etwas schief lang zugespitzt
Rand	fein drüsig gezähnt	fein drüsig gezähnt, Drüsen auf Spitze der Zähne	drüsig gezähnt bis gesägt
Basis	schief keilförmig bis gerundet	keilförmig	schief keilförmig, auf Außenseite gerundet
Stiel	4–10 mm	3–5 mm	8–12 mm
Sprossachse			
Habitus	mittelhoher Baum, um (über) 10 m	rasch wüchsiger, großkroniger Baum, 6–25(–35) m	hoher Strauch bis Baum, bis 15 m
Junge Triebe	Triebe mehr hängend, noch nicht brüchig	an Spitzen überhängend, seidenhaarig, gelbbraun, verkahlend	gelblich-bräunlich, glatt, glänzend, leicht brechbar, dabei knackend (Name!)
Blüten			
Blühzeit		kurz nach Laubaustrieb, April/Mai	mit Blattaustrieb, April
Kätzchen		länglich, meist gebogen, gestielt	länglich, gestielt
Größe		3–7 cm	5–6 cm
Fruchtknoten	kurzgestielt, kegelförmig, kahl	kegelförmig, kahl, Narbe gespreizt, Griffel kurz	kegelförmig, gestielt, kahl, Narbenäste dick, seitwärts gebogen

Ihre andere Benennung „Hohe Weide" ergibt sich aus der mehr aufrechten Krone. Die Nebenblätter sind sowohl bei der Hybride als auch bei beiden Eltern früh hinfällig. Die drüsige Zähnelung des Blattrandes des *S. fragilis*-Elter verringert sich bei der Hybride und ähnelt mehr dem *S. alba*-Elter. Der Hybride fehlt, wie auch dem *S. alba*-Elter, die innere Knospenschuppe.

Salix x rubens
Salix alba   Salix fragilis

Salix x smithiana

Kübler-Weide mit intermediären Blättern

Die Hybride **Salix x smithiana** ist eine bei Imkern geschätzte Bienenweide. Sie ist vor 1830 entstanden und hat den Namen Kübler-Weide erhalten. Ihre beiden Eltern sind die **Sal-Weide** (*Salix caprea*) und die **Korb-Weide** (*Salix viminalis*), von der Blattform etwas gegensätzliche Weiden, denn die Sal-Weide besitzt rundlich eiförmige Blätter mit kleinen Nebenblättern, während die Korb-Weide lineale bis schmal lanzettliche Blätter aufweist. Herausgekommen ist eine Hybride mit intermediären Blättern und von beiden Eltern übernommener Behaarung, welche sich später allmählich verliert. Die noch erkennbaren Nebenblätter des *S. caprea*-Elter reduzieren sich bei der Hybride zu kleinen spitzzipfeligen Nebenblättchen, die beim *S. viminalis*-Elter sowieso hinfällig werden.

	Salix x smithiana Kübler-Weide	**Salix caprea** Sal-Weide	**Salix viminalis** Korb-Weide, Hanf-Weide
Herkunft	vor 1830 in Europa	Europa, M-O-Asien, Kleinasien bis Iran	M-,O-,NO-Europa, Himalaja, China
Blätter			
Form	eilanzettlich	rundlich eiförmig, unscheinbare Nebenblätter	schmal lanzettlich bis linealisch, Nebenblätter hinfällig
Oberseite	stumpf graugrün, leicht runzelig mit heller Mittelader	dunkelgrün, schwach glänzend, etwas runzelig	dunkelgrün, schwach glänzend
Unterseite	weich grau behaart, zuletzt nahezu kahl	dicht graufilzig	metallisch glänzend, dichtseidig behaart, Mittelader hervortretend
Länge	6–12 cm	3–10 cm	6–20 cm
Spitze	kurz zugespitzt	kurz zugespitzt	allmählich zugespitzt
Rand	ganzrandig bis schwach gezähnt	gewellt und unregelmäßig ausgeknipst gezähnt	nach unten eingerollt, wellig mit einzelnen drüsigen Zähnen
Basis	keilförmig	abgerundet bis leicht herzförmig	keilförmig
Stiel	18–25 mm	10–18 mm, grüngelb	8–12 mm
Sprossachse			
Habitus	hoher Strauch bis kleiner rundkroniger Baum, bis 8 m	hoher Strauch oder kurzstämmiger Baum, bis 10 m	aufrechter Strauch bis kleiner Baum, 2–10 m
Junge Triebe	ziemlich dick und steif, aufrecht, anfangs filzig behaart, später kahl, rotbraun	kurz behaart, später kahl, graugrün	bleibend behaart, olivgrün bis gelbbraun

Blüten

Blühzeit	vor Blattaustrieb, März/April	vor Blattaustrieb, März/April	vor Blattaustrieb, März/April
Kätzchen	eiförmig, fast sitzend		mehr oder minder gedrungen
Größe	3–4 cm	4 cm, zur Fruchtreife 10 cm	3–4 cm
Fruchtknoten	filzig, Griffel so lang wie Narben		eiförmig, Griffel sehr lang (5 mm), Narben fadenförmig

Sie wächst nur strauchförmig, was beim Einsatz zur Ufersicherung und Böschungsschutz von Vorteil ist. Sie bildet lange und kräftig-dicke Triebe, die anfänglich grau-grün-filzig sind, mehr ein Erbteil von *S. caprea*. Sie lässt sich, wie der *S. viminalis*-Elter, vegetativ vermehren, was mit dem *S. caprea*-Elter kaum gelingt.

Salix x smithiana
Salix caprea   Salix viminalis

Salix x subaurita

Salix x subaurita-Hybride mit leichtem Einfluss der Schlesischen Weide

Bei der Hybride *Salix x subaurita* hat sich gegenüber der **Ohr-Weide** (*Salix aurita*) nicht viel verändert. Sie zeigt gleiche Blattgrößen, besitzt Nebenblättchen und die älteren Triebe färben sich ebenfalls rötlich. Lediglich bei den Blattspitzen macht sich der Einfluss des zweiten Elter, der **Schlesischen Weide** (*Salix silesiana*) bemerkbar. Während bei der Ohr-Weide die Blattspitzen der Basalblätter meist abgerundet sind, zeigen die Blätter der Schlesischen Weide alle kurze, zudem verdrehte Spitzen. Dieses Blattmerkmal hat die Hybride übernommen. Bei der Randausprägung zeigen interessanterweise die oberen Blätter eines Triebes die Randgestaltung des Ohr-Weiden-Elter, d. h. leicht ausgeknipste bis gesägte Ränder, während die Basisblätter des Triebes die Ränder mit feiner Zähnung des *S. silesiana*-Elter zeigen.

	Salix x subaurita	Salix aurita Ohr-Weide	Salix silesiana Schlesische Weide
Herkunft		Europa bis Eismeer, Asien bis Altei, Bruchwald, Niedermoore	SO-Europa
Blätter			
Form	eiförmig bis elliptisch, spitzzipfelige Nebenblätter	verkehrt eiförmig, große, nierenförmige Nebenblätter	eiförmig mit kleinen Nebenblättchen, hinfällig
Oberseite	beidseits graugrün, leicht runzelig	stumpf grün, sehr runzelig	etwas runzelig, verkahlend
Unterseite		graugrün, kraus behaart, besonders auf hervortretendes Adernetz, später verkahlend	zerstreut behaart
Länge	2,5–5 cm	2,5–5 cm	2,5–5 cm
Spitze	spitz verdreht	kurz spitz, schwach verdreht oder abgerundet	kurz zugespitzt, verdreht
Rand	obere Triebblätter mit ausgeknipstem Rand, untere fein gezähnt, wellig	ausgeknipst gezähnt, dazwischen abgewölbt	ganz fein gezähnt, wellig, samtiger Saum
Basis	keilförmig bis abgerundet	keilförmig bis leicht gerundet	mehr oder minder breit keilförmig
Stiel	4–8 mm	3–5 mm, rötlich	6–12 mm
Sprossachse			
Habitus		mittelhoher Strauch, reich verzweigt, 2–3 m	Strauch, bis 3 m
Junge Triebe	grün, weich behaart, später kahl und rötlich	zuerst weich behaart, später kahl, rotbraun, etwas glänzend	rötlicher Überhauch, glatt

Salix × subaurita
Salix aurita   Salix silesiana

Salix x wimmeriana

Die in Europa verbreitete Salweide ist in *Salix* x *wimmeriana* eingeflossen

Die in Europa bis O-Asien verbreitete **Sal-Weide** (*Salix caprea*) mit breitrundlich eiförmigen Blättern ist neben der **Purpur-Weide** (*Salix purpurea*) mit schmal lanzettlichen Blättern Elterngeber der Hybridweide ***Salix* x *wimmeriana*** mit länger lanzettlichen Blättern, aber fehlenden Nebenblättern.

	Salix x wimmeriana	**Salix caprea** Sal-Weide	**Salix purpurea** Purpur-Weide
Herkunft	Europa, 1872 entstanden	Europa, M-O-Asien, Kleinasien bis Iran	Europa bis N-Afrika
Blätter			
Form	länglich lanzettlich	rundlich eiförmig, unscheinbare Nebenblätter	schmal elliptisch, ohne Nebenblätter
Oberseite	tief grün, zuerst seidig behaart, dann kahl, glatt glänzend	dunkelgrün, schwach glänzend, etwas runzelig	kahl, bläulichgrün mit gelber Mittelader
Unterseite	blaugrün	dicht graufilzig	graugrün
Länge	8–12 cm	3–10 cm	5–8 cm
Spitze	spitz	kurz zugespitzt	spitz
Rand	fein und unregelmäßig gesägt	gewellt und unregelmäßig ausgeknipst gezähnt	zur Spitze hin gezähnt, sonst ganzrandig
Basis	breit keilförmig bis gerundet	abgerundet bis leicht herzförmig	keilförmig
Stiel	4–10 mm	10–18 mm, grüngelb	2–3 mm
Sprossachse			
Habitus	hoher Strauch	hoher Strauch oder kurzstämmiger Baum, bis 10 m	Strauch, 1–6 m
Junge Triebe	dünn, grau behaart, später kahl, glänzend	kurz behaart, später kahl, graugrün	gelblichbraun, kahl
Blüten			
Blühzeit		vor Blattaustrieb, März/April	mit Blattaustrieb, März/April
Kätzchen	fast sitzend		schlank, sitzend, etwas gekrümmt
Größe		4 cm, zur Fruchtreife 10 cm	1,5–3 cm
Fruchtknoten	fast sitzend, längliche Narbe	filzig, flaschenförmig, gestielt, Narbe sitzend	gedrungen eiförmig, filzig behaart, Narbe fast sitzend

Die Sal-Weide besitzt noch unscheinbare Nebenblätter, die Purpur-Weide ist nebenblattlos. Die gelbgrüne Färbung der Hauptader beider Eltern findet sich auch bei der Hybride. Die leichte Runzeligkeit des Sal-Weiden-Elter ist nicht erhalten, sondern einer glatt-glänzenden Blattoberfläche gewichen.

Die *Salix* x *wimmeriana* sollte nicht verwechselt werden mit *Salix wimmeri*.

Salix x wimmeriana
Salix caprea   Salix purpurea

Sorbus x hybrida

***Sorbus x hybrida* ist ein tetraploider Apomikt**

In der Blattausformung ist ***Sorbus x hybrida*** ein geradezu idealer Mischling zwischen den angeblichen Eltern, der **Gewöhnlichen Eberesche** (*Sorbus aucuparia*) und der **Schwedischen Mehlbeere** (*Sorbus intermedia*), denn die Fiederung der Eberesche wiederholt sich an den Blattbasen mit zwei bis drei Fiederpaaren, während die obere Blatthälfte Anklänge an die Schwedische Mehlbeere zeigt. Diese Kreuzung mag in der Natur stattgefunden haben, aber inzwischen ist *Sorbus x hybrida* wie *Sorbus intermedia* ein tetraploider Apomikt, der sich ohne sexuelle Befruchtung samenecht zu vermehren vermag. An dieser Bastardierung gibt es Zweifler.

Das Blatt von *Sorbus x hybrida* ist ähnlich geformt wie das von *Sorbus x thuringiaca*, nur durch eine stärkere Behaarung silbrig überzogen.

	Sorbus x hybrida Bastard-Mehlbeere	**Sorbus aucuparia** Gewöhnliche Eberesche	**Sorbus intermedia** Schwedische Mehlbeere
Herkunft	SW-Finnland, M-S-Norwegen	Europa bis Kleinasien, W-Sibirien	N-Europa
Blättchen			
Form	länglich eiförmig, an Basis mit 1–3 Paar Fiederblättchen	gefiedert, Blatt mit 9–15 linealische Fieder	breit eiförmig mit flachen Einbuchtungen, Basis keilförmig bis gerundet
Oberseite	dunkelgrün	dunkelgrün	glänzend dunkelgrün
Unterseite	graufilzig	graugrün, anfangs behaart	graufilzig
Länge	7–12 cm	Blätter 10–15 cm Blättchen 2,5–4,5 cm	6–10 cm
Spitze	spitz	spitz stumpflich	stumpf
Rand	grob gesägt	gesägt	unregelmäßig gesägt
Sprossachse			
Habitus	anfangs schmaler, später breitkroniger Baum, 10–12 m	oft mehrstämmiger Baum oder großer Strauch, bis 15 m	kurzstämmiger Baum oder großer Strauch, bis 15 m
Junge Triebe	flockig filzig behaart	filzig behaart, später verkahlend	dicht filzig, später verkahlend
Früchte			
	fast kugelig, rot, spärlich punktiert	kugelig, scharlachrot	eiförmig bis kugelig, scharlachrot, gelb-fleischig

Sorbus x hybrida
Sorbus aucuparia   Sorbus intermedia

Sorbus x hybrida

Sorbus x hybrida
Sorbus aucuparia   Sorbus intermedia

Sorbus intermedia

Die Schwedische Mehlbeere ist ein Tripel-Bastard

Die **Schwedische Mehlbeere** (*Sorbus intermedia*) ist ein Bastard, der im Artrang geführt wird und wahrscheinlich erst nach der Eiszeit (postglazial) aus natürlichen, spontanen Kreuzungen der **Elsbeere** (*Sorbus torminalis*), der **Echten Mehlbeere** (*Sorbus aria*) und der **Gewöhnlichen Eberesche** (*Sorbus aucuparia*) in Südschweden entstanden ist.

	Sorbus intermedia Schwedische Mehlbeere (Tripel-Bastard)	**Sorbus torminalis** Elsbeere	**Sorbus aria** Echte Mehlbeere	**Sobus aucuparia** Gewöhnliche Eberesche
Herkunft	postglazial in Südschweden	Europa, Kleinasien, Nordafrika	Europa, Kleinasien, Nordafrika	Europa bis W-Sibirien
Blätter				
Form	eiförmig, derbledrig, unteres Drittel stumpf gelappt	breit eiförmig, tief eingeschnittene Lappen	einfach, breit eiförmig	gefiedert, Blättchen linealisch
Oberseite	kahl, glänzend dunkelgrün	anfangs beidseits behaart	verkahlend, glänzend dunkelgrün	dunkelgrün
Unterseite	dicht wollfilzig		bleibend silbrig behaart	graugrün
Länge	10–12 cm	6–12 cm	6–8 cm	Blättchen 12–15 cm
Breite	6–7 cm	8–10 cm	5–7 cm	Blättchen 2–5 cm
Spitze	spitz	spitz	stumpf	spitz stumpflich
Rand	stumpf gelappt, oberes Drittel gesägt	beidseits 3–4 gesägte, dreieckige Lappen	unregelmäßig gesägt	gesägt
Basis	keilförmig	herzförmig	keilförmig	ungleich, leicht keilförmig
Stiel	20–25 mm	20–25 mm	10–15 mm	Blättchen sitzend
Sprossachse				
Habitus	Baum bis 15 m	Baum bis 20 m	Baum bis 15 m	oft mehrstämmig, Baum bis 15 m
Junge Triebe	filzig, Knospen klebrig, grünlich	kahl, glänzend, olivbraun	wollig-filzig, später verkahlend, olivgrünlich	filzig behaart, später verkahlend, graubraun
Blüten				
Form	filzige, reichverzweigte Trugdolden mit weißen Blüten	filzige, lockere Trugdolden mit weißen Blüten	filzige Trugdolde mit weißen Blüten	flache, filzig behaarte Trugdolden mit weißen Blüten
Blühzeit	Mai/Juni	Mai	Mai/Juni	Mai/Juni

Früchte

Form	eiförmig bis kugelig	eiförmig	länglich bis kugelig	kugelig
Farbe	scharlachrot, gelbfleischig	bräunlich, punktiert	orange bis korallenrot	korallenrot
Größe	10–12 mm	10–18 mm	10–13 mm	8–10 mm

Der Samen dieser erbfesten Hybride wurden durch Vogelfraß rund um die Ostsee verbreitet. Die Samen entstehen in der Regel apomiktisch, d.h. nicht über sexuelle Abläufe. Man hat zwar wenige befruchtungsfähige (zwischen 17–23%) fertile Pollen gefunden, kann aber nur vermuten, dass mit ihnen auch sexuell gebildete Samen entstehen.

In der Blattausprägung zeigen sich in der ansatzweisen Lappung der unteren Hälfte des Blattes Anklänge an die Fiederung des *S. aucuparia*-Elter. Der doppelt gesägte Blattrand erinnert an die tief eingeschnittenen Lappen des *S. torminalis*-Elter.

Sorbus intermedia ist ein geschätzter Straßen- und Parkbaum. Er lässt sich aus Samen ziehen, wird aber häufiger durch Aufpfropfung auf *S. aria*-Unterlagen gewonnen.

Sorbus intermedia
Sorbus aucuparia x Sorbus aria x Sorbus torminalis

Sorbus intermedia mit Früchten
und den Kreuzungspartnern
Sorbus aucuparia x Sorbus aria x Sorbus torminalis

Sorbus latifolia

Ist die Breitblättrige Mehlbeere eine Hybride?

Die **Breitblättrige Mehlbeere** (Sorbus latifolia) ist vor 1750 zuerst in einem Wald von Fontainebleau in Frankreich gefunden worden. Sie ist vermutlich eine Hybride zwischen der **Echten Mehlbeere** (Sorbus aria) und der **Elsbeere** (Sorbus torminalis) und vermehrt sich apomiktisch samenecht. Sie fand sich gelegentlich später auch noch dort, wo Sorbus aria und Sorbus torminalis von Portugal bis ins mittlere Deutschland vorkommen.

In der Blattrandausprägung zeigt sie auffällig intermediäre Merkmale zwischen den beiden genannten Sorbusarten, d. h. die 7 bis 9 cm langen, gestielten Blätter von Sorbus latifolia sind mehr oder minder rundlich, mitunter bis leicht keilförmiger Basis und einem Rand mit vor den Seitenadern schwach ausgezogenen, dreieckigen, spitzen Lappen und wenig eingeschnittenen Buchtungen. Der Rand ist unregelmäßig scharf gesägt. Die Oberseite ist mattglänzend dunkelgrün, unterseits grau gelb filzig.

	Sorbus latifolia Breitblättrige Mehlbeere	Sorbus aria Echte Mehlbeere	Sorbus torminalis Elsbeere
Herkunft	um 1750 in Fontainebleau	S- bis M-Europa	Europa, N-Afrika
Blätter			
Form	rundlich	breit eiförmig	breit eiförmig
Oberseite	matt glänzend, dunkelgrün	silbrig behaart	verkahlt, dunkelgrün
Unterseite	graugelb, filzig	graufilzig	graugrün, bleibende Haare auf Adern
Länge	6–8 cm	6–8 cm	6–12 cm
Spitze	kurz zipfelig zugespitzt	stumpf oder leicht spitz	spitz zipfelig
Rand	unregelmäßig scharf gesägt, untere Hälfte mit dreieckigen Lappen	unregelmäßig bis doppelt gesägt	3–4 spitz dreieckige, tief eingeschnittene, gesägte Lappen
Basis	keilförmig	keilförmig	abgerundet bis gestutzt
Stiel	5–6 cm	1 cm	7–9 cm
Sprossachse			
Habitus	15 m, breit kegelförmig	15 m, breit kegelförmig	20 m
Früchte			
Form	kugelig	länglich kugelig	eiförmig
Größe	10–18 mm	10–13 mm	10–18 mm
Farbe	gelb bis rotbraun	orange bis korallenrot	bräunlich punktiert

Sorbus latifolia

Diese silbrige Filzigkeit charakterisiert auch das einfache, breit eiförmige Blatt der Echten Mehlbeere, die auf der Oberseite später verloren geht, aber unterseits bleibend ist. Dieses 6 bis 8 cm lange Blatt ist am Rand unregelmäßig bis doppelt gesägt, die Blattspitze stumpf oder leicht spitz, die Basis keilförmig ausgezogen, wobei der Blattstiel mit bis zu 1 cm relativ kurz ist.

Das ebenfalls breit-eiförmige, 6 bis 12 cm lange Blatt der Elsbeere ist dagegen zwischen den drei bis vier spitz-dreieckigen, gesägten Lappen auf jeder Seite tief eingeschnitten. Oberseits sind die Blätter nach Verkahlung dunkelgrün, unterseits graugrün mit bleibenden Haaren auf den Adern. Die Blattbasis ist abgerundet bis gestutzt und geht ansatzlos in einen bis 8 cm langen Blattstiel über.

Sorbus latifolia ist ein raschwüchsiger, geschätzter Parkbaum mit breit-kegelförmiger Krone, der eine Höhe von 15 m erreichen kann, worin er S. aria ähnelt, während S. torminalis mit bis zu 20 m größer werden kann.

Die bei Sorbus latifolia rahmweiß blühenden Trugdolden bringen Früchte hervor, die kugelig und ausgereift gelb bis rotbraun sind und apomiktisch, d. h. ohne Befruchtung gezeugte Samen enthalten. Die Früchte von S. aria sind länglichkugelig, mit 10 bis 13 mm etwas größer und ausgereift orange bis korallenrot, während die von S. torminalis eiförmig, mit 10 bis 18 mm die größten und ausgereift bräunlich punktiert sind. Zumindest in der Farbausprägung der reifen Früchte verhält sich S. latifolia wiederum intermediär.

Sorbus latifolia.
vermutlich Sorbus aria x Sorbus torminalis

Sorbus x thuringiaca

Bei *Sorbus* x *thuringiaca* reduziert sich die Blattfiederung

Gegensätzlicher kann die Blattausprägung der beiden Eltern der *Sorbus* x *thuringiaca* nicht ausfallen, nämlich gefiedert bei der **Gemeinen Eberesche** (*Sorbus aucuparia*) und geschlossen, einfach, breit-eiförmig bei der echten **Mehlbeere** (*Sorbus aria*).

	Sorbus x thuringiaca Thüringer Hybridmehlbeere	Sorbus aucuparia Gemeine Eberesche	Sorbus aria Echte Mehlbeere
Herkunft	1773 bei Eisenach gefunden	Europa, Klein-Asien, Kaukasus, W-Sibirien	Europa, Klein-Asien, N-Afrika, Kaukasus
Blätter			
Form	einfach, zur Spitze hin verschmälert, gebuchtet	unpaarig gefiedert, Blättchen linealisch	einfach, breit-eiförmig, 8–12 Aderpaare
Oberseite	silbrig überhaucht	dunkelgrün	anfangs silbrig, behaart, verkahlend, dann dunkelgrün
Unterseite	graugrün	graugrün	silbrig behaart
Länge	6–10 cm	Gesamtblatt 10–15 cm	8–10 cm
Spitze	stumpf, einzelne Zähne	Blättchen spitz	spitz
Rand	oben gezähnt, dann eingebuchtet, unten gelappt	Blättchen gesägt	unregelmäßig doppelt gesägt
Basis	1–4 freie, ungestielte Fiederpaare als ein Elternerbe	Blättchen fast sitzend	keilförmig
Stiel	gestielt, 2–3 cm lang	Gesamtblatt gestielt, 5–6 cm lang	gestielt, 2–3 cm lang
Sprossachse			
Habitus	10–12 m	bis 15 m, mehrstämmig	bis 15 m, vielachsig
Junge Triebe	flockig-filzig	filzig behaart	wollig-filzig behaart, verkahlend, olivgrün-hellbraun
Blüten			
Blütenstand		flache Trugdolde, 10–15 cm breit, filzig behaart	Trugdolde, 5–8 cm, filzig weiß
Einzelblüte	Einzelblüte 12 mm	Einzelblüte weiß, 8–10 mm	Einzelblüte weiß, 15 mm
Blühzeit		Mai–Juni	Mai
Früchte			
Form	klein kugelig	kugelig	länglich-kugelig Kelchblätter bleibend
Größe	6–8 mm	8–10 mm	10–13 mm
Farbe	rot	korallenrot	orange bis korallenrot

In der Ausprägung des Blattes der Hybride spiegeln sich die Anlagen beider Eltern wieder. An der Blattbasis findet sich noch ein (bis vier) freies, sitzendes und ungestieltes Fiederpaar. Nach oben deutet sich die Fiederung nur noch durch eine eingebuchtete Lappung an, deren Tiefe abnimmt. Die zum stumpfen Ende hin sich verschmälernde Spreite ist schließlich nur noch gezähnt. Diese Zähne sind kürzer und spitzer als bei der in Finnland und Norwegen vorkommenden *Sorbus hybrida* (eine selbständige, stabile Art), deren breiteres Blatt ansonsten recht ähnlich ausfällt.

Die Blüten der zuerst 1773 bei Eisenach in Thüringen (daher thuringiaca) aufgefundenen Hybride sind mit 1,2 cm Breite, wie auch die roten Früchte, kleiner als bei den Eltern.

Die schmalkronigere 'Fastigiata'-Form (= Pyramidenform) dieser Hybride, deren aufsteilende Zweige allerdings später auseinanderfallen können, ist ein für enge Häuserschluchten speziell geeigneter Straßen- und Alleebaum, welcher ursprünglich von Bachhouse aus York (England) bereits vor 1907 in den Handel gebracht wurde. Er fruktifiziert reichlich mit dunkelroten Früchten.

Sorbus x thuringiaca.
Sorbus aucuparia   Sorbus aria

Syringa x chinensis

Schöne kegelförmige, lockere Rispen bei der Hybride des *Syringa* x *chinensis*

Die Kreuzung des oft gelapptblättrigen **Persischen Flieder** (*Syringa* x *persica*), selbst eine Hybride, mit dem **Gewöhnlichen Flieder** (*Syringa vulgaris*) hat mit *Syringa* x *chinensis* einen Bastard hervorgebracht, welcher eine ebenmäßige, kegelförmige, lockere Rispe aufweist, deren violette Blüten wie bei den Eltern eine schmal bleibende Kronröhre aufweisen, jedoch etwas länger als bei beiden Eltern ist, deren Kronröhrenzipfel allerdings die Breite des S. *vulgaris*-Elter angenommen haben und deren Rand wie bei diesem Elter leicht aufgewölbt ist. Die angedeutete Spitzzipfeligkeit resultiert eher vom S. x *persica*-Elter. Die Blütenrispe des Chinesischen Flieder ist nicht so dicht-kompakt wie bei der dargestellten S. *vulgaris*-Elter-Sorte, sondern ist durch den S. x *persica*-Elter etwas aufgelockert.

	Syringa x chinensis 'Metensis' Chinesischer Flieder	Syringa x persica Persischer Flieder	Syringa vulgaris Gewöhnlicher Flieder
Herkunft			Südeuropa, SW-Asien
Blüten			
Blütenstand	kegelförmige, lockere Rispe	lockere, gleichbreite, endständige Rispe	vielblumige, dichte Rispe
Kronröhre	schmal bleibend, bis 2 cm lang, Kronröhrenzipfel breit, leicht zugespitzt, randlich aufgewölbt	etwa 1 cm lang, Kronröhrenzipfel spitz	1–1,5 cm lang, Kronröhrenzipfel stumpf, randlich aufgewölbt
Farbe	violett	lila	bläulich-violett
Duft		duftend	stark duftend
Wuchs			
		buschiger Strauch, bis 2 m, Zweige etwas kantig	vielstämmiger Strauch oder kleiner, drehwüchsiger Baum, bis 7 m

Syringa x chinensis 'Metensis'
Syringa x persica   Syringa vulgaris

Syringa x henryi

Syringa x henryi-Hybride mit größeren und dichteren Blüten

Gerade beim Flieder haben Auslesen und Kreuzungen vielfältige Farbnuanzierungen hervorgebracht. Erfreulich ist es, wenn die Kreuzungen zudem Heterosis-Effekte zeitigen wie beim *Syringa x henryi*, dessen Blütenrispe dichter und breiter gegenüber den beiden Eltern ist, nämlich dem **Ungarischen Flieder** (*Syringa josikaea*) mit einer schmalen, aber ziemlich aufrechten Rispe und dem **Zottigen Flieder** (*Syringa villosa*) mit einer breiten, aber lockeren Rispe. Die Rispe der Hybride kann aufgeblüht aufgrund der Blütenfülle etwas überhängen. Im Habitus des Strauches und der Blätter verhält sich die Hybride intermediär.

	Syringa x henryi	Syringa josikaea Ungarischer Flieder	Syringa villosa Zottiger Flieder
Herkunft		Ungarn	N-China
Blätter			
Form	breit elliptisch	breit elliptisch	breit eiförmig
Oberseite	dunkelgrün	dunkelgrün	sattgrün
Unterseite	blaugrün	blaugrün bis weißlich	blaugrün, locker behaart
Länge	7–14 cm	6–12 cm	6–15 cm
Blüten			
Blütenstand	breite, gefüllt dichte Rispe	schmale, fein behaarte, ziemlich aufrechte Rispe	breite, dennoch dichte, fein behaarte Rispe
Farbe	violett	hell-violett	rosa bis lila
Blühzeit	Mai/Juni	Mai/Juni	Mai/Juni
Länge der Rispe		10–15(–20) cm	10–15 cm
Wuchs			
	Strauch, 2–3 m	Strauch, 3–4 m	Strauch, 3–4 m

Syringa x henryi
Syringa josikaea   Syringa villosa

Syringa x josiflexa

Trichterförmige Kronröhren bei Eltern als auch bei *Syringa x josiflexa*

Aus der Kreuzung von **Ungarischem Flieder** (*Syringa josikaea*) und dem **Bogen-Flieder** (*Syringa reflexa*) ist mit der Form 'Pringle Bellicenta' eine Hybride ***Syringa x josiflexa*** hervorgegangen, die gestufte Rispenwirtel zeigt und zum anderen eine schöne lila Farbe aufweist, wobei die sich überbiegenden Kronröhrenzipfel sich verschönernd heller abheben, ein Erbe des S. reflexa-Elter. Die Kronröhren sind sowohl bei den Eltern als auch bei der Hybride schmal-schlank und weiten sich nach oben auf.

	Syringa x josiflexa 'Pringle Bellicenta'	Syringa josikaea Ungarischer Flieder	Syringa reflexa Bogen-Flieder
Herkunft	seit 1920 durch Preston züchterisch bearbeitet	Ungarn	M-China
Blüten			
Blütenstand	gestufte Rispenwirtel	schmale, fein behaarte, ziemlich aufrechte, 10–20 cm lange Rispe	schmal-walzliche, nickend überhängende, spärlich behaarte, 10–25 cm lange Rispe
Kronröhre	schmal-schlank, Kronröhrenzipfel breit, spitz, überbiegend	schmal, sich nach oben trichterförmig weitend, Kronröhrenzipfel eiförmig	schmal schlank, 1 cm lang, Kronröhrenzipfel mehr spitz
Farbe	lila	hellviolett	rosa, innen weißlich angehaucht
Wuchs	Strauch, 3–4 m	Strauch, 3–4 m	breit-aufrechter, weit überneigender Strauch, 3–4 m

Syringa josikaea   Syringa x josiflexa 'Pringle Bellicenta'   Syringa reflexa

Syringa x persica

Der Persische Flieder besitzt unterschiedlich geformte Blätter

Der **Persische Flieder** (*Syringa x persica* 'Laciniata') besitzt lilafarbene, spitzenständige, nicht so gewaltige und geballte Blütenstände; sie sind vielmehr etwas unregelmäßig aufgebaut, wirken aber durch die Umrahmung mit den an den Sprossspitzen oft fiederteiligen Blättern insgesamt sehr grazil.

Die Fiederteiligkeit resultiert aus der Reduzierung der Blattspreite bis hin zu den Hauptadern, ein Erbe des *Syringa x laciniata*-Elter, deren juvenile Blätter fiederspaltig und sogar drei- bis neun-lappig sein können. *Syringa x laciniata* selbst ist eine Hybride aus *Syringa protolaciniata* und *Syringa vulgaris*. Der **Gewöhnliche Flieder** (*Syringa vulgaris*) fließt mit seinem Genpool also zweimal ein, was sich aber nur in der Lila-Färbung der Blüten abzeichnet. Die Blätter an der Sprossspitze der *S. x persica*-Hybride sind dagegen noch lanzettlich. Es tritt also eine Heterophyllie auf.

Die Blüten von *S. x persica* besitzen eiförmig ausgebreitete, spitz zulaufende Kronzipfel, eine intermediäre Ausprägung zwischen den breiten, gewölbt-schaligen Kronzipfel des *S. vulgaris*-Elter und der länglich-schmalen und spitz endenden Kronzipfel des *S. x laciniata*-Elter.

	Syringa x persica	Syringa vulgaris Gewöhnlicher Flieder	Syringa x laciniata
Blätter			
Form	an Triebspitze fiederteilig, an Triebbasis lanzettlich	eiförmig bis breit-eiförmig	fiederspaltig, 3- bis 9-lappig
Basis	keilförmig	gestutzt, fast herzförmig oder breit keilförmig	keilförmig
Blüten			
Form	endständige, lockere, mehr oder minder gleich breite Rispe	endständige, vielblütige, pyramidale Rispe	achselständige, lockere Rispe
Farbe	purpurlila	blau-violett	malvenfarbig mit violetter Tönung in Mitte
Duft	duftend	stark duftend	duftend
Kronröhre	etwa 1 cm lang	1–1,5 cm lang,	1,5–2 cm lang
Kronzipfel	Zipfel eiförmig ausgebreitet, spitz	Zipfel gewölbt-schalig ausgebreitet, stumpf	Zipfel länglich-schmal, überwölbend, spitz
Sprossachse			
Habitus	buschiger Strauch, etwas kantige, kahle Zweige, bis 2 m	vielstämmiger Strauch oder kleiner Baum, oft drehwüchsig, bis 7 m	kleiner, reichverzweigter Strauch, bis 1,5 m

Syringa x persica
Syringa vulgaris   Syringa x laciniata

Syringa x prestoniae

Gelungene Kreuzung bei der Syringa x prestoniae-Hybride

Die Kreuzung vom **Bogen-Flieder** (*Syringa reflexa*) mit dem **Zottigen Flieder** (*Syringa villosa*) und die Auslese der Hybride **Syringa x prestoniae 'Nocturne'** muss als gelungen bezeichnet werden, denn aus der langen, walzlichen, überhängend-nickenden Rispe des *S. reflexa*-Elter und der breiten, lockeren, behaarten Rispe des *S. villosa*-Elter ist bei der Hybride eine weitgehend gleich schmale, ansatzweise gestufte Rispe hervorgegangen, deren Kronröhren sich leicht trichterförmig weiten und deren Kronröhrenzipfel sich durch den aufgewölbten Rand nicht ganz ausbreiten, woraus ein zierlicher Eindruck entsteht. Auch die Farbausprägung mit lila ist ihr bekommen, womit sie die Eltern „verblassen" lässt.

	Syringa x prestoniae 'Nocturne'	Syringa reflexa Bogen-Flieder	Syringa villosa Zottiger Flieder
Herkunft	seit 1920 durch Preston züchterisch bearbeitet	M-China	N-China
Blüten			
Blütenstand	lange, relativ schmale, dichte Rispe	schmal-walzliche, nickend überhängende, spärlich behaarte, 10–25 cm lange Rispe	breit-kegelförmige, lockere, behaarte, basalblättrige Rispe
Kronröhre	trichterförmig, Kronröhrenzipfel gerundet	schmal-schlank, 1 cm lang, Kronröhrenzipfel mehr spitz	1,2 cm lang, schlank, Kronröhrenzipfel stumpf
Farbe	lila	rosa, innen weißlich angehaucht	zartrosa
Wuchs	lockerer Strauch	breit-aufrechter, weit überneigender Strauch, 3–4 m	Strauch mit dicken Zweigen, 3–4 m

Syringa × prestoniae 'Nocturne'
Syringa reflexa   Syringa villosa

Syringa x swegiflexa

Die Fliederhybride *Syringa x swegiflexa* hat Nebenrispen übernommen

Beide Eltern der Hybride ***Syringa x swegiflexa*** haben nicht allzu beeindruckende Blütenrispen, die beim **Bogen-Flieder** (*Syringa reflexa*) schmal-walzlich und zudem oft nickend-überhängend werden. Die Rispe des anderen Elter, des ***Syringa sweginzowii***, beide aus China stammend, erscheint vor allem durch die Bildung aufstrebender Nebenrispen sehr locker. Aus der Kreuzung ist 1935 bei Hesse in Weener bei *S. swegiflexa* eine geschlossene Rispe hervorgegangen, die durch die vom *S. sweginzowii*-Elter übernommene Bildung von Nebenrispen etwas breiter-kegelförmig ausgelegt ist. Die Blütenknospen sind dunkelrosa, hellen aufgeblüht aber auf, wobei der auffallende karminrote Schlund des *S. sweginzowii*-Elter sich leider nicht wiederholt. Dafür sind die Kronröhrenzipfel, anders als die länglich-schmalen des *S. sweginzowii*-Elter basisbreit und auch nicht so ausgebreitet.

	Syringa x swegiflexa	**Syringa reflexa** Bogen-Flieder	**Syringa sweginzowii** Sweginzows-Flieder
Herkunft	1935 bei Hesse in Weener entstanden	M-China	NW-China
Blüten			
Blütenstand	breit kegelförmige Rispe mit seitlichen, aufstrebenden Nebenrispen	schmal-walzliche, nickend überhängende, spärlich behaarte, 10–25 cm lange Rispe	aufrechte, lockere Rispe mit seitlichen Nebenrispen
Kronröhre	schmal, leicht trichterig, 0,7 cm lang, Kronröhrenzipfel basisbreit	schmal-schlank, 1 cm lang, Kronröhrenzipfel mehr spitz	rötlich, schmal bleibend, 0,8 cm lang, Kronröhrenzipfel länglich-schmal, ausgebreitet, zugespitzt
Farbe	Knospen dunkelrosa, aufgeblüht aufhellend	rosa, innen weißlich angehaucht	hell rosa mit karminrotem Schlund, duftend
Wuchs			
	locker aufgebauter Strauch, 3–4 m	breit-aufrechter, weit überneigender Strauch, 3–4 m	aufrecht ausgebreiteter Strauch bis 3 m

Syringa × swegiflexa
Syringa reflexa   Syringa sweginzowii

Tilia x euchlora

Die Krim-Linde ist ein wertvoller Straßenbaum

Die **Krimlinde** (*Tilia* x *euchlora*) als Hybride zwischen vermutlich der **Winterlinde** (*Tilia cordata*) und der **Kaukasischen Linde** (*Tilia dasystyla*) wurde um 1860 auf der Halbinsel Krim gefunden und ist ein bis 20 m hoher Baum mit einer eirunden Krone, deren ausgewachsene untere Zweige schirmartig überhängen, was daran liegt, dass Linden kein Reaktionsholz bilden können und der Sklerenchymbast der Rinde nicht ausreichend Halt zu bieten vermag. Zur Vermehrung werden Pfropfreiser meistens auf der Holländischen Linde (*Tilia* x *vulgaris*) als Unterlage aufgesetzt.

Die Blätter der Hybride sind rundlich eiförmig und zwischen 6 bis 10 cm lang und damit intermediär zwischen den beiden Eltern angelegt. Die Blätter der Winterlinde können als rundlich herzförmig mit einer Länge von 3 bis 10 cm beschrieben werden, die der Kaukasischen Linde rundlich eiförmig mit 6 bis 14 cm Länge.

	Tilia x euchlora Krim-Linde	**Tilia cordata** Winter-Linde	**Tilia dasystyla** Kaukasische Linde
Herkunft	um 1860 entstanden	Europa, Vorderasien, W-Sibirien	Kaukasus bis N-Iran
Blätter			
Form	breit eiförmig, oberseits glänzend grün	rundlich	rundlich eiförmig
Unterseite	bräunliche Achselbärte	rostbraune Achselbärte	weiße Achselbärte
Länge	6–10 cm	3–10 cm	8–14 cm
Spitze	kurz zugespitzt	plötzlich zugespitzt	plötzlich zugespitzt
Rand	scharf gesägt, aufgewölbt	scharf gesägt	scharf gesägt, Grannenspitzen aufgewölbt
Basis	herzförmig bis nahezu gestutzt	schief herzförmig	schief herzförmig
Stiel	3–5 cm	1,5–3 cm	1,5–3 cm
Sprossachse			
Höhe	bis 20 m	bis 40 m	bis 30 m
Junge Triebe	untere Äste stark hängend	olivgrün	purpurrot
Haare	kahl	anfangs fein behaart	kahl
Früchte			
Form	eiförmig, an Enden zugespitzt	kugelig	kugelig eiförmig
Größe	7–9 mm	5–7 mm	10 mm
Anzahl	3–5	4–5	2–3
Schale	holzig, schwach 5-rippig	dünnschalig, schwach gerippt	dickschalig, angedeutete Rippen
Haare	dicht zottig filzig	behaart	

Die Basis ist bei allen drei schief herzförmig, bei der Hybride gelegentlich auch nahezu gestutzt. Der Blattrand ist bei allen drei Linden scharf gesägt, wobei *T. dasystyla* und *T. x euchlora* aufgesetzte Grannenspitzen zeigen, welche bei *T. dasystyla* leicht abbrechen und beim älteren Blatt dann nicht mehr feststellbar sind. Die Blätter der Eltern sind plötzlich zugespitzt, die von *T. x euchlora* nur kurz zipfelig zugespitzt. Weitere Unterscheidungsmerkmale sind die leichte randliche Aufwölbung bei *T. cordata* und die umgekehrte Abwölbung bei *T. x euchlora* und die unterschiedliche Ausfärbung der Achselbärte auf den Blattunterseiten, welche bei *T. cordata* rostfarben, bei *T. dasystyla* weiß und bei *T. x euchlora* intermediär bräunlich sind. Alle Blätter sind oberseits grün bis glänzend dunkelgrün, wobei die Unterseiten im Kontrast dazu heller gräulich grün ausfallen. *Tilia x euchlora* kann zwar auch von Blattläusen befallen werden, was das Laub nicht direkt beeinträchtigt. Es kann sich allerdings durch Pilzbefall auf dem ausgeschiedenen Honigtau oberflächlich schwarz verfärben (= Rußtau). Bienen und Hummeln, die diesen Ruß-Honigtau sammeln, zeigen Vergiftungserscheinungen, welche sie aber meistens überleben.

Die Nussfrüchte lassen sich im Vergleich zueinander gut unterscheiden. Sie sind bei der Winterlinde kugelig und mit 5 bis 7 mm recht klein, schwach gerippt, dünnschalig und behaart, bei der Kaukasischen Linde mit 10 mm größer, eikugelig mit angedeuteten fünf Rippen und dickwandig. Bei der Hybride sind sie kurz elliptisch und zu beiden Enden zugespitzt, ebenfalls nur undeutlich gerippt, intermediär mittelstark verholzt, aber dichtfilzig behaart, was für die beiden anderen Arten nicht zutrifft. Die Anzahl der Früchte ist bei *T. cordata* am höchsten.

Tilia x euchlora
Tilia dasystyla   Tilia cordata

Tilia x euchlora
Tilia cordata   Tilia dasystyla

Tilia x moltkei

***Tilia* x *moltkei* hat relativ große Blätter geerbt**

Die Lindenhybride *Tilia* x *moltkei* ist ein Bastard zwischen der **Amerikanischen Linde** (*Tilia americana*) und der **Hänge-Silber-Linde** (*Tilia petiolaris*), die vor 1880 entstanden ist und von der Berliner Baumschule Späth kultiviert und als Park- und Straßenbaum häufig gepflanzt wurde.

Von der Amerikanischen Linde hat sie ihre 10 bis 18 cm langen Blätter geerbt, denn diese weist die mit bis zu 25 cm Länge größten Blätter unter den Linden auf, während die Blätter von *T. petiolaris* mit 5 bis 10 cm Länge relativ klein sind. Auch die Form der Blätter von *T. petiolaris* ist anders, nämlich rundlich-eirundlich und ihre Blattspitze ist zugespitzt, allerdings schwächer als bei *T. americana*, dessen Spitze weiter ausgezogen ist. Die Blattränder beider Eltern sind grob gesägt und weisen aufgesetzte Grannenspitzen auf. Das gilt auch für die Hybride, wobei bei ihr auf der astabgewandten Blattseite die Sägezähne vor den Seitenadern schwach ausgezogen sind, woraus dort eine schwach angedeutete Buchtung resultieren kann. Das Blatt von *T. americana* ist oval-breiteiförmig mit einer

	Tilia x moltkei Moltkes Linde	Tilia americana Amerikanische Linde	Tilia petiolaris Hänge-Silberlinde
Herkunft	vor 1880 entstanden	östliches Nordamerika	unsicher seit 1840 in Kultur
Blätter			
Form	rundlich eiförmig	oval gestreckt	rundlich
Unterseite	ohne Achselbärte, graugrün	kleine Achselbärte	sternhaarig silbergrau
Länge	10–18 cm	bis 25 cm	5–10 cm
Spitze	plötzlich zugespitzt	plötzlich zugespitzt	zugespitzt
Rand	grannenspitzig, einzelne Sägezähne ausgezogen	grob gezähnt und grannenspitzig mit Spitze	gesägt und grannenspitzig
Basis	herzförmig	herzförmig	schief herzförmig
Stiel	5–6 cm	3–8 cm	3–10 cm
Sprossachse			
Höhe	bis 25 m	bis 40 m	bis 25 m
Junge Triebe	etwas überhängend	olivbräunlich	stark überhängend
Haare	kahl	kahl	feinfilzig
Früchte			
Form	fast rundlich, etwas gedrückt	eiförmig zugespitzt	flach rundlich
Größe	8–12 mm	8–10 mm	8 mm
Schale	undeutlich gefurcht	dickwandig, ohne Rippen	holzig, 5-rippig
Haare		feinfilzig	warzig-filzig

herzförmigen Basis, welche bei *T. petiolaris* auffällig schief-herzförmig bis gestutzt ist. Diese schiefe Basis findet sich bei der Hybride noch angedeutet wieder, nicht jedoch der relativ lange Blattstiel von *T. petiolaris*.

Die Blattoberseiten sind bei allen drei dunkelgrün, die Unterseiten sind heller, jedoch unterschiedlich ausgeprägt, denn *T. americana* besitzt nur kleine hellbraune Bärte in den Achseln der Seitenadern, während *T. petiolaris* aufgrund vorhandener Sternhaare silbergrau ist. Die Hybride verfügt über einen lichteren Sternhaarbesatz und erscheint daher dort nur graugrün. Der Haarbesatz findet sich *T. petiolaris* auch noch auf den feinfilzigen Blattstielen, während die Blattstiele von *T. americana* und *T. x moltkei* kahl sind.

Die jungen Triebe von *T. americana* sind olivgrün und kahl, von *T. petiolaris* feinfilzig und dazu die älteren Äste stark überhängend, während sie bei der Hybride weniger überhängen. Die Amerikanische Linde kann mit 40 m Höhe ziemlich mächtig werden, wohingegen *T. petiolaris* nur 25 m Höhe erreichen kann. Die Hybride wird bei uns ebenfalls nur wenig größer.

Die Früchte von *T. x moltkei*, welche zu fünf bis sieben an einem verästelten Stiel herabhängen, der an einem Hochblatt herabläuft, welches der Verbreitung dient, sind fast kugelig gedrückt mit schwacher Furchung und etwas größer als bei *T. petiolaris*, deren Früchte ebenfalls flach kugelig sind, aber fünf deutliche Furchen zwischen den Fruchtfächern aufweisen und auf der holzigen Fruchtschale warzig und filzig sind. Die Früchte von *T. americana* sind etwas ellipsoid gestreckt, behalten den Narbengriffel lange, sind dickwandig verholzt und besitzen Furchen und kleine Rippen.

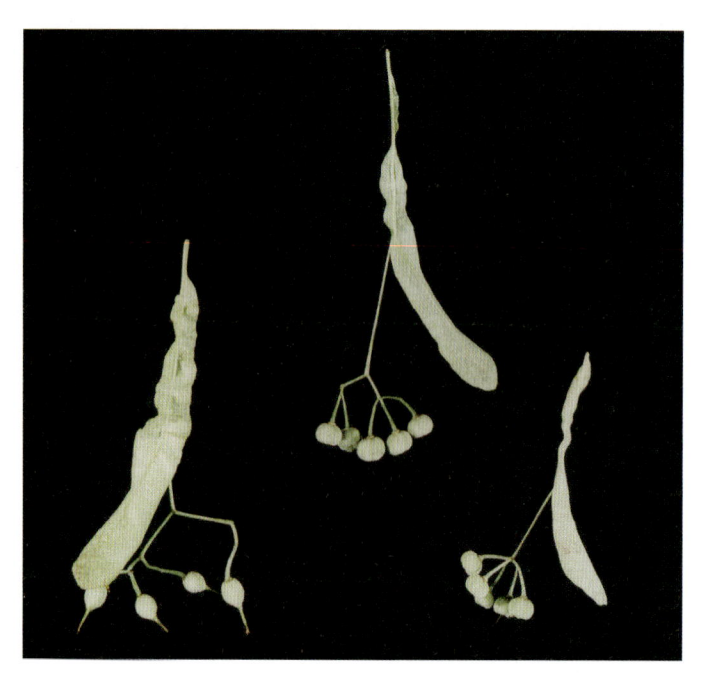

Tilia x moltkei
Tilia americana   Tilia petiolaris

Tilia x moltkei
Tilia americana   Tilia petiolaris

Tilia x vulgaris

Eine schöne Lindenhybride ist aus den heimischen Linden hervorgegangen

Eine Hybride zwischen unseren heimischen Linden, nämlich der **Winterlinde** (*Tilia cordata*) und der **Sommerlinde** (*Tilia platyphyllos*) ist die **Holländische Linde** (*Tilia x vulgaris*), welche ihre Eltern an Ebenmäßigkeit und Wüchsigkeit übertrifft, dafür aber viel Platz braucht, d. h. als Solitär oder Alleebaum gepflanzt sein sollte. Die entstandene Hybride muss vegetativ vermehrt werden. Sie kann wie ihre Eltern bis 40 m Höhe erreichen.

Die Blätter des Winterlinden-Elter sind mit 3 bis 10 cm Länge kleiner, während die der Sommerlinde bis 12 cm und die der Hybride u. U. noch größere Blätter erreichen kann. Die Form ist bei *T. cordata* mehr rundlich, bei *T. platyphyllos* rundlich-eiförmig und bei *T. x vulgaris* breit-eiförmig. Der Blattrand aller drei ist scharf gesägt, die Basis asymmetrisch schief herzförmig und die Blattoberseite stumpf grün. Die Winter-

	Tilia x vulgaris Holländische Linde	Tilia cordata Winter-Linde	Tilia platyphyllos Sommer-Linde
Herkunft		Europa, Vorderasien, Westsibirien	M- u. S-Europa
Blätter			
Form	breit-eiförmig	rundlich	rundlich-eiförmig
Unterseite	gelblich-weißliche Achselbärte	rostfarbene Achselbärte	weißliche Achselbärte
Länge	6–10 cm	3–10 cm	7–15 cm
Spitze	kurz zugespitzt	plötzlich zugespitzt	ausgezogener Zipfel
Rand	scharf gesägt	scharf gesägt	scharf gesägt, einige Wimperhärchen
Basis	schief herzförmig – gestutzt	schief herzförmig	schief herzförmig
Stiel	3–5 cm	1,5–3 cm	1,5–5 cm
Sprossachse			
Höhe	bis 40 m	bis 40 m	bis 40 m
Junge Triebe		olivgrün	olivgrün
Haare	kahl	anfangs fein behaart	flaumig behaart
Früchte			
Form	kugelig gestreckt	kugelig	leicht birnenförmig
Größe	8 mm	5–7 mm	8–18 mm
Anzahl	3–4	4–5	2–3
Schale	undeutlich gerippt, zerbrechlich	dünnschalig, schwach gerippt	dickwandig, fünfkantig
Haare	filzig behaart	behaart	graufilzig behaart

linde und die Hybride verfügen über eine plötzlich ausgezogene, gelegentlich gedrehte Blattspitze; die Sommerlinde ist mehr zipfelig zugespitzt. Unterseitig unterscheiden sie sich dagegen deutlich.

Bei der Winterlinde ist die Unterseite graugrün und besitzt entlang der Mittelrippe rostbraune Achselbärte. Die Haare der Achselbärte sind bei der Sommerlinde zahlreicher und weiß. Bei der Hybride sind sie gelblich-weiß, was eine eindeutige Zuordnung nach diesem Merkmal jedoch nicht gerade erleichtert. Bei Lupenbetrachtung des Blattrandes können bei *T. platyphyllos* zwischen den leicht begrannten Sägezähnchen einige Wimperhärchen gesehen und als Trennungsmerkmal zur Hybride genutzt werden.

Die Nussfrüchte sind mit bis 18 mm Durchmesser *bei T. platyphyllos* die größten, kugelig bis leicht birnenförmig, deutlich fünfkantig an den Verwachsungsrändern der Fruchtblätter, dickwandig verholzt und graufilzig behaart. Aus den zwei bis fünf Blütenanlagen gehen meistens weniger Früchte hervor. Bei der Winterlinde ist die Zahl der Blüten (bis sieben) und der Früchte (vier bis fünf) deutlich höher. Ihre dünnschaligen Nussfrüchte sind klar kugelig, jedoch nur mit einem Durchmesser von 5 bis 7 mm kleiner, schwach gerippt und behaart. Die Früchte der Hybride nehmen eine Mittelstellung ein. Sie sind mit 8 mm fast kugelig, mehr oder minder verholzt, undeutlich gerippt und filzig behaart. Ihre Zahl liegt zwischen den der beiden Eltern.

Oft werden Formen dieser Linden gepflanzt, die in einigen Merkmalen von der Artausprägung abweichen, so z. B. von *T. x vulgaris* die Form 'Pallida', die sogenannte Kaiser-Linde mit kräftigerem Wuchs und regelmäßigerer Krone, welche herrliche Alleenbilder entstehen lassen kann.

Tilia x vulgaris
Tilia cordata   Tilia platyphyllos

Tilia x vulgaris
Tilia cordata   Tilia platyphyllos

Ulmus x *hollandica* 'Dampieri Aurea'

Die Goldulme hat leuchtend gelbe Blätter

Die **Goldulme** (*Ulmus* x *hollandica* 'Dampieri Aurea') ist eine aus einem Hybridschwarm der Kreuzung von **Berg-Ulme** (*Ulmus glabra*) und **Feld-Ulme** (*Ulmus minor*) ausgelesene Form, die sich durch im Austrieb leuchtend gelbe Blätter auszeichnet, die erst später nachgrünen.

	Ulmus x hollandica 'Dampieri Aurea' Goldulme	**Ulmus glabra** Berg-Ulme	**Ulmus minor** Feld-Ulme
Herkunft	um 1877 von Wrede (Geltow) gezogen	N-M-Europa, Kleinasien	Europa, N-Afrika, Kleinasien
Blätter			
Form	breit-eiförmig, gedreht und wellig, etwas rau	breit-eiförmig oder elliptisch	länglich-eiförmig bis elliptisch
Oberseite	im Austrieb leuchtend gelb, später nachgrünend	dunkelgrün, rau behaart	dunkelgrün, verkahlend
Unterseite		heller, Achselbärte	bräunliche Achselbärte
Länge	5–8 cm	8–12 cm	4–10 cm
Spitze	zugespitzt	plötzlich zugespitzt, 3-spitzig	zugespitzt
Rand	tief doppelt gesägt	doppelt gesägt	doppelt gesägt
Basis	stark asymmetrisch	stark asymmetrisch, geöhrt	stark asymmetrisch
Stiel	meist sitzend	3 mm	5 mm
Sprossachse			
Habitus	halbhoher Baum, Krone anfangs säulenförmig, 8–10 m	breitkroniger Baum, 30–40 m	Baum, bis 40 m, Neigung zu Wurzelausläufer
Junge Triebe	wenig behaart oder kahl	rotbraun, zuerst dicht behaart, ohne Korkleisten	anfangs behaart und drüsig, später Korkleisten
Blüten			
Blütenstand	meist zu vier Blüten	dichte Blütenbüschel, kurz gestielt	15–20 Blüten in dichten Büscheln
Blütenbau		5–6 dunkelviolette Staubbeutel, Narbe rosa-rot	4–5 Staubblätter, mit längeren Filamenten, Narbe weiß, filzig behaart
Blühzeit	März/April	März/April	März/April
Früchte			
Form	eiförmiger Saum, Einschnitt bis Samen reichend	breit-elliptischer Saum	verkehrt-eiförmiger Saum
Same	oberhalb der Mitte	mittelständig	unterhalb der Mitte

Außerdem haben diese oft eine wellige und verdrehte Spreite und sind meistens an der Basis asymmetrisch und sitzend. Die Goldulme wächst anfangs säulenförmig auf Höhen von 8–10 m heran, während die Eltern doch Baumhöhen von 30–40 m erreichen können. Die Goldulme besitzt einen hohen Zierwert.

Aus Hybridschwärmen dieser beiden Eltern hat man aber noch weitere Formen mit grünen Blättern ausgelesen, die sich vor allem als Park- und Alleebäume eignen. Sie haben alle den Vorzug, gegen die Ulmen-Pilzerkrankung resistent zu sein.

Sie bilden fruchtbare Samen und befruchtungsfähige, fertile Pollen, wodurch sie artenreine Ulmenbestände durchmischen können.

Ulmus x hollandica 'Dampieri Aurea'
Ulmus glabra Ulmus minor

Vaccinium x intermedium

Vaccinium-Hybride muss nicht immer intermediär sein

Dort, wo **Heidelbeere** (*Vaccinium myrtillus*) und die **Preiselbeere** (*Vaccinium vitis-idaea*) dicht nebeneinander stehen, kann es zu Hybridisierungen zwischen beiden kommen, wobei die Hybride *Vaccinium x intermedium* nicht immer in ihren Merkmalen intermediär sein muss, sondern variabel mehr oder minder zu einem Elter hin Anklänge zeigen kann.

	Vaccinium x intermedium	Vaccinium myrtillus Heidelbeere, Blaubeere	Vaccinium vitis-idaea Preiselbeere
Herkunft	Europa, zwischen Eltern variierend	Europa, N-Asien, mit Auslesesorten wirtschaftlich wichtig	N-Europa, Sibirien bis Japan, arktisches N-Amerika
Blätter			
Form	**immergrün** oder **wintergrün**, eiförmig bis elliptisch	**sommergrün**, eielliptisch	**immergrün**, lederig, eiförmig
Oberseite	frischgrün	glänzend grün	glänzend grün
Unterseite	heller, wenige dunkle Punkte	Adern behaart	heller, schwarz punktiert (!)
Länge	1,5–5 cm	1–3 cm	2–4 cm
Spitze	abgesetzt spitz, etwas knorpelig, verdrillt	kurz zugespitzt bis ausgerandet	oft ausgerandet
Rand	fein gezähnt	fein gezähnt	ganzrandig
Basis	ansatzweise gerundet	gerundet	keilförmig bis gerundet
Stiel	2–4 mm	2–3 mm	1–3 mm
Sprossachse			
Habitus	Strauch, 20–25 cm	straff aufrechter Strauch, 30–50 cm	kriechender Strauch, 10–30 cm
Junge Triebe	leicht kantig, anfänglich fein behaart	scharfkantig, grün, kahl	rund, grün, kahl
Blüten			
Blütenstand	einzeln oder end- bis achselständige Trauben	einzeln, achselständig	kleine, fast endständige Trauben
Blühzeit	Juni	Juni	Mai/Juni
Krone	kugelig-glockig, rosa, mit 5 dreieckigen, abstehenden Saumzipfeln	kugelig bis krugförmig, grünlich bis rot überhaucht	glockig, weiß bis rosa, mit 4 großen Kronblatt-Teilen
Früchte			
	kugelig, dunkelviolett, 6 mm dick	kugelig, schwarz-blau, bereift, 6–10 mm dick	erbsengroß, hochrot, herb sauer

Vaccinium x intermedium

Im dargestellten Beispiel weicht die Hybride von beiden Eltern insofern ab, weil sie fein seidenhaarig auf den Blättern und Trieben überstellt ist. Die Blattspitzen – bei den Eltern oft ausgerandet – sind abgesetzt spitz und knorpelig verdickt und verdreht. Außerdem sind sie gestielt. Sie scheint insgesamt wüchsiger, wenn auch nicht unbedingt hochwüchsiger.

Die Früchte, die Beeren zeigen mit dunkelviolett eine intermediäre Ausprägung zwischen schwarzblau der Heidelbeere und hochrot der Preiselbeere.

Vaccinium x intermedia
Vaccinium myrtillus   Vaccinium vitis-idaea

Viburnum x rhytidophylloides

Schneeball-Hybride bildet bei Blättern eine Mittelausprägung

Die Hybride *Viburnum x rhytidophylloides* 'Suring', hervorgegangen aus dem **Wolligen Schneeball** (*Viburnum lantana*), welcher in Europa und Kleinasien beheimatet ist, mit dem aus Mittel- bis W-China stammenden **Runzelblättrigen Schneeball** (*V. rhytidophyllum*) verliert, anders als der Runzelblättrige Schneeball-Elter, im Winter meistens die Blätter, ein Erbe des Wolligen Schneeball-Elter.

	Viburnum x rhytidophylloides	Viburnum lantana Wolliger Schneeball	Viburnum rhytidophyllum Runzelblättr. Schneeball
Herkunft		Europa, Kleinasien	Mittel- bis W-China
Blätter			
Form	mehr eiförmig-elliptisch	eiförmig bis eilänglich	eiförmig länglich bis lanzettlich
Länge	8–15 cm	6–12 cm	8–18 cm
Oberfläche	oben feinrunzelig	schwach runzelig, dunkelgrün	oben sehr runzelig, unten erhaben netzadrig, glänzend grün
Spitze	breit abgerundet	spitz	stumpf abgerundet
Rand	fein gezähnt	fein gezähnt	glattrandig
Basis	herzförmig	schwach herzförmig	angedeutet herzförmig
Behaarung	gelblich sternfilzig	dicht grau sternfilzig	dicht graugelb sternfilzig
Lebenszeit	meist **sommergrün**	**sommergrün**	**immergrün**
Sprossachse			
Wuchs	etwas kugelig, bis 3 m	aufrechter Strauch, bis 5 m, starkwüchsig	straff aufrechter Strauch, bis 4 m
Blüten			
Blütenstand	gelblichweiß, reichblühend	Trugdolden, gelblich	breit-flache Trugdolden, Krone reinweiß
Blühzeit	Mai	Mai/Juni	Mai/Jun
Früchte			
	reich fruchtend, erst rot, zuletzt schwarz	eilänglich, 8 mm, rot, später schwarz glänzend	kurz ellipsoid, 8 mm, erst rot, später schwarz glänzend
ökolog. Ansprüche			
	für Gartenanlagen geeignet, auch im Freistand	kalkhold, sonnige Waldränder	frische, humose Böden, Halbschatten

In der Blattausprägung nimmt die Hybride eine Mittelstellung ein, d. h. die Blätter sind nicht so breit wie bei *V. lantana* und auf der Blattoberseite nicht so runzelig wie bei *V. rhytidophyllum*. Der Blattrand ist fein gezähnt. In der Länge der Blätter mit bis zu 20 cm nimmt die Hybride ebenfalls eine mittlere Länge ein. Die Hybride wurde 1925 in Holland erzielt.

1958 hat D.R. Egolf im US National-Arboretum von Washington D.C. mit der Pollenspende von *Viburnum rhytidophyllum* die Form 'Alleghany' ausgelesen, welche gegen Blattkrankheiten widerstandsfähiger ist.

Viburnum x rhytidophylloides
Viburnum lantana   Viburnum rhytidophyllum

Verzeichnis von aufgefundenen und erzeugten Hybriden bei Gehölzen[1)]

Die markierten Hybriden sind bildbelegt und beschrieben

Arthybriden bei Nadelbäumen

Abies x arnoldiana Nitz. (A. koreana x A.veitchii)
Abies x bornmuelleriana Mattf. (A. cephalonica x A. nordmanniana)
Abies x dahlemensis Hort. (A. concolor x A. grandis)
Abies x insignis Carr. ex Bailly (A. nordmanniana x A. pinsapo)
Abies x koreocarpa Hort. (A. koreana x A. lasiocarpa)
Abies x sibirico-nephrolepis (A. sibirica x A. nephrolepis)
Abies x umbellata Mayr emend. Liu (A. firma x A. homolepis)
Abies x vasconcellosiana Franco (A. pindrow x A. pinsapo)
Abies x vilmorinii Mast (A. cephalonica x A. pinsapo)
Abies x Hybride (A. homolepis x A. nordmanniana)
Juniperus x pfitzeriana (Späth) Schmidt (J. chinensis x J. sabina)
Juniperus x kanitzii
Larix x eurokurilensis Rohm. Et Dimpflm. (L. decidua x L. gmelinii var. japonica)
Larix x eurolepis A.Henry L. decidua x L. kaempferi)
Larix x marschlinsii Coaz (L. decidua x L. sibirica)
Larix x pendula (Soland.) Salisb. (L. decidua x L. laricina)
Picea x brewentalis Krüssmann (P. breweriana x P. orientalis 'Nutans')
Picea x fennica (Regel) Kom. (P. abies x P. obovata)
Picea x hurstii de Hurst (P. engelmannii x P. pungens)
Picea x lutzii Little (P. glauca x P. sitchensis)
Picea x mariorika Boom. (P. mariana x P. omorika)
Picea x moseri Mast. (P. jezoensis x P. mariana)
Picea x notha Rehd. (P. glehnii x P. jezoensis ssp. hondoensis)
Pinus x attenuradiata Lemmon (P. attenuata x P. radiata)
Pinus x densithunbergii Uyeki (P. densiflora x P. thunbergii)

[1)] Ohne Anspruch auf Vollständigkeit

Hybriden bei Bäumen und Sträuchern. Dietrich Böhlmann
Copyright © 2009 WILEY-VCH Verlag GmbH & Co. KGaA, Weinheim
ISBN: 978-3-527-32383-8

Pinus x hakkodensis Makino (P. parviflora x P. pumila)
Pinus x holfordiana A.B. Jacks (P. ayacahuite x P. wallichiana)
Pinus x hunnewellii A.G. Johnson (P. parviflora x P. strobus)
Pinus x murraybanksiana Righter & Stockwell (P. banksiana x P. contorta var. latifolia)
Pinus x neilreichiana Reinhardt (P. nigra x P. sylvestris)
Pinus x rhaetica Bruegger (P. mugo x P. sylvestris)
Pinus x rigitaeda Hort. (P. rigida x P. taeda)
Pinus x schwerinii Fitschen (P. strobes x P. wallichiana)
Pinus x sondereggeri H.H. Chapmann (P. palustris x P. taeda)
Pinus x wettsteinii
Pinus cv. 'Perrique Bregeon' (P. nigra x P. wallichiana)
Taxus x hunnewelliana Rehd. (T. canadensis x T. cuspidata)
Taxus x media Rhed. (T. baccata x T. cuspidate)

Gattungshybriden bei Nadelbäumen

X Cupressocyparis leylandii (Dall.u. Jacks.) Dall. (Cupressus macrocarpa x Xanthocyparis nootkatensis)
X Cupressocyparis notabilis Mitch. (Cupressus glabra x Xanthocyparis nootkatensis)
X Cupressocyparis ovensis Mitch. (Cupressus lusitanica x Xanthocyparis nootkatensis)
X Taxodiomeria Z.J. Ye, J.J. Zhang et S.H. Pan (Taxodium distichum x Cryptomeria japonica
X Tsugapeuce x jeffreyi (T. heterophylla x Hesperopeuce mertensiana)

Gattungshybriden bei Laubgehölzen

X Amelasorbus hoseri Wrobl. (vermutl. Sorbopyrus auricularis x Amelanchier spec.)
X Amelasorbus jackii Rehd. (Amelanchier alnifolia x Sorbus scopulina)
X Amelasorbus raciborskiana Wrobl. (Amelanchier asiatca x Sorbus spec.)
X Citrofortunella floridana J. Ingram & H. E. Moore (Citrus aurantifolia x Fortunella japonica)
X Citrofortunella mitis (Blanco) J. Ingram & H. E. Moore (Citrus reticolata x Fortunella spec.)
X Citrofortunella swinglei J. Ingram & H. E. Moore
X Citroncirus webberi J. Ingram & H. E. Moore (Citrus sinensis x Poncirus trifoliata)
X Crataegosorbus miczurinii Pojark (Sorbus aucuparia x Crataegus sanguinea
X Crataegomespilus gillotii Beck ex Reichenb. (Crataegus monogyna x Mespilus germanica
X Crataemespilus grandiflora G. Camus (Crataegus laevigata x Mespilus germanica)
X Cydolus (Cydonia x Malus)
X Cydomalus (Malus x Cydonia)
X Ericalluna baleana Adams (Calluna vulgaris x Erica cinerea)
X Fatshedera lizei (Cochet) Guillaumin (Fatsia japonica 'Moseri' x Hedera helix var. hibernica)
X Gaulnettya oaxacana Camp. (Gaultheria conzaltii x Pernettya mexicana)

X Gaulnettya wisleyensis Marchant (Gaultheria shallon x Pernettya mucronata)
X Halimiocistus 'Ingwersenii' E. F. Warb. (Halimium umbellatum x Cistus hirsutus)
X Halimiocistus revolii (Coste & Soulié) Dansereau (Halimium alyssoides x Cistus salvifolius)
X Halimiocistus sahucii (Coste & Soulié) Warb. (Cistus salvifolius x Halimium umbellatum)
X Halimiocistus wintonensis Warburg (Cistus salvifolius x Halmiocistus ocymoides)
X Kalmia latifolia x Rhododendron williamsianum (eine Gartenform)
X Macludrania hybrida André (Cudrania tricuspidato x Maclura pomifera 'Inermis')
X Mahoberberis aquicandidula Kruessm. (Berberis candidula x Mahonia aquifolium)
X Mahoberberis aquisargentii Kruessm. (Berberis sargentiana x Mahonia aquifolium)
X Mahoberberis miethkeana Mel. et Eade (Berberis julianae x Mahonia aquifolium)
X Mahoberberis neubertii (Lem.) Schneid. (Berberis vulgaris x Mahonia aquifolium)
X Osmarea burkwoodii Burkw. & Skipwith (Osmanthus delavayi x Phillyrea vilmoriniana)
X Philageria veitchii Mast. (Lapageria rosea x Philesia buxifolia)
X Phylliopsis hillieri Cull. et Lanc. (Kalmiopsis leachiana x Phyllodoce breweri)
X Phyllothamnus erectus (Lindl.) Schneid. (Phyllodoce empetriformis x Rhodothamnus chamaecistus)
X Pyracomeles vilmorinii Rehd. Ex Guill. (Osteomeles subrotunda x Pyracantha crenatoserrata)
X Pyronia veitchii (Trabut) Guill. (Cydonia oblonga x Pyrus communis, generative Gattungshybride)
X Sorbaronia alpina (Willd.) Schneid. (Aronia arbutifolia x Sorbus aria)
X Sorbaronia dippellii (Zab.) Schneid. (Aronia melanocarpa x Sorbus aria)
X Sorbaronia fallax Schneid. (Aronia melanocarpa x Sorbus aucuparia)
X Sorbaronia hybrida (Moench) Schneid. (Aronia arbutifolia x Sorbus aucuparia)
X Sorbaronia sorbifolia (Poir.) Schneid. (Aronia melanocarpa x Sorbus americana)
X Sorbocotoneaster pozdnjakovii Pojark. (Cotoneaster melanocarpa x Sorbus sibirica)
X Sorbopyrus auricularis (Knoop) Schneid. (Pyrus communis x Sorbus aria)
X Sycoparrotia semidecandra Endress & Anliker. (Parrotia persica x Sycopsis sinensis)

Pfropfhybride

+ Pyrocydonia danielii Winkl. ex Daniel (Cydonia oblonga + Pyrus communis)
+ Aesculus dallimorei Sealy (Periklinal-Chimäre von A. hippocastanum mit A. flava)
+ Crataegomespilus dadarii Simon-Louis (Crataegus monogyna + Mespilus germanica) gleicht mehr Mespilus
+ Crataegomespilus dadarii 'Asnieresii' (Crataegus monogyna + Mespilus germanica) gleicht mehr Crataegus
+ Crataegomespilus grandiflora (Sm) Bean (Crataegus laevigata + Mespilus germanica
+ Pyrocydonia danielii Winkl. Ex Daniel (Cydonia oblunga + Pyrus communis 'Williams Crist'

Pfropfchimären

+ Laburnocytisus adami (Poit.) Schneid. (Laburnum anagyroides + Cytisus purpureus (entstanden durch Propfung von Cytisus purpureus auf Laburnum anagyroides

Periklinal-Chimäre

+ Aesculus dallimorei Sealy (A. hippocastanum + A. flava)
+ Syringa correlata Braun ([S. chinensis + S. vulgaris] x S. chinensis 'Alba'

Gattungshybriden bei Palmen

X Butiarecastrum nabonnandii Nab. (Butia capitata x Syagrus romanzoffiana)

Arthybriden unter den Laubgehölzen

Abelia x grandiflora (André) Rehd. (A. chinensis x A. uniflora)
Acer x bornmuelleri Borb. (A. campestre x A. monspessulanum)
Acer x bosei Spach (A. monspessulanum x A. tataricum)
Acer x campictum (A. campestre x A. pictum)
Acer x conspicuum van Gelderen et Oterdom (A. davidii x A. pensylvanicum)
Acer x coriaceum Bosc ex Tausch (A. monspessulanum x A.opalus var. obtusatum)
Acer x dieckii Pax (A. cappadocicum ssp. lobelii x A. platanoides)
Acer x durettii Pax (A. monspessulanum x A. pseudoplatanus)
Acer x freemannii E. Murray (A. rubrum x A. saccharinum)
Acer x hillieri Lancaster (A. miyabei x A. cappadocicum 'Aureum')
Acer x hybridum Bosc. (A. opalus x A. pseudoplatanus)
Acer x martinii Jordan (A. monspessulanum x A. opalus)
Acer x pseudo-heldreichii (A. heldreichii x A. pseudoplatanus)
Acer x rotundilobum Schwerin (A. opalus var. obtusatum x A. monspessulanum)
Acer x senecaense B. Slavin (A. leucoderme x A. saccharum)
Acer x sericeum Schwerin (A. pseudoplatanus x ?)
Acer x veitchii Schwerin (vermutl. A. crataegifolium x A. pensylvanicum)
Acer x zoeschense Pax (A. campestre x A. cappadocicum ssp. lobelii)
Actinidia x fairchildii Rehd. (A. arguta x A. chinensis)
Aesculus x arnoldiana Sarg. ((A. glabra x A.x flava) x A. pavia)
Aesculus x bushii Schneid. (A. glabra x A. pavia)
Aesculus x carnea Hayne (A. hippocastanum x A. pavia)
Aesculus x dupontii Sarg. (A. sylvatica x A. pavia)
Aesculus x glaucescens Sarg. (A. flava x A. sylvatica)
Aesculus x hybrida DC. (A. flava x A. pavia)
Aesculus x marylandica Booth (A. glabra x A. flava)
Aesculus x mutabilis (Spach) Schelle (A. pavia x A. sylvatica)
Aesculus x neglecta Lindl. (A. flava x A. sylvatica)
Aesculus x plantierensis André (A. hippocastanum x A. carnea)
Aesculus x woerlizensis Koehne (A. x hybrida x A. sylvatica)
Akebia x pentaphylla (Mak.) Mak. (A. quinata x A. trifoliata)
Alnus x aschersoniana Call. (A. serrulata x A. incana)
Alnus x elliptica Requien (A. cordata x A. glutinosa)
Alnus x koehnei Call. (A. incana x A. subcordata)
Alnus x pubescens Tausch (A. glutinosa x A. incana)

Alnus x purpusii Call. (? A. rugosa x A. tenuifolia)
Alnus x silesiaca Fiek (A. serrulata x A. glutinosa)
Alnus x spaethii Call. (A. japonica x A. subcordata)
Alnus x spectabilis Call. (A. incana x A. japonica)
Arbutus x andrachnoides Link (A. andrachne x A. unedo)
Arctostaphylos x media Greene (A. columbiana x A. uva-ursi)
Aronia x prunifolia (C. K. Schneid.) Graebn. (A. arbutifolia x A. melanocarpa)
Berberis x antoniana Ahrendt (B. buxifolia x B. darwinii)
Berberis x bristolensis Ahrendt (B. calliantha x B. verruculosa)
Berberis x carminea Ahrendt (B. aggregata x B. wilsoniae)
Berberis x durobrivensis Schneid. (B. canadensis x B. poiretii)
Berberis x emarginata Willd. (B. vulgaris x B. sibirica)
Berberis x frikartii Schneid. ex van de Laar (B. candidula x B. verruculosa)
Berberis x hybrido-gagnepainii Suring. (B. gagnepainii x B. verruculosa)
Berberis x interposita Ahrendt (B. hookeri x B. verruculosa)
Berberis x laxiflora Schrad. (? B. chinensis x B. vulgaris)
Berberis x lologensis Sandwith (B. darwinii x B. linearifolia)
Berberis x macracantha Schrad. (B. aristata x B. vulgaris)
Berberis x media Grootend. (B. hybrido-gagnepainii 'Chenault' x B. thunbergii)
Berberis x meehanii Schneid. (? B. chinensis x B. amurensis)
Berberis x mentorensis L. M. Ames (B. julianae x B. thunbergii)
Berberis x notabilis Schneid. (B. heteropoda x ? B. vulgaris)
Berberis x ottawensis Schneid. (B. thunbergii x B. vulgaris)
Berberis x provincialis (Audib.) Schrad. (B. vulgaris x ? B. sibirica)
Berberis x recurvata Ahrendt (B. atrocarpa x B. sargentiana)
Berberis x rehderiana Schneid. (B. canadensis x ? B. fendleri)
Berberis x rubrostilla Chitt. (B. aggregata x B. wilsoniae)
Berberis x spaethii Schneid. (B. chitria x ?)
Berberis x stenophylla Lindl. (B. darwinii x B. empetrifolia)
Berberis x vilmorinii Schneid. (B. diaphana x B. pruinosa)
Berberis x wintonensis Ahrendt (B. bergmanniae x ? B. replicata)
Berberis x wisleyensis Ahrendt (B. carminea x B. robrostilla)
Berberis x wokingensis Ahrendt (B. candidula x B. gagnepainii var. lanceifolia)
Betula x aurata Borkh. (B. pubescens x B. pendula)
Betula x bottnica
Betula x caerulea Blanchard (B. papyrifera var. cordifolia x B. populifolia)
Betula x eastwoodiae Sarg. (B. glandulosa x B. papyrifera var. humilis)
Betula x fennica Doerfl. (B. nana x B. pendula)
Betula x hornei Butler (B. nana x B. papyrifera)
Betula x intermedia (Hartm.) Thomas (B. nana x B. pubescens)
Betula x jackii Schneid. (B. lenta x B. pumila)
Betula x koehnei Schneid. (B. papyrifera x B. pendula)
Betula x kusmisscheffi (Regel) Sukacz.
Betula x purpusii Schneid. (B. alleghaniensis x B. glandulifera)
Betula x sandbergii Brit. (B. glandulifera x B. papyrifera)
Bougainvillea x buttiana Holttum & Standley (B. peruviana x B. glabra)
Buddleia x hybrida Farquhar (B. asiatica x B. davidii)

Buddleia x intermedia Carr. (B. japonica x B. lindleyana)
Buddleia x lewisiana Everett (B. asiatica x B. madagascariensis)
Buddleia x pikei Fletcher (B. alternifolia x B. crispa)
Buddleia x weyeriana Weyer (B. davidii var. magnifica x B. globosa)
Buddleia x whiteana R. J. Moore (B. asiatica x B. alternifolia)
Callicarpa x shirasawana Mak. (C. japonica x C. mollis)
Camelia x vernalis (Makino) Makino (vermutl. C. japonica x C. sasanqua)
Camelia x williamsii W. W. Sm. (C. saluenensis x C. japonica)
Campsis x tagliabuana (Vis.) Rehd. (C. grandiflora x C. radicans)
Caragana x sophoraefolia Tausch (C. arborescens x C. microphylla)
Carpinus x schuschuensis (C. betulus x C. orientalis)
Carya x brownii Sarg. (C. cordiformis x C. illinoensis)
Carya x dunbarii Sarg. (C. laciniosa x C. ovata)
Carya x lanei Sarg. (C. cordiformis x C. ovata)
Carya x lecontei Little (C. aquatica x C. illinoensis)
Caryopteris x clandonensis Simmonds ex Rheder (C. incana x C. mongholica)
Castanea x alabamensis Ashe (? C. alnifolia x C. dentata)
Castanea x neglecta Dode (C. dentata x C. pumila)
Catalpa x erubescens Carr. (C. bignonioides x C. ovata)
Catalpa x galleana Dode (C. ovata x C. speciosa)
Ceanothus x delilianus Spach (C. americanus x C. coeruleus)
Ceanothus x lobbianus (Hook.) McMinn (? C. dentatus x C. griseus)
Ceanothus x mendocinensis McMinn (C. velutinus var. laevigatus x C. thyrsiflorus)
Ceanothus x pallidus Lindl. (? C. delilianus x C. ovatus)
Ceanothus x veitchianus Hook. (C. rigidus x C. griseus)
Chamaecytisus x versicolor Kirchn. (C. hirsutus x C. purpureus)
Chaenomeles x californica Clarke ex Weber (C. cathayensis x C. superba)
Chaenomeles x clarkiana Weber (C. cathayensis x C. japonica)
Chaenomeles x superba (Frahm) Rehd. (C. japonica x C. speciosa)
Chaenomeles x vilmoriniana Weber (C. cathayensis x C. speciosa)
Cistus x aguilarii Pau. (C. ladanifer x C. populifolius)
Cistus x canescens Sweet (C. albidus x C. incanus)
Cistus x corbariensis Pourret (C. populifolius x C. salvifolius)
Cistus x cyprius Lam. (C. ladanifer x C. laurifolius)
Cistus x florentinus Lam. (C. monspeliensis x C. salvifolius)
Cistus x glaucus Pourret (C. laurifolius x C. monspeliensis)
Cistus x hybridus Pourret (C. populifolius x C. salvifolius)
Cistus x laxus Ait. f. (C. hirsutus x C. populifolius)
Cistus x loretii Rouy & Fouc. (C. ladanifer x C. monspeliensis)
Cistus x lusitanicus Maund (non Mill.) (C. ladanifer x C. psilosepalus)
Cistus x nigricans Pourret (vermutl. C. monspeliensis x C. populifolius)
Cistus x obtusifolius Sweet (C. hirsutus x C. salvifolius)
Cistus x platysepalus Sweet (C. hirsutus x C. monspeliensis)
Cistus x pulverulentus Pourret (C. albidus x C. crispus)
Cistus x purpureus Lam. (C. ladanifer x C. creticus subsp. creticus)
Cistus x skanbergii Lojacono-Pojero (C. monspeliensis x C. parviflorus)
Cistus x stenophylla (C. ladanifer x C. monspeliensis)

Citrus x paradisi Hughes (C. maxima x C. sinensis)
Citrus x tangelo (C. x paradisi x C. reticulata)
Clematis x aromatica Lenné & Koch (C. flammula x C. integrifolia)
Clematis x divaricata Jacq. (? C. integrifolia x C. viorna)
Clematis x durandii Kuntze (C. integrifolia x C.x jackmanii)
Clematis x eriostemon Dcne. (C. integrifolia x C. viticella)
Clematis x francofurtensis Rinz (C. florida x C. viticella)
Clematis x guascoi Lem. (C. patens x C. viticella)
Clematis x jackmanii Moore (C. lanuginosa x C. viticella)
Clematis x jeuneiana Symons-Jeune (C. armandii x C. finetiana)
Clematis x jouiniana Schneid. (C. heracleifolia x C. vitalba)
Clematis x lawsoniana Moore & Jackm. (C. x lanuginosa x C. patens)
Clematis x pseudococcinea Schneid. (C. jackmanii x C. texensis)
Clematis x triternata DC. (C. flammula x C. viticella)
Clematis x vedrariensis Vilm. (C. chrysocoma x C. montana var. rubens)
Colutea x media Willd. (C. arborescens x C. orientalis)
Cornus x arnoldiana Rehd. (C. obliqua x C. racemosa)
Cornus x slavinii Rehd. (C. rugosa x C. stolonifera)
Corokia x virgata (Turrill) Metcalf (C. buddleioides x C. cotoneaster)
Correa x bicolor Paxt. (C. alba x C. pulchella)
Correa x harrisii Paxt. (C. reflexa x C. pulchella)
Corylus x colurnoides Schneid. (C. colurna x C. avellana)
Corylus x vilmorinii Rehd. (C. chinensis x C. avellana)
Cotinus x dummeri (C. obovatus x C. coggygria 'Velvet Cloak')
Cotoneaster x intermedius Coste (C. integerrimus x C. tomentosa)
Cotoneaster x newryensis Lemoine (? C. franchetii x C. simonii)
Cotoneaster x suecicus G. Klotz (C. dammeri x C. conspicus)
Cotoneaster x watereri Exell. ((C. frigidus x C. salicifolius) x C. henryanus)
Crataegus x armena Pojark (C. meyeri x C. rhipidophylla)
Crataegus x calciphila Hrabatova (C. monogyna x C.laevigata)
Crataegus x dippeliana Lge. (? C. punctata x C. tanacetifolia)
Crataegus x durobrivensis Sarg. (C. pruinosa x C. suborbiculata)
Crataegus x grignonensis Mouillef. (C. crus-galli x C. pubescens)
Crataegus x hiemalis (C. crus-gali x C. pentagyna)
Crataegus x kyrtostyla Fingerhuth (C. monogyna x C. curvisepala)
Crataegus x lavallei Herincq ex Lav.(C. crus-galli x C. pubescens f. stipulacea)
Crataegus x media Bechst. (C. laevigata x C. monogyna)
Crataegus x mordenensis Boom (C. laevigata x C. succulenta)
Crataegus x ovalis Kit. (C. laevigata x C. monogyna)
Crataegus x prunifolia (Poir.) Pers. (? C. crus-galli x C. macracantha)
Crataegus x pseudoazarolus Popov (C. pentagyna x C. pontica)
Crataegus x rubrinervis Lange (C. monogyna x C. pentagyna)
Crataegus x subsphaerica Gand. (C. Monogyna x C. rhipidophylla)
Crataegus x tanaitica Klok (C. ambigua x C. monogyna)
Cytisus x beanii Pallim. (C. ardoinii x C. purgans)
Cytisus x dallimorei Rolfe (C. multiflorus x C. scoparius 'Andreanus')
Cytisus x kewensis Bean (C. ardoinii x C. multiflorus)

Cytisus x praecox Bean (C. multiflorus x C. purgans)
Cytisus x spachianus Webb (C. stenopetalus x C. canariensis)
Daboecia x scotica D.C. McClint. (D. azoica x D. cantabrica)
Daphne x burkwoodii Turrill (D. caucasica x D. cneorum)
Daphne x houtteana Lindl. & Paxt. (D. laureola x D. mezereum)
Daphne x hybrida Cov. (D. sericea x D. odora)
Daphne x magnifica (Lemoine) Rhed.
Daphne x mantensiana Manten (D. burkwoodii x D. retusa)
Daphne x nepolitana Lodd. (D. cneorum x D. sericea)
Daphne x rosea (Le moine) Rehd.
Daphne x thauma Farr. (D. petraea x D. striata)
Daphne x wilsonii Duthie
Deutzia x candelabra (Lemoine) Rehd. (D. gracilis x D. scabra)
Deutzia x candida (Lemoine) Rehd. (D. scabra x D. lemoinei)
Deutzia x carnea (Lemoine) Rehd. (D. scabra x D. rosea 'Grandiflora')
Deutzia x elegantissima (Lemoine) Rehd. (D. purpurascens x D. scabra)
Deutzia x excellens (Lemoine) Rehd. (D. rosea 'Grandiflora' x D. vilmoriniae)
Deutzia x hybrida Lemoine (D. longifolia x D. discolor)
Deutzia x kalmiiflora Lemoine (D. parviflora x D. purpurascens)
Deutzia x lemoinei Lemoine ex Boiss. (D. gracilis x D. parviflora)
Deutzia x magnifica (Lemoine) Rehd. (D. crenata x D. longifolia)
Deutzia x maliflora Rehd. (D. x lemoinei x D. purpurascens)
Deutzia x myriantha Lemoine (D. parviflora x D. setchuensis)
Deutzia x rosea (Lemoine) Rehd. (D. gracilis x D. purpurascens)
Deutzia x wilsonii Duthie (D. discolor x D. mollis)
Diervilla x splendens (Carr.) Kirchn. (D. sessilifolia x D. lonicera)
Dombeya x cayeuxii Hort. (D. mastersii x D. wallichii)
Dryas x suendermannii Kellerer ex Sünderm. (D. drummondii x D. octopetala)
Elaeagnus x ebbingei Boom (E. macrophylla x E. pungens)
Elaeagnus x reflexa Morr. & Decne. (E. pungens x E. glabra)
Epigaea x intertexta Mulligan (E. asiatica x E. repens)
Erica x cavendishiana hort. (E. abietina x E. discolor)
Erica x cylindrica Andrews
Erica x darleyensis Bean (E. carnea x E. erigena)
Erica x krameri D.C. McClit. (E. spicukifolia x E. carnea)
Erica x oldenburgensis D.C. McClint. (E. arborea x E. carnea)
Erica x stuartii Linton (E. mackaiana x E. tetralix)
Erica x veitchii Bean (E. arborea x E. lusitanica)
Erica x watsonii (Benth.) Bean (E. ciliaris x E. tetralix)
Erica x williamsii Druce (E. tetralix x E. vagans)
Erica x willmorei Knowles et Westc.
Escallonia x exoniensis Mutis (E.rosea x E. rubra)
Escallonia x langleyensis Veitch. (E. rubra x E. virgata)
Escallonia x rigida Phil. (E. rubra x E. virgata)
Escallonia x stricta Remy (E. leucantha x E. virgata)
Eucryphia x hillieri Ivens (E. lucida x E. moorei)
Eucryphia x hybrida Bausch (E. lucida x E. milliganii)

Eucryphia x intermedia Bausch (E. glutinosa x E. lucida)
Eucryphia x nymansensis Bausch (E. cordifolia x E. glutinosa)
Exochorda x macrantha (Lemoine) Schneid. (E. korolkowii x E. racemosa)
Fagus x moesiaca (Maly) Czeczot (F. selvatica x F. orientalis)
Forsythia x intermedia Zab. (F. suspensa x F. viridissima)
Forsythia x variabilis Seneta (F. ovata x F. suspensa oder V. intermedia)
Fuchsia x bacillaris Lindl. (F. microphylla x F. thymifolia)
Fuchsia x colensoi Hook. (F. excorticata x F. ?)
Fuchsia x exonensis Paxt. (F. cordifolia x F. magelanica var. conica)
Garrya x issaquahensis P. Balard (G. elliptica x G. fremontii)
Garrya x thuretii Carr. (G. laurifolia x G. elliptica)
Gaultheria x oaxacana Camp. (Gaultheria conzaltii x G. mexicana)
Gaultheria x wisleyensis Marchant. (G. shallon x G. mucronata)
Gleditsia x texana Sarg. (G. triacanthos x G. aquatica)
Grevillea x semperflorens F. E. Briggs (G. juniperma 'Sulphurea' x G. thelemannina)
Hamamelis x intermedia Rehd. (H. japonica x H. mollis)
Hebe x andersonii Cockayne (H. salicifolia x H. speciosa)
Hebe x divergens CKN. (H. elliptica x H. gracillima)
Hebe x franciscana (Eastw.) Souster (H. elliptica x H. speciosa)
Hebe x kirkii CKN. (H. salicifolia x H. vakaiensis)
Hebe x lewisii CKN. & Allen (H. elliptica x H. salicifolia)
Helianthemum x sulphureum Willk. (H. apenninum x H. nummularium)
Hypericum x arnoldianum Rehd. (H. galioides x H. lobocarpum)
Hypericum x cyathiflorum N. Robson (vermutl. H. addingtonia x H. hookeranum)
Hypericum x dummeri N. Robson (H. forrestii x H. calycinum)
Hypericum x inodorum Mill. (H. androsaemum x H. hircinum)
Hypericum x moserianum André (H. calycinum x H. patulum)
Hypericum x nothum Rehd. (H. densiflorum x H. kalmianum)
Ilex x altaclarensis (Loud.) Dallim. (I. aquifolium x I. perado)
Ilex x aquipernyi Gable ex W.Clarke (I. aquifolium 'Pyramidalis' x I. pernyi)
Ilex x attenuata Ashe (I. cassine x I. opaca)
Ilex x beanii Rehd. (I. aquifolium x I. dipyrena)
Ilex x koehneana Loes. (I. aquifolium x I. latifolia)
Ilex x makinoi Hara. (I. leucoclada x I. rugosa)
Ilex x meserveae S.Y. Hu (I. aquifolium x I rugosa)
Ilex x wendoensis Dudley (I. cornuta x I. integra)
Jasminum x stephanense Lemoine (J. beesianum x J. officinale)
Juglans x bixbyi Rehd. (J. cinerea x J. ailantifolia)
Juglans x intermedia Carr. (J. nigra x J. regia)
Juglans x notha Rehd. (J. ailantifolia x J. regia)
Juglans x quadrangulata (Carr.) Rehd. (J. cinerea x J. regia)
Juglans x sinensis (DC.) Dode (J. mandshurica x J. regia)
Laburnum x watereri (G. Kirchn.) Dipp. (L. alpinum x L. anagyroides)
Lavandula x intermedia Lois (L. angustifolia x L. latifolia)
Ligustrum x ibolium Coe (L. obtusifolium x L. ovalifolium)
Ligustrum x vicaryi Rehd. (L. ovalifolium 'Aureum' x L. vulgare)
Liriodendron x (L. tulipifera x L. chinense)

Lonicera x americana (Mill.) K. Koch (L. caprifolium x L. etrusca)
Lonicera x amoena Zab. (L. korolkowii x L. tatarica)
Lonicera x bella Zab. (L. morrowii x L. tatarica)
Lonicera x brownii (Reg.) Carr. (L. hirsuta x L. sempervirens)
Lonicera x heckrottii Rehd. (L. americana x L. sempervirens)
Lonicera x minutiflora Zab. (L. morrowii x L. xylosteoides)
Lonicera x muendeniensis Rehd. (L. bella x L. ruprechtiana)
Lonicera x notha Zab. (L. ruprechtiana x L. tatarica)
Lonicera x propinqua Zab. (L. alpigena x L. ledebourii)
Lonicera x pseudochrysantha Barun (L. chrysantha x L. xylosteum)
Lonicera x purpusii Rehd. (L. fragrantissima x L. standishii)
Lonicera x tellmanniana Magyar ex Späth (L. sempervirens x L. tragophylla)
Lonicera x vilmorinii Rehd. (L. deflexicalyx x L. quinquelocularis)
Lonicera x xylosteoides Tausch (L. tatarica x L. xylosteum)
Magnolia x brooklynensis G. Kalmbacher (M. acuminata x M. liliiflora)
Magnolia x highdownensis Dandy (M. sinensis x M. wilsonii)
Magnolia x kewensis Pearce (M. kobus x M. salicifolia)
Magnolia x loebneri Kache (M. kobus x M. stellata)
Magnolia x proctoriana Rehd. (M. salicifolia x M. stellata)
Magnolia x soulangiana Soul.-Bod. (M. denudata x M. liliiflora)
Magnolia x thompsoniana (Loud.) Vos. (M. virginiana x M. tripetala)
Magnolia x veitchii Bean (M. denudata x M. campbellii)
Magnolia x wiesneri Carr. (M. hypoleuca x M. sieboldii)
Mahonia x heterophylla (Zab.) C.K. Schneid. (M. aquifolium x M. fortunei)
Mahonia x lindsayae Yeo. (M. japonica x M. siamensis)
Mahonia x media Brickell. (M. japonica x M. lomarifolia)
Mahonia x wagneri (Jouin) Rehder (M. aquifolium x M. pinnata)
Malus x adstringens Zabel (M. baccata x M. pumila)
Malus x arnoldiana (Rehd.) Sarg. (M. baccata x M. floribunda)
Malus x astracanica Dum.-Cours. (M. prunifolia x M. pumila)
Malus x atrosanguinea (Spaeth) Schneid. (M. halliana x M. toringo)
Malus x dawsoniana Rehd. (M. fusca x M. pumila)
Malus x denboerii Kruessm. (M. ioensis x ? M. purpurea)
Malus x gloriosa Lemoine (M. pumila 'Niedzwetzkyana' x M. scheideckeri)
Malus x hartwigii Koehne (M. baccata x M. halliana)
Malus x heterophylla Spach. (M. coronaria x M. pumila)
Malus x magdeburgensis Hartwig (M. pumila x M. spectabilis)
Malus x micromalus Makino (M. baccata x M. spectabilis)
Malus x moerlandsii Doorenbos (M. purpurea 'Lemoinei' x M. sieboldii)
Malus x platycarpa Rehd. (M. coronaria x M. pumila)
Malus x purpurea (Barbier) Rehd. (M. pumila 'Niedzwetzkyana' x M. atrosanguinea)
Malus x robusta (Carr.) Rehd. (M. baccata x M. prunifolia)
Malus x scheideckeri Spaeth ex Zabel (M. floribunda x M. prunifolia)
Malus x soulardii (Bailey) Britt. (M. ioensis x M. pumila)
Malus x sublobata (Dipp.) Rehd. (M. prunifolia x M. sieboldii)
Malus x zumii (Matsum.) Rehd. (M. baccata var. mandshurica x M. sieboldii)
Moltkia x intermedia (Froeb.) Ingram (M. petraea x M. suffruticosa)

Myrtus x ralphii Hook. (M. bullata x M. obcordata)
Nothofagus x alpina Poep. & Lindl. (N. procera x N. pumilio)
Nothofagus x blairii (N. solandri var. cliffortensis x N. fusca)
Nothofagus x leonii (N. glauca x N. obliqua)
Olearia x haastii Hook. (O. avicenniifolia x O. moschata)
Olearia x mollis hort. (ilicifolia x O. moschata)
Olearia x oleifolia (O. avicenniifolia x O. odorata)
Olearia x scilloniensis Dorrien-Smith (O. lyrata x O. phlogopappa)
Osmanthus x burkwoodii (Burkw. et Skipw.) Green (O. decorus x O. delavayi)
Osmanthus x fortunei Carr. (O. fragrans x O. heterophyllus)
Paeonia x lemoinei Rehd. (P. lutea x P. suffruticosa)
Parahebe x bidwillii (Hook.) W. R. B. Oliver (P. lyallii x P. decora)
Passiflora x allardii Allard (P. caerulea 'Constance Elliott' x P. racemosa)
Passiflora x exoniensis L. H. Bailey (P. antioquiensis x P. mollissima)
Penstemon x edithae English (P. barrettae x P. rupicola)
Philadelphus x congestus Rehd.(P.inodorus var.laxus x P. pubescens var.verrucosus)
Philadelphus x falconieri Sarg.
Philadelphus x lemoinei Lemoine (P. coronarius x P. microphyllus)
Philadelphus x maximus Rehd. (wahrscheinlich P. pubescens x P. tomentosus)
Philadelphus x monstrosus (Spaeth) Schelle
Philadelphus x nivalis Jacq. (P. coronarius x P. pubescens)
Photinia x fraseri Dress. (P. glabra x P. serrulata)
Phyllodoce x intermedia (Hook.) Rydb. (P. empetriformis x P. glanduliflora)
Platanus x hispanica Münchh.(P. occidentalis x P. orientalis)
Populus x acuminata Rydb. (P. angustifolia   x P. sargentii)
Populus x berolinensis (K.Koch) Dipp. (P. laurifolia x P. nigra 'Italica')
Populus x brayshawii Boivin (P. balsamifera x P. angustifolia)
Populus x canadensis Moench (P. deltoides x P. nigra)
Populus x canescens (Ait.) Smith (P. alba x P. tremula)
Populus x charkoviensis Schroed. (P. nigra oder P. nigra 'Italica' x ?)
Populus x heimburgeri Boivin (P. alba x P. tremula)
Populus x hinckleyana Corr. (P. angustifolia x P. fremontii)
Populus x jackii Sarg. (P. balsamifera x P. deltoides)
Populus x inopina Eckenw. (P. fremontii x P. nigra)
Populus x generosa Henry (P. deltoides x P. trichocarpa)
Populus x jackii Sarg. (P. balsamifera x P. deltoides)
Populus x maximowiczii (P. nigra x P. canadensis x P. balsamifera)
Populus x parryi Sarg. (P. fremontii x P. trichocarpa
Populus x petrowskiana (Regel) Schneid. (P. deltoides x P. laurifolia)
Populus x rasumowskiana (Regel) Dipp. (P. laurifolia x P. nigra)
Populus x rollandrii (P.deltoides x P. nigra) x balsamifera =Trihybrid
Populus x rouleauiana Boivin (P. alba x P. grandidentata)
Populus x smithii Boivin (P. grandidentata x P. tremuloides)
Populus x tomentosa Carr. (P. alba x P. adenopoda)
Populus x wettsteinii (P. tremula x P. tremuloides)
Populus x wilsocarpa (P. wilsonii x P. lasiocarpa)
Populus x (P. tremuloides x P. tremula)

Potentilla x mixta Nolte (P. anglica x P. reptans)
Potentilla x tonguei hort. ex Baxter (P. anglica x P. nepalensis)
Prunus x amygdalo-persica (West.) Rehd. (P. dulcis x P. persica)
Prunus x arnoldiana Rehd. (P. cerasifera x P. triloba)
Prunus x blireana André (P. cerasifera var. pissardii x P . mume 'Rosa Plena')
Prunus x cistena (Hansen) Koehne (P. cerasifera var. pissardii x P. pumila)
Prunus x dasycarpa Ehrh. (P. armeniaca x P. cerasifera)
Prunus x dawyckensis (P. canescens x P. dielsiana)
Prunus x dunbarii Rehd. (P. americana x P. maritima)
Prunus x eminens Beck (P. cerasus ssp. acida x P. fruticosa)
Prunus x fontanesiana (Spach) Schneid. (P. avium x P. mahaleb)
Prunus x fruticans (P. domestica ssp. Insititia x P. spinosa)
Prunus x gigantea (Spaeth) Koehne (P. amygdalo-persica x P. cerasifera)
Prunus x gondouinii (Poit. & Turp.) Rehd. (P. avium x P. cerasus)
Prunus x hillieri (Hillier) (P. incisa x P. sargentii)
Prunus x juddii E. Anderson (P. sargentii x P. yedoensis)
Prunus x laucheana Bolle (P. padus x ? P. virginiana)
Prunus x nigrella W. A. Cumming (P. nigra x P. tenella)
Prunus x orthosepala Koehne (P. americana x P. angustifolia var. watsonii)
Prunus x schmittii Rehd. (P. avium x P. canescens)
Prunus x sieboldii (Carr.) Wittm. (P. apetala x P. speciosa)
Prunus x skinneri Rehd. (P. japonica x P. tenella)
Prunus x utahensis Koehne (P. angustifolia var. watsonii x P. besseyi)
Prunus x yedoensis Matsum. (P. speciosa x P. subhirtella)
Pterocarya x rehderiana Schneid. (P. fraxinifolia x P. stenoptera)
Pyrus x canescens Spach (P. nivalis x P. salicifolia)
Pyrus x lecontei Rehd. (P. communis x P. pyrifolia)
Pyrus x salviifolia DC. (P. communis x P. nivalis)
Quercus x alvordiana Eastw. (Qu. douglasii x Qu. turbinella)
Quercus x arkansana Sarg. (Qu. marilandica x Qu. nigra)
Quercus x audleyensis Henry (Qu. ilex x Qu. petraea)
Quercus x barnova Georg et Dobr. (Qu. dalechampii x Qu. polycarpa)
Quercus x bebbiana Schneid. (Qu. alba x Qu. macrocarpa)
Quercus x benderi Baenitz (Qu. coccinea x Qu. rubra)
Quercus x brittonii W. T. Davis (Qu. ilicifolia x Qu. marilandica)
Quercus x bushii Sarg. (Qu. marilandica x Qu. velutina)
Quercus x csatoi Borb. (Qu. Robur x Qu. polycarpa)
Quercus x comptoniae
Quercus x dacica Borb. (Qu. pubescens x Qu. polycarpa)
Quercus x deamii Trel. (Qu. macrocarpa x Qu. muehlenbergii)
Quercus x durandi (Qu. faginea x Qu. pyrenaica
Quercus x epligii
Quercus x exacta Trel. (Qu. imbricaria x Qu. palustris)
Quercus x fernaldii Trel. (Qu. ilicifolia x Qu. rubra)
Quercus x ganderi C. Wolf. (Qu. agrifolia var. oxyadenia x Qu. kelloggii)
Quercus x harbisonii
Quercus x heterophylla Michx. (Qu. phellos x Qu. rubra)

Quercus x hickelii Camus (Qu. pontica x Qu. robur)
Quercus x hispanica Lam. (Qu. cerris x Qu. suber)
Quercus x jackiana Schneid. (Qu. alba x Qu. bicolor)
Quercus x jolonensis
Quercus x kewensis Osborn (Qu. cerris x Qu. wislizenii)
Quercus x leana Nutt. (Qu. imbricaria x Qu. velutina)
Quercus x libanerris Boom (Qu. cerris x Qu. libani)
Quercus x ludoviciana Sarg. (Qu. falcata var. pagodifolia x Qu. phellos)
Quercus x marianica Viciosa (Qu. canariensis x Qu. faginea)
Quercus x migoziana (Qu. infectoria x Qu. pubescens)
Quercus x moreha Kellogg (Qu. kelloggii x Qu. wislizeni)
Quercus x morisii
Quercus x neomairei A.Camus (Qu. pyrenaica x Qu. faginea)
Quercus x nessiana
Quercus x rehderi Trel. (Qu. ilicifolia x Qu. velutina)
Quercus x richteri Baenitz (Qu. palustris x Qu. rubra)
Quercus x robbinsii Trel. (Qu. coccinea x Qu. ilicifolia)
Quercus x rosacea Bechst. (Qu. petraea x Qu. robur)
Quercus x rudkinii Brt. (Qu. marilandica x Qu. phellos)
Quercus x runcinata (A. DC.) Engelm. (Qu. imbricaria x Qu. rubra)
Quercus x sargentii Rehd. (Qu. prinus x Qu. robur)
Quercus x saulii Schneid. (Qu. alba x Qu. prinus)
Quercus x schochiana Dieck (Qu. palustris x Qu. phellos)
Quercus x sooi Matyas (Qu. petraea x Qu. polycarpa)
Quercus x streimii (Qu. petraea x Qu. pubescens)
Quercus x tabajdiana Simk. (Qu. frainetto x Qu. polycarpa)
Quercus x tabathiana (Qu. petraea x Qu. pubescens)
Quercus x trabuti (Qu. petraea x Qu. pyrenaica)
Quercus x turneri Willd. (Qu. ilex x ? Qu. robur)
Quercus x undulata Torr. (Qu. gambelii x Qu. turbinela)
Quercus x vilmoriniana (Qu. dentata x Qu. petraea)
Rhamnus x hybrida Hér. (R. alaternus x R. alpinus)
Rhaphiolepis x delacourii André (R. indica x R. umbellata)
Rhododendron x erythrocalyx Balf. & Forr. (R. selense x R. wardii)
Rhododendron x geraldii Tvens. (R. sutchuenense x R. praevernum)
Rhododendron x halense Gremblich (R. ferrugineum x R. hirsutum)
Rhododendron x hillieri Davidian (R. catacosmum x R. temenium)
Rhododendron x intermedium Tausch (R. maximum x R. ponticum)
Rhododendron x lochmium Balf. (R. davisonianum x R. trichanthum)
Rhododendron x mortieri Sweet (R. calendulaceum x R. periclymeoides)
Rhododendron x obtusum (Lindl.) Planch. (R. kaempferi x R. kiusianum)
Rhododendron x praecox Carr. (R. ciliatum x R. dauricum)
Rhododendron x viscosepalum Rehd. (R. molle x R. viscosum)
Rhus x pulvinata Greene (R. glabra x R. typhina)
Ribes x bethmontii Jancz. (R. malvaceum x R. sanguineum)
Ribes x carrierei C.K. Schneid. (R. glutinosum 'Albidum' x R. nigrum)
Ribes x cordeanum (R. gordeanum x R. odoratum)

Ribes x culverwellii MacFarlane (R. nigrum x R. uva-crispa)
Ribes x darwinii F. Koch (R. menziesii x R. niveum)
Ribes x fontenayense Jancz. (R. sanguineum x R. uva-crispa)
Ribes x fuscescens (Jancz.) Jancz. (R. bracteosum x R. nigrum)
Ribes x gondouinii Jancz. (R. petraeum x R. rubrum)
Ribes x gordonianum Beaton (R. odoratum x R. sanguineum)
Ribes x holosericeum Otto & Dietr. (R. petraeum x R. rubrum)
Ribes x houghtonianum Jancz. (R. rubrum x R. spicatum)
Ribes x kochii Kruessm. (R. niveum x R. speciosum)
Ribes x koehneanum Jancz. (R. multiflorum x R. rubrum)
Ribes x lydiae F. Koch (R. leptanthum x R. quercetorum)
Ribes x magdalenae F. Koch (R. leptanthum x R. uva-crispa)
Ribes x succirubrum Zab. (R. divaricatum x R. niveum)
Ribes x urceolatum Tausch (R. multiflorum x R. petraeum)
Robinia x ambigua Poir. (R. pseudoacacia x R. viscosa)
Robinia x holdtii Beissn. (R. luxurians x R. pseudoacacia)
Robinia x margaretta Ashe (R. hispida x R. pseudoacacia)
Robinia x slavinii Rehd. (R. kelseyi x R. pseudoacacia)
Rosa x alba L. (vermutl. R. arvensis x R. gallica)
Rosa x anemonoides Rehd. (R. laevigata x R. odorata)
Rosa x aschersoniana Graebn. (R. blanda x R. chinensis)
Rosa x borboniana Desp. (R. chinensis x R. damascena)
Rosa x bruantii Rehd. (R. rugosa x R. odorata)
Rosa x calocarpa (André) Willm. (R. chinensis x R. rugosa)
Rosa x collina Jacq. (? R. corymbifera x R. gallica)
Rosa x damascena Mill. (R. gallica x R. moschata)
Rosa x dilecta Rehd. (R. borbonia x R. odorata)
Rosa x dupontii Déségl. (unbekannt)
Rosa x engelmannii S. Wats. (R. acicularis x R. nutkana)
Rosa x francofurtana Münchh. (? x R. gallica x R. majalis
Rosa x hardii Cels. (R. clinophylla x R. persica)
Rosa x harisonii Rivers (R. pimpinellifolia x R. foetida)
Rosa x hibernica Templeton (R. spinosissima x R. canina)
Rosa x highdownensis Hillier (R. moyesii x R. sweginzowii)
Rosa x involuta Sm. (R. pimpinellifolia x R. villosa oder R. tomentosa)
Rosa x iwara Sieb. (R. multiflora x R. rugosa)
Rosa x jacksonii Willm. (R. rugosa x R. wichuraiana)
Rosa x kamtchatica Vent. (R. davurica x R. rugosa)
Rosa x kopetdaghensis Meff. (R. hemisphaerica var. rapinii x R. persica)
Rosa x kordesii Wulf (R. wichuriana x R. rugosa)
Rosa x lebritierana Thory. Bousault R. (R. chinensis x Rosa pendulina)
Rosa x macrantha Desp. (R. gallica x ?)
Rosa x mariae-graebnerae Aschers. & Graebn. (R. palustris x R. virginiana)
Rosa x micrugosa Henkel (R. roxburghii x R. rugosa)
Rosa x odorata (Andrews) Sweet (? x R. chinensis x R. gigantea)
Rosa x paulii Rehd. (R. arvensis x R. rugosa)
Rosa x pokornyana Borb. (R. canina x R. glauca)

Rosa x polliniana Spreng. (R. arvensis x R. gallica)
Rosa x proteiformis Rowley (R. rugosa 'Alba' x unbekannte Diploide)
Rosa x pruhoniciana Kriechbaum (R. moyesii x R. willmottiae)
Rosa x pteragonis Krause (R. hugonis x R. sericea)
Rosa x rehderiana Blackburn (R. chinensis x R. multiflora)
Rosa x reversa Waldst. & Kit. (R. pendulina x R. pimpinellifolia)
Rosa x richardii Rehd. (vermutl. R. gallica x R. phoenicia)
Rosa x rubrosa Preston (R. glauca x R. rugosa)
Rosa x ruga Lindl. (R. arvensis x R. chinensis)
Rosa x rugotida Darthuis (R. nitida x R. rugosa)
Rosa x scharnkeana Graebn. (R. californica x R. nitida)
Rosa x spaethiana Graebn. (R. palustris x R. rugosa)
Rosa x spinulifolia Dematra (R. pendulina x R. tomentosa)
Rosa x waitziana Tratt. (R. canina x R. gallica)
Rosa x warleyensis Willm. (R. blanda x R. rugosa)
Rosa x wintoniensis Hillier (R. moyesii x R. setipoda)
Rubus x adenocladus Juz. (R. hirtus x R. piceetorum)
Rubus x baniskheviensis Juz. (R. caucasicus x R. ochthodes)
Rubus x barkeri Cock. (? R. parvus x R. australis)
Rubus x borzhomicus Juz. (R. cyri x R. canescens var. glabratus)
Rubus x collicolus Sudre (R. candicans x R. canescens var. glabratus)
Rubus x fraseri Rehd. (R. odoratus x R. parviflorus)
Rubus x karalkalensis Freyn (R. caesius x R. sanctus)
Rubus x nobilis Regel (R. idaeus x R. odoratus)
Rubus x polyanthus P.J. Muell. (R. candicans x R. canescens)
Rubus x pseudoidaeus (R. caesius x R. idaeus)
Rubus x semicaucaicus Sudre (R. sanctus x R. piceetorum)
Rubus x tridel (R. deliciosus x R. trilobus)
Rubus x tzebeldensis Sudre (R. abchaziensis x R. sanctus)
Rubus x virgultorum P.J. Muell. (R. caesius x R. candicans)
Ruscus x microglossus Bertoloni (R. hypoglossum x R. hypophyllum)
Salix x alopecuroides Tausch (S. fragilis x S. triandra)
Salix x ambigua Ehrh. (S. aurita x S. repens)
Salix x balfourii Linton (S. lanata x S. caprea)
Salix x beckeana Beck (S. myrsinifolia x S. purpurea)
Salix x boydii Linton (S. lapponum x S. reticulata)
Salix x calliantha Kern. (S. daphnoides x S. purpurea)
Salix x calodendron (S. caprea x S. dasyclados)
Salix x capreola Kern. (S. aurita x S. caprea)
Salix x coriacea Schleich. (S. aurita x S. myrsinifolia)
Salix x cottetii Kern. (S. myrsinifolia x S. retusa)
Salix x dasyclados Wimm. (vermutl S. caprea x S. cinerea x S. viminalis)
Salix x dichroa (S. aurita x S. purpurea)
Salix x doniana Sm. (S. purpurea x S. repens)
Salix x erhartiana Sm. (S. alba x S. pentandra)
Salix x erdingeri Kern. (S. caprea x S. daphnoides)
Salix x erythroflexuosa Rag. (S. alba 'Tristis' x S. matsudana 'Tortuosa')

Salix x finmarchia Willd. (S. myrtilloides x S. repens)
Salix x friesiana Anderson (S. repens x S. viminalis)
Salix x gillotii A. & E. G. Camus (S. lapponum x S. phylicifolia)
Salix x grahamii Borrer ex Baker (S. aurita x S. herbacea x S. repens)
Salix x hexandra Ehrh. (S. alba x S. fragilis)
Salix x holoseriacea Willd. (S. cinerea x S. viminalis)
Salix x lanceolata Sm. (S. alba x S. triandra)
Salix x laurina Sm. (S. caprea x S. phylicifolia)
Salix x latifolia Forbes (S. caprea x S. myrsinifolia)
Salix x maritima Hartig (S. daphnoides x S. repens)
Salix x meyeriana Rostk. (S. fragilis x S. pentandra)
Salix x mollissima Hoffm. ex Elwert (S. triandra x S. viminalis)
Salix x moorei F. B. White (S. herbacea x S. phylicifolia)
Salix x multinervis Döll (S. aurita x S. cinerea)
Salix x nana Schleich. (S. myrsinifolia x S. repens)
Salix x pendulina Wender. (S. babylonica x S. fragilis)
Salix x reichardtii Kern. (S. caprea x S. cinerea)
Salix x rubens Schrank (S. alba x S. fragilis)
Salix x rubra Huds. (S. purpurea x S. viminalis)
Salix x rugulosa Anderss. (S. aurita x S. myrtilloides)
Salix x scandica Rouy (S. caprea x S. repens)
Salix x seminigricans A. et G. Camus (S. myrsinifolia x S. viminalis)
Salix x sepulcralis Simonk. (S. babylonica x S. chrysocroma)
Salix x sericans Tausch ex Kerner (S. caprea x S. viminalis)
Salix x seringeana (S. caprea x S. elaeagnus)
Salix x simulatrix F. B. White (S. arbuscula x S. herbacea)
Salix x smithiana Willd. (S. cinerea x S. viminalis)
Salix x sordida A. Kern (S. cinerea x S. purpurea)
Salix x stipularis Sm. (S. cinerea x S. viminalis)
Salix x subaurita (S. aurita x S. silesiana)
Salix x subsericea Döll (S. cinerea x S. repens)
Salix x tetrapla J. Walker (S. myrsinifolia x S. phylicifolia)
Salix x tintoria Sm. (S. fragilis x S. pentandra)
Salix x tsugaluensis Koidz. (S. integra x S. vulpina)
Salix x vaudensis Schleich. (S. cinerea x S. myrsinifolia)
Salix x wimmeriana Gren. & Godr. (S. caprea x S. purpurea)
Sambucus x fontenaysii Carr. (S. glauca x S. nigra)
Shepherdia x gottingensis (Rehd.) Rehd. (S. argentea x S. canadensis)
Skimmia x confusa N.P. Taylor (S. anquetilia x S. japonica)
Skimmia x foremanii (S. japonica x S. reevesiana)
Skimmia x rogersii Mast.
Sorbus x ambigua Michalet (S. aria x S. chamaepespilus)
Sorbus x arnoldiana Rehder (S. aucuparia x S. discolor)
Sorbus x carpatica Borbas (S. aria x S. austriaca)
Sorbus x decipiens (Bechst.) Hedl. (S. aria x ? S. torminalis)
Sorbus x hostii (Jacq. ex Koch) Hedl. (S. austriaca x S. chamaemespilus)
Sorbus x hybrida L. (S. aucuparia x S. intermedia)

Sorbus intermedia (S. torminalis x S. aria x S. aucuparia =Tripel-Bastard)
Sorbus x kewensis Hensen (S. aucuparia x S. pohuashanensis)
Sorbus x latifolia (Lam.) Pers.(S. aria x S. torminalis)
Sorbus x meinichii (Lindeb.) Hedl. (S. aria x S. aucuparia)
Sorbus x pannonica Karpati (S. aria x S. graeca)
Sorbus x paucicrenata (Ilse) Hedl. (S. aria x S. x decipiens)
Sorbus x schinzii Düll (S. chamaemespilus x S. mougeotii)
Sorbus x semipinnata
Sorbus x splendida Hedl. (S. americana x S. aucuparia)
Sorbus x thuringiaca (Ilse) Fritsch. (S. aria x S. aucuparia)
Sorbus x vagensis Wilmott (S. aria x S. torminalis)
Spiraea x arguta Zab. (S. thunbergii x S. 'Snowwhite')
Spiraea x billardii Herinq (S. douglasii x S. salicifolia)
Spiraea x blanda Zab. (S. cantoniensis x S. chinensis)
Spiraea x brachybotrys Lange (S. canescens x S. douglasii)
Spiraea x bumalda Burvénich (S. albiflora x S. japonica)
Spiraea x cinerea Zab. (S. cana x S. hypericifolia)
Spiraea x concinna Zabel (S. albiflora x S. amoena)
Spiraea x conspicua Zab. (S. albiflora x S. alba)
Spiraea x fontenaysii Lebas. (S. canescens x S. latifolia)
Spiraea x foxii (Vos) Zab. (S. corymbosa x S. japonica)
Spiraea x grieseleriana Zabel (S. cana x S. chamaedryfolia)
Spiraea x inflexa Zabel (S. cana x S. crenata)
Spiraea x lemoinei Zab. (S. bumalda x S. bullata)
Spiraea x macrothyrsa Dippel (S. douglasii x S. latifolia)
Spiraea x margaritae Zab. (S. japonica x S. syringiflora)
Spiraea x multiflora Zab. (S. crenata x S. hypericifolia)
Spiraea x notha Zab. (S. betulifolia x S. latifolia)
Spiraea x oxyodon Zab. (S. chamaedryfolia x S. media)
Spiraea x pachystachys Zab. (S. betulifolia x S. japonica)
Spiraea x pikoviensis Bess. (S. crenata x S. media)
Spiraea x pyramidata Greene (S. lucida x S. menziesii)
Spiraea x revirescens Zab. (S. amoena x S. japonica)
Spiraea x sanssouciana K. Koch (S. douglasii x S. japonica)
Spiraea x schinabeckii Zab. (S. chamaedryfolia x S. trilobata)
Spiraea x semperflorens Zab. (S. japonica x S. salicifolia)
Spiraea x superba (Froeb.) Zab. (S. albiflora x S. corymbosa)
Spiraea x vanhouttei (Briot) Zab. (S. cantoniensis x S. trilobata)
Spiraea x watsoniana Zab. (S. douglasii x S. densiflora)
Staphylea x elegans Zab. (S. colchica x S. pinnata)
Symphoricarpos x chenaultii Rehd. (S. microphyllus x S. orbiculatus)
Symphoricarpos x doorenbosii Kruessm. (S. albus var. laevigatus x S. chenaultii)
Syringa x chinensis Willd. (S. x persica x S. vulgaris)
Syringa x diversifolia Rehd. (S. oblata var. giraldii x S. pinnatifolia)
Syringa x henryi Schneid. (S. josikaea x S. villosa)
Syringa x hyacinthiflora (Lemoine) Rehd. (S. oblata x S. vulgaris)
Syringa x josiflexa Preston ex Pringle (S. josikaea x S. reflexa)

Syringa x laciniata Mill. (S. protolaciniata x S. vulgaris)
Syringa x nanceiana McKelvey (S. x henryi x S. sweginzowii)
Syringa x persica L. (S. vulgaris x S. laciniata)
Syringa x prestoniae McKelvey (S. reflexa x S. villosa)
Syringa x skinneri F. Skinner (S. patula x S. pubescens)
Syringa x swegiflexa Hesse (S. reflexa x S. sweginzowii)
Tilia x euchlora K. Koch (T. cordata x T. dasystyla)
Tilia x flaccida Host (T. americana x T. platyphylla)
Tilia x flavescens A. Braun (T. americana x T. cordata)
Tilia x juranyiana Simonk. (T. tomentosa x T. cordata)
Tilia x moltkei Spaeth (T. americana x T. tomentosa 'Petiolaris')
Tilia x orbicularis (Carr.) Jouin (T. euchlora x T. petiolaris)
Tilia x varsaviensis Kobendza (T. platyphylla x T. tomentosa)
Tilia x vulgaris Hayne (T. cordata x T. platyphyllos) syn. T. x europaea
Ulmus x hollandica Mill. (U. glabra x U. minor)
Ulmus x elegantissima 'Jacqueline Hillier' (U. plotii x U. glabra)
Vaccinium x atlanticum Bicknell (V. angustifolium x V. corymbosum)
Vaccinium x intermedium Ruthe (V. myrtillus x V. vitis-idaea)
Viburnum x bodnantense Stearn (V. farreri x V. grandiflorum)
Viburnum x burkwoodii Burkw. et Skip (V. carlesii x V. utile)
Viburnum x carlcephalum Burkw. et Skip (V. carlesii x V. macrocephalum)
Viburnum x globosum Coombs (V. davidii x V. lobophyllum)
Viburnum x hillieri Stearn (V. henryi x V. erubescens)
Viburnum x hizense Hatus.
Viburnum x jackii Rehd. (V. lentago x V. prunifolium)
Viburnum x juddii Rehd. (V. bitchiuense x V. carlesii)
Viburnum x kiusianum Hatus.
Viburnum x pragense Vik. (V. rhytidophyllum x V. utile)
Viburnum x lantanophyllum Lewine
Viburnum x multratum Hort. Es K.Koch
Viburnum x rhytidocarpum Lemoine (V. buddleifolium x V. rhytidophyllum)
Viburnum x rhytidophylloides Suring. (V. lantana x V. rhytidophyllum)
Viburnum x vetteri Zab. (V. lentago x V. nudum)
Weigela x wagneri Bailey ([W. coraeensis x W. florida] x W. middendorffiana)
Wisteria x formosa Rehd. (W. floribunda x W. sinensis)
Yucca x karlsruhensis Graebener (Y. filamentosa x Y. glauca)
Zelkowa x verschaffeltii (Dippel) Nichols. (Z. carpinifolia x Z. serrata)

Hybriden mit Sortennamen

Abelia 'Edward Goucher'(A. x grandiflora x A. schumannii)
Acer 'Silver Vein' (A. pectinatum subsp. Laxiflorum x A. davidii 'George Forrest')
Aesculus 'Digitata' (A. hippocastanum x A. pavia)
Berberis 'Goldilocks' B. darwinii x B. valdiviana)
Berberis 'Gracilis' (B. candidula-Hybride)
Berberis 'Haalboom' (B. candidula-Hybride)
Berberis 'Jytte' (B. candidula-Hybride)

Berberis 'Klugowski' (B. gagnepainii-Hybride)
Berberis 'Red Tears' (B. koreana x B. vulgaris ?)
Berberis 'Robin Hood' (B. gagnepainii-Hybride)
Berberis 'Rusthof' (B. gagnepainii-Hybride)
Berberis 'Triumph' (B. darwinii x B. koreana)
Buddleia 'Hotblackiana' (B. davidii var. veitchiana x B. forrestii)
Buddleja 'Glasnevin' (B.fallowiana x B. davidii)
Buddleja 'Lochinch' (B. fallowiana x B. davidii)
Buddleja 'Pink Delight' (B. davidii x B. davidii var. nanhonensis x B. 'West Hill')
Buddleja 'West Hill' (B. fallowiana x B. davidii)
Buxus 'Green Mountain' (B. sempervirens 'Suffruticosa' x B. microphyla var.koreana)
Camellia 'Barbara Clark' (C. saluensis x C. reticulata)
Camellia 'Black Lace' (C. williamsii 'Donation' x C. reticulata 'Crimson Robe')
Camellia 'Buddha' (C. reticulata x C. pitardii var. yunnanica)
Camellia 'Candle Glow' (C. cuspidata x C. japonica)
Camellia 'Cornish Snow' (C. cuspidata x C. saluensis)
Camellia 'Cornish Spring' (C. cuspidata x C. japonica 'Rosea simplex')
Camellia 'Dr. Clifford parks' (C. reticulata 'Crimson Robe' x C. japonica 'Kramer's supreme')
Camellia 'Fragant Pink' (C. japonica var. rusticana x C. lutchuensis)
Camellia 'Francie L' (C. saluensis 'Apple Blossom' x C. reticulata 'Buddha')
Camellia 'Frost Prince' (C. hiemalis 'Shishigashira' x C. oleifera)
Camellia 'Inspiration' (C. reticulata x C. saluensis)
Camellia 'Michael' (C. cuspidata x C. saluenensis)
Camellia 'Leonard Messel' (C. reticulate x C. williamsii 'Mary Christian')
Camellia 'Salutation' (C. reticulata x C. saluenensis)
Ceanothus 'Blue Mound' (C. griseus x C.impressus ?)
Ceanothus 'Burkwoodii' (C. dentatus 'Floribundus' x C. delilianus 'Indigo')
Ceanothus 'Dark Star'
Ceanothus 'Puget Blue' (C. impressus x C. papillosus)
Choisya 'Aztec Pearl' (C. ternata x C. arizonica)
Cistus 'Silver Pink' (C. laurifolius x C. villosus)
Cistus 'Anne Palmer' (C. crispus x C. palhinhae)
Clematis 'Blue Bird' (C. alpine x C. macropetala)
Clematis 'Brunette' (C. koreana var. fragans x C. fauriei)
Clematis 'Rosy O'Grady' (C. macropetala x C. alpina)
Clematis 'White Swan' (C. alpina subsp. Sibirica x C. macropetala)
Clematis 'Earley Sensation' (C. Country Park-Hybride x C. paniculata)
Clematis 'Blue Boy' (C. integrifolia x C. viticella)
Clematis 'Paul farges' (C. potaninii x C. vitalba)
Clematis 'Anne Mike' (C. serratifolia x C. tangutica)
Clematis 'Anita' (C. potaninii var. fargesii x C. tangutica)
Clematis 'Golden Harvest' (C. serratifolia x C. tangutica ?)
Cornus 'Ascona' (C. florida x C. nutallii)
Cornus 'Aurora' (C. florida x C. kousa)
Cornus 'Costellation' (C. florida x C. kousa)
Cornus 'Eddie's White Wonder' (C. nutallii x C. florida)

Cornus 'Norman Hadden' (C. kousa x C. capitata)
Cornus 'Ormonde' (C. florida x C. nutallii)
Cornus 'Pink blush' (C. florida x C. nutallii)
Cornus 'Porlock' (C. kousa x C. capitata)
Cornus 'Ruth Ellen' (C. florida x C .kousa)
Cornus 'Stellar Pink' (C. florida x C. kousa)
Corylopsis 'Winterthur' (C. spicata x C. pauciflora)
Cotinus Dummer-Hybriden (C. obovatus x C. coggygria 'Velvet Cloak')
Cotoneaster 'Hessei' (Hesse) (? C. horizontalis x C. praecox)
Deutzia x 'Hillieri' (Hillier) (D. longifolia'Veitchii' x D. setchuenensis var. corymbiflora)
Elaeagnus 'Quicksilver' (vermutl. E. angustifolia x E. commutata)
Escallonia 'Edinensis' (E. rubra x E. virgata)
Escallonia 'Pride of Donard' (E. virgata x E. rubra)
Forsythia 'Arnold Dwarf' (F. intermedia x F. japonica var. saxatilis)
Forsythia 'Fontana' (F. ovata x F. intermedia 'Vittelina')
Forsythia 'Happy Centennial' (F. ovata 'Ottawa' x F. europaea x F. 18)
Forsythia 'Helios' (F. ovata x F. intermedia 'Vittelina')
Forsythia 'Kanarek' (F. intermedia 'Spectabilis' x F. ovata)
Forsythia 'Maluch' (F. ovata x F. intermedia)
Forsythia 'Meadowlark' (F. ovata x F. europaea)
Forsythia 'New Hampshire Gold' (F. ovata x F. intermedia 'Lynwood')
Forsythia 'Northern Gold' (F. ovata 'Ottawa' x F. europaea)
Forsythia 'Northern Sun' (F. ovata x F. europaea)
Forsythia 'Winterthur' (F. ovata x F. intermedia 'Spring Glory')
Fremontodendron 'California Glory' (F. californicum x F. mexicanum)
Hebe 'Autumn Glory' (H. pimeloides x H. franciscana 'Blue Gem')
Hebe 'Emerald Green' (vermutl. H. odora x H. subsimilis)
Hebe 'Midsummer Beauty' (H. 'Miss E. Fittal' x H. speciosa)
Hebe 'White Gem' (vermutl. H. brachysiphon x H. pinguifolia)
Hebe 'Youngii' (H. elliptica x H. pimeloides)
Helianthemum-Hybriden aus H. nummularium, H. apeninum, H. croceum
Hibiscus 'Lohengrin' (H. paramutabilis x H. syriacus)
Hibsicus 'Tosca' (H. paramutabilis x H. syriacus)
Hoheria 'Glory of Amlwch' (H. glabrata x H. sexstylosa)
Hydrangea'Preziosa' (H. serrata x H. macrophylla)
Hypericum 'Rowallane' (Vermutl. H. leschenaultii x H. hookriabum 'Charles Rogers')
Ilex 'China Boy' (I. rugosa x I. cornuta)
Ilex 'China Girl' (I. rugosa x I. cornuta)
Ilex 'Doktor Kassab' (I. cornuta x I. pernyi)
Ilex 'Dragon Lady' (I. pernyi x I. aquifolium)
Ilex 'Elegance' (I. integra x I. pernyi)
Ilex 'Hecken-Fee' (I. aquifolium 'Pyramidalis' x I. x meserveae 'Blue Prince')
Ilex 'Heckenpracht'(I. aquifolium 'Pyramidalis' x I. x meserveae 'Blue Prince')
Ilex 'Hecken-Star' (I. aquifolium 'Pyramidalis' x I. x meserveae ‚Blue Prince')
Ilex 'John T. Morris' (I. cornuta x I pernyi)
Ilex 'Miniature' (I. aquifolium x I. cornuta) x I. pernyi
Ilex 'Lydia Morris' (I. cornuta 'Burfordii' x I. pernyi)

Ilex 'Nellie R. Stevens' (I. cornuta x I. aquifolium)
Ilex 'Rock Garden' (I. x aquipernyi x (I. integra x I. pernyi)
Ilex 'September Gem' (I. ciliospinosa x (I. aquifolium x I. pernyi)
Ilex 'Sparkleberry' (I. serrata x I. verticillata)
Ilex 'Washington' (I. cornuta x I. ciliospinosa)
Ilex 'Winterglanz' (I. aquifolium 'Alaska' x I. x meserveae ‚Bue Prince')
Ligustrum 'Berry Boom' (vermutl. L. ovalifolium x L. tschoniskii oder obtusifolium)
Lonicera 'Honey Baby' (L. japonica 'Halliana' x L. periclymenum 'Belgica Select')
Lonicera 'Honey Rose' (L. 'Zabel' x L. tatarica)
Mahonia 'Arthur Menzies' (M. lomarifolia x M. bealei)
Magnolia 'Aashild Kallebery' (M. obovata x M. sieboldii)
Magnolia 'Ann' (M. stellata x M. liliiflora 'Nigra')
Magnolia 'Betty' (M. liliiflora 'Nigra' x M. stellata 'Rosea')
Magnolia 'Charles Coates' (M. sieboldii x M. tripetala)
Magnolia 'Elizabeth' (M. acuminata x M. denudata)
Magnolia 'Emma Cook' (M. denudata x M. Stellata 'Waterlily')
Magnolia Freemann-Hybriden (M. grandiflora x M. virginiana)
Magnolia 'Galaxy' (M. liliiflora 'Nigra' x M. sprengeri 'Diva')
Magnolia 'George Henry Kern' (M. stellata x M. liliiflora)
Magnolia Gresham-Hybriden mit M. liliiflora 'Nigra', M. x soulangeana 'Lennei Alba', und M. x veitchii
Magnolia 'Heaven Scent' (M. liliiflora x M. veitchii)
Magnolia 'Iolanthe' (M. 'Mark Jury' x M. x soulangeana 'Lennei')
Magnolia 'Jane' (M. stellata 'Waterlily' x M. liliiflora)
Magnolia 'Judy' (M. stellata x M. liliiflora 'Nigra')
Magnolia 'Pinkie' (M. stellata 'Rosea' x M. liliiflora 'Refloresens')
Magnolia 'Marillyn' (M. kobus x M. liliiflora 'Nigra')
Magnolia 'Randy' (M. stellata x M. liliiflora 'Nigra'
Magnolia 'Ricki' (M. stellata x M. liliiflora 'Nigra')
Magnolia Pickard-Hybriden mit M. x soulangeana 'Picture' x ?)
Magnolia 'Pristine' (M. denudata x M. stellata 'Waterlily')
Magnolia 'Purple Eye' (M. denudata x ?)
Magnolia 'Spectrum' (M. liliiflora 'Nigra' x M. sprengeri 'Diva')
Magnolia 'Star Wars' (M. campbellii x M. liliiflora)
Magnolia 'Susan' (M. stellata 'Rosea' x M. liliiflora 'Nigra')
Magnolia 'Yellow Bird' (M. acuminata x M. x brooklynensis 'Evamaria')
Malus-Hybriden mit Resistenz gegen Schorf, Mehltau und Feuerbrand u. a.
Malus 'Cashmere' (M. toringo x M. prunifolia)
Malus 'Cranberry Lace' (M. 'Liset' x M. 'Van Eseltine')
Malus 'Dorothea' (vermutl. M. x arnoldiana x M. halliana 'Parkmanii')
Malus 'Gorgeous' (M. sieboldii x M. halliana)
Malus 'Katherine' (vermutl. M. halliana x M. baccata)
Malus 'Kingsmere' (M. toringo x M. pumila 'Niedtzwetzkyana')
Malus 'Lemoinei' (M. pumila Niedtzwetzkyana' x M. atrosanguinea)
Malus 'Leprechaun' (M. 'Christmas Holly' x M. sieboldii Nr. 243 u. 768)
Malus 'Liset' (M. 'Lemoinei' x M. toringo)
Malus 'Makamik' (M. baccata x M. pumila 'Niedtzwtzkyana')

Malus 'Mary Porter' (M. x atrosanguinea x M. sargentii 'Rosea')
Malus 'Prince Georges' (M. ionensis x M. coronaria var. angustifolia ?)
Malus 'Selkirk' (M. baccata x M. pumila 'Niedtzwetzkyana')
Malus 'Sissipuk' (M. pumila 'nietzwetzkyana' x M. baccata)
Malus 'Van Eseltine' (M. x arnoldiana x M. spectabilis)
Malus-Hybriden mit offener Bestäubung und ausgelesenen Sämlingen
siehe spezielle Fachliteratur
Olearia 'Zennorensis' (O. ilicifolia x O. lacunosa)
Paeonia lutea-Hybriden mit Einkreuzung von Sorten der P. suffruticosa-Gruppe
siehe spezielle Fachliteratur
Perovskia 'Hybrida' (P. abrotanoides x P. atriplicifolia)
Philadelphus-Hybriden der   P. purpureo-maculatus -Gruppe
                           P. 'Lemoinei'-Gruppe
                           P. 'Polyanthus-Gruppe
                           P. 'Virginalis'-Gruppe
                           P. 'Bufordensis'-Gruppe
Pieris 'Brouwer's Beauty' (P. japonica x P. floribunda)
Pieris 'Firecrest' (P. formosa var. forrestii x P. japonica)
Pieris 'Forest Flame' (P. formosa var. forrestii x P. japonica)
Pieris 'Tricknor' (P. formosa x P. japonica)
Pieris 'Tilford' (P. formosa 'Wakehorst' x P. japonica)
Populus 'Andover' (P. nigra var. betulifolia x P. trichocarpa)
Populus 'Androcoggui' (P. maximowiczii x P. trichocarpa)
Populus 'Hiltingbury Weeping' (P. tremula 'Pendula' x P. tremuloides 'Pendula')
Populus 'Maine' (P. x berolinensis x P. x candicans)
Populus 'Oxford' (P. berolinensis x P maximowiczii)
Potentilla 'Katherine Dykes' (P. friedrichsenii x P. parvifolia)
Potentilla 'Whirlygig' (P. arbuscula x P. fruticosa var. grandiflora)
Prunus 'Accolade' (P. sargentii x P. subhirtella)
Prunus 'Bandolero' (P. serrula x P. serrulata)
Prunus 'Kursar' (P. kurilensis x P. sargentii)
Prunus 'Hally Jolivette' ([P. subhirtella x P. x yedoensis] x P. subhirtella)
Prunus 'Okame' (P. campanulata x P. incisa)
Prunus 'Pandora' (P. subhirtella 'Rosea' x P. x yedoensis)
Prunus 'Trailblazer' (P. cerasifera x P. salicina 'Shiro')
Prunus 'Umineko' (P. incisa x P. speciosa)
Prunus 'Wadae' (P. atalantoides x P. rogersiana)
Pyracantha 'Apache' (P. koidzumii 'Victory' x P. floribunda)
Pyracantha 'Fiery Cascade' (P. 'Watereri' x P. crenulata)
Pyracantha 'Gold Rush' (P. angustifolia x P. crenata-serrata)
Pyracantha 'Mohave' (P. koidzumii 'Belli' x P. coccinea 'Wyatt')
Pyracantha 'Navaho' (P. angustifolia x P. 'Watereri')
Pyracantha 'Pueblo' (P. koidzumii 'Belli' x P. coccinea var. pauciflora)
Pyracantha 'Teton' (P. fortuneana 'Orange Glow' x P. rogersiana)
Quercus 'Macon' (Qu. macranthera x Qu. frainetto)
Quercus 'Pondaim' (Qu. pontica x Qu. dentata)
Quercus 'Warei' (Qurobus 'Fastigiata' x Qu. bicolor)

Rhododendron-Gehölze sind, wenn sie Sortennamen tragen, immer Hybriden von Mehrfach-Kreuzungen von Arten mit Arten, von denen unten einige aufgeführt sind, aber noch häufiger von Weiterkreuzungen mit Sorten, deren Aufzählung den Rahmen sprengen würde. Gleiches gilt übrigens für die folgenden Rosen, Flieder, Spiraeen und Weigelien.
Rhododendron 'Arbutifolium' (R. ferrugineum x R. minus)
Rhododendron 'Azaleoides' (R. ponticum x R. periclymenoides)
Rhododendron 'Eleanore' (R. angustinii x R. rubiginosum)
Rhododendron 'Emasculum' (R. ciliatum x R. dauricum)
Rhododendron 'Exbury Isabella' (R. auriculatum x R. griffithianum)
Rhododendron 'Fastuosum Flore Pleno' (R. catawbiense x R. ponticum)
Rhododendron 'Fragrans' (R. catawbiense x R. viscosum)
Rhododendron 'Fraseri' (R. canadense x R. japonicum)
Rhododendron 'Laetevirens' (R. carolinianum x R. ferrugineum)
Rhododendron 'Loderi' (R. fortunei x R. griffithianum)
Rhododendron 'Nobleanum' (R. arboreum x R. caucasicum)
Rhododendron 'Praecox' (R. ciliatum x R. dauricum)
Rhododendron 'Russellianum' (R. arboreum x R. catawbiense)
und viele weitere Hybriden
Rosa 'Andersonii' (R. canina x ? R. gallica)
Rosa 'Francofurtana' (R. gallica x R. majalis)
Rosa 'Lady Penzanceana' (R. rubiginosa x R. foetida 'Bicolor')
Rosa 'Prattigosa' (R. pratti x R. rugosa)
Rubus 'Benenden' (R. delicious x R. trilobus)
Rubus 'Betty Ashburner' (R. tricolor x R. fockeanus)
Rubus 'Kenneth Ashburner' (R. tricolor x R. fockeanus)
Rubus 'Tayberry' (R. fruticosus x R. idaeus)
Rubus 'Tridel' (R. deliciosus x R. trilobus)
Salix 'Erythroflexosa' (S. alba 'Tristis' x S. matsudana 'Tortuosa')
Salix 'Mark Postill' (S. hastata 'Wehrhahnii' x S. lanata)
Sorbus 'Eastern Promise' (S. commixta 'Embley' x S. vilmorinii)
Sorbus ' Leonanrd Messel' (S. aucuparia x S. harrowiana)
Sorbus 'Signalman' (S. aucuparia 'Fastigiata' x S. domestica)
Sorbus 'Wilfried Fox' (S. aria x S. vestita)
Sorbus ' Winter Cheer' (S. esserteauana 'Flava' x S. pohuashanensis)
Spiraea 'Arguta' (S. multiflora x S. thunbergii)
Spiraea 'Snowwhite' (S. trichocarpa x S. trilobata)
Spiraea 'Summersnow' (vermutl. S. trilobata x S. x vanhouttei)
Stephanandra 'Oro Verde' (S. tanakae x S. incisa 'Crispa')
Syringa 'Josee' (S. patula x S. micriphylla x S. meyeri)
Tilia 'Harold Hillier' (T. insularis x T, mongolica)

Alle nachstehenden Ulmen-Hybriden sind Kreuzungen zur Erzielung einer Resistenz gegen die Ulmenkrankheit = **Resista-Ulmen**
Ulmus 'Clusius'
Ulmus 'Columella'
Ulmus 'Dodoens'
Ulmus 'Homestead' [U. pumila x (U. x hollandica 'Vegeta x U. minor) x (U. pumila 'Pinnatoramosa' x U. minor 'Hoersholmiensis')]
Ulmus 'Karagatch' (U. androssowi x U. pumila)
Ulmus 'Lobel'
Ulmus 'New Horizon' (U. japonica x U pumila)
Ulmus 'Plantijn'
Ulmus 'Rebona' (U. japonica x U. pumila)
Ulmus 'Regal' [(U. x hollandica 'Vegeta' x U. minor) x (U. pumila x U. minor 'Hoersholmiensis')]
Ulmus 'Sapporo Autumn Gold' (U. pumila x U. japonica)
Ulmus 'Sarniensis' (U. minor x U. hollandica)
Viburnum 'Chesapeake' (V. x carlscephalum 'Cayuga' x V. utile)
Viburnum 'Chippewa' (V. japonicum x V. dilatatum 'Catskill')
Viburnum 'Conoy' (V. x burkwoodii x V. x carlscephalum)
Viburnum 'Eskimo' (V. x carlscephalum 'Cayuga' x V. utile)
Viburnum 'Huron' (V. lobophyllum x V. japonicum)
Viburnum 'Oneida' (V. dilatatum x V. lobophyllum)
Viburnum 'Pragense' (V. rhytidophyllum x V. utilis)
Viburnum 'Willowwood' (V. rhytidophylloides x V. lantana)

Hybriden bei Palmen

Syagrus x matafome (Bondar) Glassman (Syagrus coronate x Syagrus vagans)
Syagrus x camposportoana (Bondar) Glassman (S. romanzoffiana x S. coronata)
Syagrus x teixeiriana Glassmann (S. romanzoffiana x S. oleracea)